KB165044

문예신서
280

과학에서 생각하는 주제 100가지

이자벨 스탕저
베르나데트 방소드 뱅상

김웅권 옮김

東文選

과학에서 생각하는 주제 100가지

ISABELLE STENGERS
BERNADETTE BENSAUDE-VINCENT
100 mots pour commencer à penser les sciences

This edition was published by arrangement
with Editions du Seuil, Paris
through Bestun Korea Agency, Seoul

차 례

접근하기(Abordage)

1백 개의 기본 용어로 과학적 실천의 방대한 군도에 접근한다는 것은 세련된 조정과 대담한 몇몇 선택을 요구했다.

혹자는 아주 순진하게 그 군도에 내리고 싶은 생각이 들 수 있다. 제반의 그 과학 영역들에 종사하는 사람들은 그들 사이에 견해의 일치를 보게 해주는 어떤 세계에 대한 공통적 관심을 통해 결합되어 있지 않은가? 그들이 바라보는 것을 바라보고, 진술되는 것을 귀담아 들으며, 당사자들의 말을 충실하게 기록하기만 하면 충분하지 않은가? 그러나 그렇게 되면 우리는 곧바로 바벨탑 속에 다시 들어가게 된다. 왜냐하면 학자들은 다분히 하나의 고유어인 언어를 통해서 자신들의 연구에 대해 이야기하기 때문이다. 그들은 그들이 현재 작업을 진행하고 있거나 그들의 선배들이 극복했던 분명한 문제들에 공감하고 있는 사람들에게 이 언어로 소통한다. 그러므로 우리가 과학이라 칭하는 실천의 다원성과 다양성을 고려할 때, 과학을 사유하기 시작하려면 수십만 개의 용어들로 된 백과사전이 필요할 것이다.

우연히 우리가 학자들을 그들의 분과 학문으로부터 벗어나도록 유도하기 위해 보다 일반적인 질문들을 그들에게 제시한다면, 우리는 매우 자주 실망스러운 대답들을 얻게 된다. 물론 이 대답들은 놀라우리만큼 획일적이지만, 완전히 진부하며 미리 생각된 것이다. 그리하여 과학적 엄밀성에 대한, 다시 말해 자율적이고 사심 없으며 국제적이고 보편적인 과학에 대한 틀에 박힌 표현들이 난무한다. 이 표현들은 모범적이긴 하지만 실천과는 지칭할 만한 관계가 없으며, '과학'의 대변자로서 버티고 서 있는 자만을 구속한다.

분과 학문의 실천에 대한 풍요롭고 진정한 담론과 과학 일반에 관한 무미한 상투적 표현들 사이에 나타나는 놀라운 대비는 과학들에 관한 모든 전반적인 접근에 하나의 도전을 나타낸다. 과학들의 통일성을 포착하면서도 그것들의 차이를 어떻게 생각할 수 있을 것인가? 그리고 그 통일성은 어떤 유형인가? 전체적인 조망을 끌어내기 위한 적절한 장소는 어떤 것이 될 것인가?

물론 우리는 뒤로 물러서서 직접적인 접촉은 피하기로 결심할 수 있고, 지식의 영역에서 자신의 특정한 입장을 설정하게 해주는 고정된 지표들을 참조하여 학문의 군도를 묘사하는 시도를 할 수도 있을 것이다. 그렇게 되면 우리는 과학철학과 지식 이론들을 연결해 주는 개념들에 만족하게 될 것이다. 왜곡, 귀납적인 추리, 가설-연역적 추론, 개연적 추론, 역(逆)연역 등 같은 것들 말이다. 이 용어들 가운데 어떠한 것도 학자들의 통상적 어휘에 속하지 않지만, 각각은 사실들과 이로부터 도출될 수 있는 것 사이의 합당한 관계를 확립하는 합리적 인식 모델로서의 과학을 설명해 주도록 되어 있다. 이 언어를 채택함으로써 사람들은 과학철학들의 작은 세계를 동요시키는 논쟁들을 고찰할 수도 있었을 것이다. 그러나 이런 끝없는 논쟁들은 갈릴레오의 망원경, 뉴턴의 법칙, 쿨롱의 법칙, 전자, 흑고니와 같은 몇몇 표준적인 예들로 과학들을 환원시키지만, 과학들이 실제로 이루어지는 바대로 사유하게 하는 데 도움을 거의 주지 못한다.

또 다른 가능한 길은 과학들이 명료하게 밝히려고 애쓰는 자연의 통일성에 입각해 그것들의 통일성을 도출하겠다는 결심을 하는 것이다. 그렇게 되면 과학들을 조직하는 자연적 불변수들과 큰 개념들, 예컨대 시간-공간 · 물질 · 에너지 · 장 · 상호 작용 · 장애 · 보존 · 체계 등이 제시될 것이다. 그러나 즉시 멈추자. 이 목록은 끝이 없을 것이다. 하지만 그것은 자연의 그 통일적 비전을 구축하기 위해 수행된 작업에 대한 부분적이고 간접적인 시각만을 전달하게 될 것이다. 왜냐하면 그런 목록은 과거나 오늘날 세계에 대한 '과학적 비전'에서 중심적 역할을 했던 승리한 개념들을 피할 수 없이 선택하게 될 것이기 때문이다. 이 개념들의 승리는 그것들에 의미를 주고 있는 선별적이고 능동적인 선택들을 망각하게 만들었다. 이런 길로 들어서는 것은 기성 과학에 고유한 승리 지상주의적 버전에 동의하거나, 아니면 그것의 경사가 가장 가파른 곳으로 거슬러 올라가는 것이 될 것이다. 그런 개념들 가운데 아무것이나 그것들에 의미를 주는 실천들 속에 집어넣으려면, 몇 페이지가 아니라 책 한 권이 필요할 것이다.

너무 가까이도 너무 멀리 있어서도 안 된다. 동의해서도 무관심해서도 안 된다. 과학들의 군도에 접근하기 위해서 우리는 그 군도에 거주하는 본토박이들을 만나러 가기 위한 항해를 제안한다. 우리가 통역자로 자처하며 사람들을 발견하러 가자는 것이 아니다. 하물며 그들을 하나의 명분——진리, 합리성, 객관성 같은 것?——의 봉사자로 소개하고자 하는 것은 더욱 아니다. 그들의 실천이 정확한 관점에서 밝혀지기 위해서는 이 명분을 무대에 올려놓으면 충분할 것이다. 그보다 우리가 하고자 하는 것은 이 군도의 거주자들이 그들 사이에, 그리고 그들에 접근하는 사람들과 유지하는 활동적이고 사변적인 다양한 관계를 탐사하는 것이다. 이 관계가 없다면 군도 자체가 존재하지 않을 것이고, 최소한 우리가 알고 있는 그런 군도는 존재하지 않을 것이다. 길들과 담장들이 만들어졌고, 항구들이 건설되었고, 교환들이 코드화되어 차별적인 정체성들을 확립했다. 이 모든 것이 통일된 전선을 구성하는 것은 아니며, '타자들' 에 대한 과학자들의 만장일치적 전략으로부터 비롯되는 것도 아니다. 그보다 그것은 그들을 서로에게 구속시키는 자주 문제적이고 때로는 갈등적인 쟁점들 전체로부터 비롯된다.

달리 말하면 통일성의 문제는 과학자들과 관련해 제기된 문제일 뿐 아니라, 어쩌면 특히 과학자들 자신들에 의해 제기된 문제이다. 그런만큼 이 문제에 대한 대답들은 상이한 과학적 집단들을 그것들의 상호 관계 속에서, 그리고 그것들이 그것들의 외부로 규정하는 것과 관련하여 위치시키는 데 기여한다.

우리가 과학들에 접근하는 문제——"군도를 전체적으로 버티게 해주는 것은 무엇인가?" 그곳에 거주하는 모든 사람들을 '과학의 실천자' 로 만드는 것은 무엇인가?——는 일의적인 대답을 기다리지 않는다. 상관적으로 접근의 문제는 변모된다. 그것은 더 이상 "어떻게 접근할 것인가?"가 아니다. 왜냐하면 이 문제는 우리가 접근하는 군도가 구조화된 방식의 수취인이기 때문이다. 그것은 그보다 "어떻게 우리 자신이 우리에게 대답들을 제안하는 사람들에 의해 접근되고 있는가?"이다. 우리가 과학들의 통일성이란 문제를 제기할 때 우리는 어떻게 받아들여지고, 인식되며, 접견되고, 설정되는가?

과학들의 통일성의 문제를 과학자들 자신에게도 제기된 문제로서 받아들이는 것은 그것에 이미 주어진 다양한 대답들의 의미와 결과를 실험하는 것이다. 사실 우리는 하나의 문제에 대해, 아니 그보다는 어떤 대답들에 대해 결코 진정으로 응답하지 못한다. 왜냐하면 우리는 결코 홀로 생각하지 않기 때문이다. 하나의 사유에 입문시키는 것은 언제나 이런 대답들, 즉 '……그렇습니다. 하지만' '……아닙니다.

하지만' '그뿐 아니라' '특히 ……아니다'와 같은 것들이다. 따라서 일반적으로 제시된 대답들을 문제삼기 위해서는 그것들에 입각해 사유하는 것이 중요하다.

그러므로 우리의 첫번째 방침은 어떤 식으로든 그런 통일성을 책임지는 용어들을 선별하는 것이었다. 우리는 그것들이 상당히 공통적이고, 대부분의 사람들에게 별로 놀라운 것이 아니기를 원했고, 특히 우리는 그것들이 다양하기를 원했다. 두번째 결정은 우리로 하여금 우리의 항해 도구를 조립하여 만들지 않을 수 없게 만드는 구속 요소들을 우리 자신에게 부여하는 것이었다. 게다가 우리는 역사적 인식론(매우 프랑스적인 전통)이 되었든, 혹은 과학의 사회적·문화적 연구들(우리가 역시 빚을 지고 있는 영미의 전통)이 되었든 어떤 전범적 모델을 따르지 않았다.

이런 상황에서 우리는 망각하지 않기 위한 일종의 지표로서, 혹은 채워야 할 풍경으로서 일련의 테마들로부터 출발하는 방식을 선택했다. 우리가 우리 자신의 안내자로서 선택한 10개의 테마들은 다음과 같다. 기능 작용(사회적 측면들), 설비(물질적 측면들), 인식론(정신적 동작들과 이 동작들이 동원하는 도구들), 배제된 것들(과학적 영역의 한계를 설정하게 해주는 것으로 다른 것들을 돋보이게 해주는 용어들), 사회 통념들(몇몇 상투적 관념들 혹은 자리가 잘 잡힌 신화들), 각인된 이미지들(과학자 혹은 과학적 정신의 소유자에 대한 민중의 이미지들), 과학적 변화, 철학적 쟁점들, 사회정치학적 쟁점들, 통일성/다양성(이 용어들 속에서 과학의 다양한 실천들 사이에 긴장이 나타난다).

이 테마들 전체는 어떠한 독창성도 나타내지 않는다. 반면에 그것들 각각은 과학적 시도의 정체성에 관한 탐구에 길들을 열어 주겠다고 나서는 '용어들'을 불러온다. 각각의 시작은 우리에게 하나 혹은 여러 개의 접근로를 탐사하고, 그것들의 흥미로운 점, 우연적 적합성, 한계를 토론하는 기회이다.

1백 개의 용어들이라는 형태의 이점은 그것이 알파벳 순서의 자의성을 강제함으로써 사상의 큰 유파들을 망각하게 해준다는 것이다. 따라서 각각의 '용어'는 그것 스스로 버텨야 한다. (짙은 글씨로 나타낸 상호 참조 표시가 환기시키고 있듯이) 비록 그것이 상당히 직접적으로 다른 용어들과 연결된다 할지라도 말이다. 이에 대한 대가는 다소의 중복이다. 그러나 중복의 비율은 과학의 통일성에 대한 담론들을 구조화시키는 반복적 주제들을 지시할 뿐 아니라 각각의 과학에 고유한 참조 준거들, 우리가 문제들을 제기하는 방식을 배우게 해준 그 참조 준거들을 지시한다. 나아가 중복은 우리가 과학자들의 습관에 기울이고자 했던 관심을 표시한다. 중요하게 강조해야 할 점이지만, 그들의 정체성은 그들이 배운 존재 양식과 행동 양식에 달려 있을 뿐 아니라, 그들이 무시하거나 경멸하도록 교육받고 있는 것에 달려 있다. 우리가 이 점을 강조하는 이유는 과학들이 수행한 사회적 · 정치적 역할의 문제가 '학문'이나 '과학적 합리성'과 같은 추상적 실체들과 관련이 없다고 보여지기 때문이다. 이 문제는 오늘날 연구의 첫번째 동력으로 기능하는 경쟁과 과학자들의 양성을 구체적인 표현으로 생각하지 않을 수 없게 만든다.

아날로지(Analogie)*

아날로지는 극히 유용한 추론이다. 왜냐하면 그것은 다양한 대상들 사이에 관계를 확립함으로써 그것들의 다양성 속에 질서를 부여하게 해주기 때문이다. "다양한 것을 환원시키는 첫번째 요소가 아날로지라는 점은 부인할 수 없다"라고 가스통 바슐라르는 《현대 화학의 일관된 다원주의》[1]에서 쓰고 있다. 그렇기 때문에 아날로지는 수백만 개의 다양한 구성물이 다루어지는 화학에서뿐 아니라, 개체군들이 분류되어야 하는 생물학에서도 매우 귀중한 도구이다. 그러나 그것은 그것이 지닌 가공할 힘과 효율성 자체로 인해 과학에서 제대로 고려되지 않고 있다. 왜냐하면 아날로지들은 아무것이나 아무것에 결합될 수 있는 일종의 원시적 논리로 나타나는 것 같기 때문이다. 인간의 무리들 및 행동들 사이에, 천체들, 금속들, 물체의 부분들 사이에 상응의 망들을 그려낸다는 것은 분명 점성학자들과 연금술사들의 '오류'가 아닌가? 보다 일반적으로 말해 아날로지들의 남용은 이른바 전(前)과학적인 마법적 사유의 가치를 상실하게 만들어 주는 것이다.

---

* 아날로지(analogie)는 유사, 유비(類比), 유추, 상사(相似) 등의 의미가 있다. 여기서는 원서의 통일을 살려 원어를 그대로 사용하였다. 그때그때 독자가 그 의미를 판단할 수 있으리라 생각된다.

1) 가스통 바슐라르, 《현대 화학의 일관된 다원주의》(1930), 브랭, 1973, p.29.

아날로지들은 사람들이 잘 길들이고자 하는 야생 동물들과 같다. 왜냐하면 그것들의 힘도, 그것들의 도움도 없이는 지낼 수 없기 때문이다. 어떻게 아날로지를 매우 절제된 방식으로 사용할 수 있는가? 물론 진짜 아날로지들과 가짜를 구분해야 한다. 그러나 어떻게 그 일에 착수할 것인가? 어떤 경우들에 있어서 사람들은 심층적 아날로지들을 위해 피상적 아날로지들을 넘어서는 것에 대해 이야기한다. 유사의 심층적 관계를 도출하기 위해서는 외관에 머물러서는 안 된다는 것이다. 그리하여 바슐라르는 물리적 아날로지들을 '수정하는' 화학적 아날로지들로 가기 위해서는 물리적 아날로지들에 멈추어서는 안 된다고 권고한다. 마찬가지로 스티븐 J. 굴드는 화석들 사이에 계보적 관계를 확립하여 이 관계를 통해 그것들을 진화 속에 위치시키고 그것들의 유사성의 정도를 평가해야 할 때, 기만할 수 있는 외관과 아날로지를 동일시한다. 따라서 아날로지를──예컨대 박쥐는 새처럼 날개를 가지고 있다──고려하지 않고 공통의 조상들에게 나타나는 특징들의 상속에 토대한 유일한 상동 관계나 유사성──기린·생쥐·두더지 그리고 인간에게 나타나는 목뼈의 수──만을 채택하는 것이 절대적으로 필요하다는 것이다.[2] 물론 자연주의적인 초심자는 이러한 자산을 가지고 자신에 차 떠날 수 있다. 그러나 현장에서 상동 관계라는 것과 아날로지라는 것을 구별하는 데 어려움을 겪게 될 위험이 있다. 어떠한 법칙도 우선하지 않으며, 아날로지는 분별력, 다시 말해 판단을 부른다.

아날로지는 언제나 스스로 틀릴 수 있거나 기만자에 의해 속임을

---

2) 스티븐 J. 굴드, 《삶은 아름답다》(1989), 프랑스어 번역본, '푸앵 시앙스' 총서, 쇠이유.

당할 위험에 노출되어 있기 때문에 생물계에서 작용하는 귀중한 전략이다. 동물들은 그들의 포식자들을 '속이기'(미메티즘) 위해서, 혹은 그들이 유인하려는 먹이들을 '미끼로 낚기' 위해서 아날로지를 이용한다. 그리하여 동물행동학자들은 이를 통해 기만의 '희생물'이 무엇에 민감한지, 그것의 분류 원칙들은 어떤 것인지 배울 수 있다. 우리는 생명체들을 '속이기' 위해 유사 화합물들(analogues), 이를테면 일종의 약제적 속임수를 이용할 수조차 있다. 사실 일부 화학적 구성물들은 유기체 안의 분자 인식 메커니즘들이 차이가 없듯이, 분자 구조나 구성의 심층적인 아날로지들을 나타낸다. 따라서 살아 있는 유기체들의 세포들이 보호하고 있는, 화학 반응의 망들 안에서 유사 화합물들은 통상의 분자 자리에 침투할 수 있다. 이때부터 아날로지들은 의약품들을 제조하기 위해 활용될 수 있으며, 이를 예시해 주는 것이 술폰아미드의 발견이다.[3] 기능적인 그룹에 대한 변이를 통한 유사 화합물들의 제조는 오늘날 약리학적 연구에서 체계적으로 이용되고 있다. 요컨대 담론의 범주에서와 마찬가지로 기술적 발명의 범주에서도 아날로지는 언제나 강력한 다소 파르마콘(pharmakon)과 같은 것으로 독(毒)이자 치유책이다.

3) 로울드 호프만, 《같은 것과 같지 않은 것》, 콜롬비아대학출판부, 1995.

부차적 일화(Anecdote)

"그건 부차적인(anecdotique) 것이다!" 이와 같은 판단은 많은 경우에 있어서 어떤 결과나 사건을 재생할 수 없는 불가능성에 토대한, 비수용(非受容)의 목적을 구성한다. 그것은 흔히 불안정한 초기가 지난 후 실험 성공의 귀결인 **재생 가능성**이 과학성의 조건이 되었으며, 경계선을 설정하게 해준다는 것을 지시한다.

부차적인 것과 재생할 수 있는 것 사이의 구분은 18세기 과학에서 윤곽이 그려지며, 아마추어들이나 호기심 많은 자들이 실행한 구경거리 실험들을 실격시키는 데 사용된다. 그리하여 상황, 사건, 혹은 우발적 일과 관련된 모든 세부적 사실들을 실험 이야기들로부터 추방하는 코드화된 기술(記述) 방식이 정착된다.

19세기에 들어와, 부차적인 것에 반대해 재생할 수 있는 것을 선택한 행동은 1875년에 최초로 공식적인 심리학 실험실을 설립한 분트의 업적 이래로 심리학에서 중요한 역할을 한다. 윌리엄 제임스가 심리학자로서, 여자 점쟁이들과 기타 무당들의 '비정상적'인 이상한 사례들에 여전히 관심을 기울일 수 있었지만, 오늘날 그의 명성은 무너진 것 같다. 게다가 그의 책은 철학자들만이 읽고 있다. 재생 가능성은 더 이상 하나의 선택이 아니라 슬로건이다. 그런 만큼 통계적 연구가 이루어질 수 있는 균질적 자료와 과학을 동일시하는 심리학자들이 많다. 어떠한 특별한 자료도 그 자체로는 아무런 흥미도 띠지 못한다. 오직 자료들의 분포와, 이 분포가 동일시하게 해주는 규칙성만 이 중요하다.

심리학이 이와 같은 선택의 장소였다는 점은 이해될 수 있다. 19세기 내내 심리학자들은 우리가 오늘날 가능한 것과 불가능한 것의 한계를 흔들면서 '정상적 영역 밖'이라 부르는 사례들의 낯섦에 직면하였다.[4] 매우 특징적인 방식으로, 사람들은 기만에 대해 확신할 수 없었던 점쟁이들에게 '자연적이지만' 비정상적으로 날카로운 기억 혹은 지각 능력을 부여했다. 그 덕분에 이 능력은 엄밀하게 말해 비정상적인 것과 이 비정상적인 것이 함축하는 불안한 가능성들을 부정하는 데 우선적으로 사용되었다가 부차적인 것으로 치부되고 말았다.

그러나 물리학적 도구들에 의존함으로써 심리학자들이 회피하고자 했던 그 주체들에 접근이 이루어졌다. 그리하여 점쟁이들과 무당들이 심리학 실험실들에서 추방되던 시기인 1900년경, 윌리엄 크룩스 · 아르센 다르송발 · 피에르 퀴리와 같이 확실하게 자리잡은 물리학자들은 신비한 영향력을 식별하고 기록하기 위해 만들어진 전위계와 기구들로 그들을 시험하는 데 주저하지 않는다.[5] 오늘날 새로운 단층 특수 촬영 기술을 가지고 신경심리학자들은 차례로 기이한 주체들에 관심을 나타내고 있다. 물론 수학자나 음악가에게 질문을 해보자는 것이 아니라, 그의 뇌의 활동을 관찰해 보자는 것이다. 그러나 이와 같은 관찰로부터 배우게 되는 것의 흥미로운 점은 여전히 가정적인 상태

---

4) 베르트랑 메외스트, 《몽유병자와 영매의 신통력》, tomes I 및 II, 레 장페셰르 드 팡세 앙 롱, 1999.

5) B. 방소드 뱅상 · C. 블롱델(책임 편집), 《불가사의 앞에서 과학자들, 1870-1940》, 라 데쿠베르트, 2002.

로 남아 있다. 분명 기술의 정교해진 특성에도 불구하고 그것은 실험적인 자료의 모음일 뿐이며, 이 자료들의 의미는 불투명하다.

보다 의미심장한 것은 현재 동물실험심리학이 드러내는 변화이다.[6] '뛰어난 재능을 부여받은' 동물들(예컨대 수백 킬로미터를 달려가 자신의 주인을 되찾는 개)의 행동들이 전형적으로 부차적 일화의 영역이었던 면에 비해, 어떤 실험실들은 이제 전대미문의 혹은 지금까지 식별되지 않았던 능력들의 문제를 제기한다. 이 능력들은 일부 동물들——원숭이 · 앵무새 · 까마귀 등——이 새로운 환경, 다시 말해 그들이 인간의 제안들을 수행해야 하는 새로운 환경 속에서 전개하는 것들이다. '말하는 것을 배우는' 원숭이들은 분명히 원형적인 사례이다. 여기서 중요한 것은 그런 경우들에 있어서 실험자가 어떤 동물 종류의 표본을 '테스트하는' 것이 아니라 워슈, 코코, 혹은 칸지라는 고유한 이름을 부여받은 개체가 무엇을 할 수 있는지 테스트하는 일이다. 아마 이런 실험실들은 부차적인 것과 규칙적인 것 사이의 양자택일로부터 벗어나게 해줄 수 있는 어떤 틈을 열고 있을 것이다. 왜냐하면 그것들은 다음과 같은 새로운 문제를 제기하게 해주기 때문이다. 무엇이 하나의 개인으로 하여금 수학자, 점쟁이, 마술사가 되게 할 수 있는가? 간단히 말해 무엇이 그로 하여금 어떤 표본을 구성하는 게 아니라 특정한 인물이 되게 할 수 있는가?

---

6) 뱅시안 데스프레, 《늑대가 어린 양과 함께 살게 될 때》, 레 장페셰르 드 팡세 앙 롱, 2002.

인공물(Artefact)

인공물은 '인간적'이라는 뜻이 함축된 '기교의 사실(fait de l'art)'을 의미한다. 이와 같은 일차적 의미에서 볼 때, 우리가 말할 수 있는 바는 모든 과학적 **사실**들이 의도적으로 작품들로서 만들어졌다는 점에서 인공물들이다라는 것이다. 이런 의미에서 그것들은 사건, 다시 말해 지진이나 해일, 혹은 행인을 덮치는 나무의 쓰러짐과 같이 '일어나고 있는' 것과 반대된다. 이런 유형의 사건(특히 리히터 6.5도나 되는 강도 높은 지진)은 모든 사람이 의견을 일치하도록 만들 수 있으나, 그것이 해석되어야 하는 방식, 즉 '사실들에 토대한' 논거가 허용하는 바를 강제할 수 있는 힘은 없다.

또한 과학적 사실들은 논리 경험주의가 원용하는 '순수한 사실들'과 대립된다. "저기에 회색 돌이 보인다"는 말은 상이한 해석들을 야기하지 않을 수 있을 만큼 충분히 순수한 사실이다. 그러나 그것은 우리가 경험주의 철학자(혹은 안과 의사)가 아닌 바에야 "그런데?"라는 대답 이외에 다른 것은 야기할 수 없을 정도로 흥미 없는 사실이다.

실험적 과학들이 (통계적 방식에 고유한 단순한 **상관 관계**를 넘어서) 증명에 들어갈 수 있는 힘을 사실들에 부여한 것은 분명히 말해 '단순한' 인공물들을 생산하지 않을까에 대한 두려움이 실험적 증명의 규준들을 정착시키는 데 있어서 결정적이었기 때문이다. 그리하여 불을 통해 자연의 물체들을 해체하는 다양한 실험들을 토대로 성분들이나 원소들에 대한 자신들의 학설들을 세웠던 최초의 화학자들은 다음과 같은 반박에 부딪쳤다. 그러나 당신들이 이 물체들을 구성하는 원소들로 동일시하는 잔류물들은 또한 '불의 피조물들' 에 불과할 수 있다. 이와 같은 반박을 극복하고, 성분들이 인공물들이 아니라는 점을 입증하기 위해서 화학자들은 하나의 물체로부터 해체되어 나왔지만 그것을 재구성할 수 있는 것들만이 이 물체의 성분들로 인정되어야 한다고 요구하였다. 요컨대 인공물을 피하기 위해 그들은 분석과 종합을 통해 증명을 창안했던 것이다.

따라서 모든 실험적인 사실은 긍정적 의미에서 확실히 '인공물' 이지만, '인공물' 이란 용어에 경멸적 의미를 부여한 것은 실험과학들이다. "그것은 인공물에 지나지 않는다"는 말은 실패의 고백이다. 왜냐하면 이때 기술된 사실은 인간에 의한 실험의 단순한 산출, 그 무엇이 되었든 입증이 불가능한 그런 산출로서 규정되기 때문이다. 이 경우에 실험자는 그가 기술하는 '사실' 의 진정한 책임자로 인정된다. 그는 상이한 해석들을 야기시키는 소음이나 잡음이 정화된 애매하지 않은 방식으로 나타날 수 있는 기회를 연구된 현상에 주지 않았다. 그가 산출한 것은 그가 자연에 개입한 결과물에 지나지 않는다. 자신들의 것에 다름 아닌 발자국들을 따라가는 뒤퐁(Dupond)과 뒤퐁(Dupont)* 처럼 말이다.

자신이 하나의 인공물 앞에 있다는 사실을 인정하는 것은 때때로 조롱을 야기한다. 그것은 부주의나 경시를 통해서 자신의 문화적 환경을 오염시킨 실험자에게 불행을 야기한다. 그러나 또한 그것은 지

* 《파라오의 담배》라는 만화에 나오는 두 형사들로 D자형과 T자형 수염만 다르고 똑같은 모습을 함. 한 사람이 말하는 것을 다른 한 사람이 반복하는 어리석음을 드러냄.

식의 습득인 경우가 자주 있다. 그러한 실패가 없다면 우리는 이런 저런 주의를 기울여야 한다는 점을 결코 생각할 수 없었을 것이다.

그러나 분명하게 실험적으로 드러나는 몇몇 영역에서 사실과 인공물 사이의 대립은 무시되고 있다. 그리하여 실험심리학 연구실에서 획득된 많은 사실들의 입증적 유효성에 이의가 제기될 수도 있을 것이다. 예컨대 스키너 상자 속에 있는 쥐는 그 유명한 지렛대를 누르는 것 이외에 다른 선택이 없다. 따라서 그것의 행동은 자유롭게 활동하는 쥐들의 행동을 순화된 방식으로 나타내게 해주는 어떤 과제의 성공을 나타내지 않는다. 그것은 과학자가 자신에게 흥미를 야기시키는 행동을 하나의 '주체'에게 강제하는 그 힘의 남용을 나타낸다. 무언가를 입증하기 위해 인간의 증언들이 사용될 때, 인공물에 대한 두려움은 이른바 '암시'라는 것의 강박 관념이 된다. 왜냐하면 증인은 경우에 따라서는 자신이 원하지도 않았는데, 자신에게서 어떤 것이 기대되었는지 이해했고 그 기대에 부합했기 때문이다. **반향**의 결핍과 인공물의 생산은 짝을 이룬다.

'기교의' 두 '사실'——실험적 사실과 인공물——사이의 대립은 바로 실험을 가치 있게 해주고, 실험으로 하여금 기준의 단순한 강제와 차이가 나도록 해주는 것이다. 언제나 '자료들'은 확보될 수 있으나 모든 자료들이 우열이 없는 것은 아니다. 또 그렇게 자연은 과학자에게 그것을 기술하는 적절한 방법을 '받아쓰게 한다'는 유명한 메타포가 이해될 수 있다. 이는 지름길이지만 극단적이고 위험하다. 왜냐하면 그것은 다음과 같은 사실, 즉 실험과학들이 연구한 '자연'은 이니시어티브를 잡는 것이 아니라 '응답을 한다'는 사실을 위험을 무릅쓰고 제외하기 때문이다. 그런데 질문이 없다면, 실질적으로 문제를 제기하는 수단들을 제공하는 **장치**가 없다면 대답은 결코 없기 때문이다. 그럼에도 의미 있는 지름길일 수 있다. "자연이 받아쓰게 한다"는 말은 성공의 외침으로 들릴 수 있기 때문이다. 대답은 강요될 수 없다. 또 그것은 문제를 제기하기 위해 사용된 수단들이 받아쓰게 하지 않는다. 실험의 성공은 검토되는 것이 문제의 '보증체(répondant)'로 규정될 수 있다는 점에 있다. 이 보증체는 문제에 대답하는 것일 뿐 아니라 문제의 적합성을 책임지는 것이다.

자율성(Autonomie)

자율성은 자유를 의미하는 것이 아니라 이른바 '자율적' 존재에 내재하는 한 법칙의 존재를 의미한다. 과학과 관련될 때, 자율성의 문제는 우선 정치적이다. 그것은 존중되어야 하는 어떤 경계선의 존재를 지시하고, 그 무엇이 되었든 '외부적' 이해 관계와 거리를 유지할 필요성을 지시한다.

19세기에 과학의 자율성이라는 주제의 전개는 과학과 합리적 해방 일반 사이의 공통된 명분에 대한 관념의 종말을 의미한다. 물론 18세기에 아카데미들은 어떤 자율성을 누렸으나, 그것은 무엇보다 왕의 보호 아래서 신분의 자율성이었다. 그것은 지식의 이해 관계와 공익의 이해 관계를 수렴시키게 해주는 사실들의 존중에 토대한 합리성의 일반화할 수 있는 이상을 막지는 못했다. 반면에 예컨대 파스퇴르나 리비히 같은 과학자들이 연구가 명백하게 필요로 하는 공적 도움은 과학자들의 문제들을 존중할 줄 알고 다른 이해 관계에 부합하는 우선 사항들을 강제하는 일은 자제해야 한다고 요구할 때, 그들은 최소한 시간적인 불일치를 주장하고 있다. 우선 **순수**과학을 기대하며 양성할 줄 알고, 그 다음에 그것이 낳은 결과의 혜택을 누리는 것이 바로 **국가**의 이익이라는 것이다.

또한 자율성의 관념은 과학사를 지배해 왔다. 과학사는 1060년대에 전문화되는 시점에서 '내적 역사'——지식의 내용을 그것이 생성된 시간 및 장소와 독립적으로 다루는 역사——와 '외적 역사' ——상이한 과학들의 흐름에 흔적을 남긴 제도적 '맥락,' 장애물, 그리고 상황을 연구하는 역사——로 양분되었다. 이와 같은 양분은 오늘날 일반적으로 비판받고 있다. 그러나 이런 양식의 역사가 단순하게 실격될 수는 없다. 왜냐하면 그런 양분은 과학자들 자신에게 하나의 쟁점을 구성하고 있기 때문이다. 토마스 쿤으로부터 나온 패러다임의 개념은 연구가 단순한 '맥락' 으로 확인되는 것과 밀접한 관계를 엮어 내고 있을 때에도, 분과 학문이 초래한 문제들만을 중심으로 한 이야기를 전개시킬 수 있는 가능성을 분명히 해주고 있다.

내적 역사와 외적 역사 사이에 양자택일을 넘어서겠다는 목표 속에서 브뤼노 라투르는 다소라도 혁신적이라면 모든 과학적 분과 학문이 성공적으로 구축해야 하는 4개의 '연구 지평' 을 구분하자고 제안했다.[7] 우선 이 분과 학문은 '동맹들' 이 필요하다. 다시 말해 자신들의 목적이 이 학문의 성공을 통해 가는 것을 받아들이는 힘 있는 집단들이 필요하다. 다음으로 그것은 '세상을 동원해야' 한다. 다시 말해 자원·도구·설비로 된 일체를 구비해야 한다. 이것들이 없으면 '발상들' 은 그것들이 목표로 하는 것에 대한 영향력을 지니지 못하고 발상으로 남을 뿐이다. 세번째로 그것은 일반인들이 그 합당성을 알아볼 수 있도록 연구의 '공적 표상' 을 구축해야 한다. 마지막으로 그것은 과학적 공동체 내에 이 연구의 고유한 전문 영역을 정착시키고 그것의 신뢰성, 이에 부합하는 교육 연수, 그 나름의 유효한 기준들을 인정하게 해야 한다. 이 4개의 지평은 이질적이다. 그래서 그것들은 때로는 조화롭지 못한 구속 요소들을 강제한다. 그것들이 '자연스럽게'

7) 브뤼노 라투르, 《판도라의 희망》, 라 데쿠베르트, 2001.

함께 지탱하지는 못한다. 그것들은 함께 지탱되고 유지되어야 한다. 그것들은 라투르가 '관계' 혹은 '매듭'이라 명명하는 것을 통해 그렇게 지탱되고 유지된다. 이 매듭은 과학의 내적 역사가 한 분과 학문이 지니는 '내용'의 자율적 진보로 기술하는 것이다. 사실 그것의 기술은 4개의 지평을 끌어들이지만, 한 분과 학문의 성공은 스스로 전체적으로 지탱되는 '텍스트'로서 제시될 수 있는 그 무엇에 달려 있다. 나머지는 맥락이기 때문이다. 달리 말하면 과학자들은 고전적 과학사가 분리시키려고 애쓰는 것을 적극적으로, 창조적으로, 전략적으로 끊임없이 연결시키고 있다. 그러나 그들에게 무엇보다 중요한 점은 이 분리를 준비하는 방식에 따라 이 일을 성공시키는 것이다. 이 방식은 내용에 관해 중립적인 '조건들,' 혹은 그것의 성공이 가져온 단순한 '결과들'과 자율적인 '내부' 사이의 경계선을 끊임없이 만들어 내고 알아보게 하는 것이다.

오늘날 이와 같은 유형의 결합은 어쨌든 지엽적으로는 위기 상태에 있는 것 같다. 많은 과학자들이 게임의 법칙들이 변했음을 불평하고 있다. 동맹자들은 전통적인 직선적 조직, 다시 말해 그 나름의 길들을 따라 아카데믹한 연구가 이루어지면 산업들이 이 연구에서 응용 대상들을 찾게 되는 그런 조직을 더 이상 존중하지 않는다. 그들은 이른바 '목표화된' 프로젝트 연구의 모델을 강제하고 있다. 이 모델은 대학과 산업 사이의 파트너 관계를 요구하고, 극단적으로 말하면 공생을 지향하고 있다.[8] 두 모델은 나라들에 따라서(예컨대 일본은 다분히 두번째 모델을 개발하고 있다), 그리고 분과 학문들에 따라서(각

8) 마이클 기번스 · 카미유 리모주 · 헬가 노와트니 등 공저, 《지식의 새로운 조직. 현대 사회에서 과학적 연구의 원동력》, 세이즈 퍼블릭케이션즈, 1994.

각의 공동체는 경우에 따라 다른 공동체들을 보수주의 혹은 거리낌없는 기회주의라 비난하는 공개적 성향을 드러내면서 그 나름의 게임을 하고 있는 것 같다) 주목할 만한 변형들을 드러내면서 현대의 풍경 속에 공존하고 있다.

또한 위기는 연구의 공적(公的)인 표상에 영향을 주고 있다. 불과 얼마 전까지 합의로 성립되어 있었던 것, 즉 연구가 낳은 '생산력의 발전'이 문제시되고 있다. 특히 유전학적으로 변형된 유기체들에 관한 연구들을 문제삼는 항의자들은 공공 조직들이 사적인 연구를 위한 영역을 준비하고 있다고 비난한다. 동원에 있어서도 사태는 어렵게 되고 있다. 미국이 **초대형 입자 가속기**에 대한 계획을 포기할 때, 혹은 **태양로**의 건설에 대한 프랑스의 논쟁이 진행되는 동안, 근본적인 연구를 위한 큰 **기계**들에 투자하는 일의 적절성에 대한 의구심들이 공개적으로 표명되었다. 출자자들은 계속해서 보다 비용이 많이 드는 기계화를 향해 앞으로 달아나는 현상에 불안해하고 있다. 이러한 기계화는 '경주를 계속하지' 않을 수 없기 때문에, 그리고 구식으로 여겨지는 수단들을 가지고 실행된 연구를 고려하지 않는 영향력이 강한 잡지들에 발표하지 않을 수 없기 때문에 필연적이 된다. 결국 '내용들'의 연결하는 능력도 취약하게 된다. 예컨대 '유전자'와 같은 개념은 환경에 따라서, 그리고 그것을 참조하는 사람들의 실천에 따라서 의미들의 잡다한 성좌를 드러낼 수 있다. 현재의 전환점을 실질적으로 위기로 생각하지 않을 수 없게 만들고, 1세기 이상 전부터 안정화된 정체성들을 문제삼는 것으로 생각하지 않을 수 없게 만드는 것은 아마 가장 근본적인 개념들이 지닌 이와 같은 다의성이라 할 것이다.

어느 누구도 더 이상 그 전제들을 유기적으로 연결할 줄 모르고, 혹은 그런 연결에 관심을 보이지 않는 모델들에 의해 하나의 영역이 파편화될 때 무슨 일이 일어나겠는가? 그때 '발상들' 보다는 기술적인 혁신들이 그것들 자체의 시간성을 연구에 부여하는 것으로 나타난다. 어떤 이들은 사람들이 광물 자원의 고갈을 언급하듯이, '과학의 종말' 을 예고하는 데 주저하지 않는다. 다양한 광맥들이 여전히 개발될 수는 있으나 산만한 방식으로 가능하다. 왜냐하면 과학적 성공이 하나의 **패러다임**에 의해 통일되고 찬양된 연구 프로그램을 착수시킬 수 있었던 커다란 시기는 마감되고 있는 것 같기 때문이다. 사태가 그렇다면 과학과 경제적 이해 관계가 공생하지 않을 수 없게 만들고, 우리가 겪지 않으면 안 되는 쓰디쓴 운명처럼 그것을 한탄해야 할 것인가? 아니면 그것은 새로운 유형의 과학 **정책**, 다시 말해 국가 안에서 과학의 자율성에 대한 갈망이 모든 연구의 지평들을 강제적으로 몰아갔던 그 불투명성으로부터 해방된 그런 정책의 윤곽을 잡는 기회가 될 것인가?

저울(Balance)

저울은 매우 훌륭한 '행정적' 도구, 다시 말해 결산·유통·교환의 균형을 확인하는 도구로 간주될 수 있을 것이다. 물론 그것은 애초부터 인간들의 통치와 관련되었다. 왜냐하면 바로 그것을 통해서 징세관들은 과세할 주화들의 양에 따라 세금의 액수를 계산했다. 뿐만 아니라 고대의 일부 전통들에서 그것은 외관을 넘어선 진실과 관련된 판단의 도구가 되었다. 그리하여 영혼들의 무게가 저울에 계량되었고, 하나의 삶은 선과 악, 죄와 덕의 잣대로 평가되었다. 오늘날도 인간의 정의는 눈을 가린 여인이 든 하나의 저울에 의해 표상된다. 그녀는 유혹을 받아서는 안 되며, 오직 심판을 받아야 할 것의 무게, 법률적 규정만이 중요한 것이다. 그러나 또한 저울은 라부아지에* 화학적 변화들을 읽게 해주었고, 그것들의 등식화를 제안하게 해주었던 것이다.

그리하여 저울은 진실이 문제되는 2개의 역사, 즉 과학의 역사와 법의 역사가 교차하는 지점에 위치하고 있다. 그런 만큼 그것은 두 역사에서 하나의 도구 이상이다. 그것은 이질적인 항들을 차별화시키는 특질들을 추상화하면서 이 항들을 관련짓게 해주는 등가화(等價化) 작용을 실행한다. 법률가들이 판단에 적절한 추상적 방식에 따라

* 프랑스의 18세기 화학자.

범죄들을 규정하려 전념했듯이, 과학자들은 실험 규약에 따라 투자를 시도했고 상황을 과학적으로 규정하는 척도들의 정상화를 시도했다.

법률적 실천과 실험과학의 실천 사이의 사촌 관계는 자주 강조되어 왔다. 분명한 비교는 장소들의 울타리와 관련된다. 현장 과학자들과 마찬가지로 조사자들은 잡다하고 불확실한 세계에서 활동하는 데 비해, 재판정과 실험실에 들어오는 것은 원래의 장소로부터 분리되고 미리 가공된 자료들뿐이다. 왜냐하면 이것이 그것들을 저울에 달기 위한 조건이기 때문이다. 또 다른 비교는 실험실과 재판정의 울타리 안에서 실행되는 변모의 양상과 관련된다. 사실 결과로 나오는 것은 병원이나 학교에서와는 달리 변모된 진입자가 아니라, 현장의 과제에 부합하는 공적인 문서——판결, 혹은 정식으로 체계화된 실험 보고서——이다. 끝으로 우리는 실험실이나 법정에 들어가는 것과 그것을 그곳에서 맞이하는 '병기창' 사이의 관계를 강조할 수 있다. 한쪽에는 법의 규정과 절차가 있다. 다른 한쪽에는 반박을 야기할 수 있는 많은 도구 · 지식 · 논거들이 있다.

그러나 또한 우리는 대조를 통해 작업할 수 있고, 과학적 실천과 법률적 실천을 그것들의 상이함에 입각해 접근할 수 있다. 정의의 여신과는 반대로 과학자는 눈을 가리고 있지 않다. 그 반대로 그는 자신의 저울에 다양한 탐색 도구들을 덧붙인다. 왜냐하면 그에게 성공한다는 것은 개별적 유형의 변모를 보여 주는 주역들, 등가화의 방식들, 척도의 단위들을 끊임없이 보다 다양화된 방식들로 특징짓는 것이기 때문이다.

실험실과 법정에서 행동의 상이함은 마찬가지로 인상적이다. 법정에 소환된 증인들은 질문들에 대답하고 형식들에 따르도록 되어 있다. 요컨대 그들의 예속은 원해지고 예상된다. 그런데 분명 바로 이

것이 실험실에서는 **인공물**이라고 단죄된다. 그것은 사실들로 하여금 반박하고, 그것들에 제기된 문제의 부적합성을 나타내는 능력을 그것들로부터 박탈하는 준비 방식이다. 이런 상이함이 진지하게 고려되지 않는다면 과학자들은 화가 날 것이다.

증언들의 신뢰도 문제에 관한 모든 비교 또한 대조를 이루게 만든다. 실험실에 들어가는 대상은 거짓말을 하거나 기만할 수 있는 것으로 규정되지 않는다. 물론 이것이 인간들을 대상으로 심문하는 실험실에서는 언제나 기정사실인 것은 아니다. 그럼에도 불구하고 상이함은 존재한다. 왜냐하면 실험실에서는 증인을 시험하는 반대 심문, 독자적인 검증, 대질 심리가 이루어지지 않기 때문이다. 그보다는 과학자가 그에게 질문한 방식, 그가 자신의 가설들에 대한 확인을 끌어낼 수 있었던 방식이 시험되거나 문제된다. 뿐만 아니라 우리는 법정에서와는 반대로 실험실은 자신들이 어디 있는지 알고 있는 증인들의 문제, 그리고 그들로부터 언급이 기대되는 것을 관리하기 위한 장비가 아주 시원찮게 갖추어지지 않았는지 자문해 볼 수 있다.

판결의 개념이 확립하는 비교에 관해 말하자면, 그것 역시 차이들을 증가시킨다. 법정에서 판결은 상소의 경우를 제외하고 이루어져야 하며, 소송 안건을 마무리짓는다. 실험실에서는 경우에 따른 출간물이 성공을 알린다. 그러나 출간된 논문은 어떤 결정을 알리는 것이 아니다. 그것의 중요성은 독자들, '자격이 있는 동료들' 이 그것에 부여하는 준거들과 영향들에 따라 결정한다. 이와 같은 대조를 무시하는 것은 과학이 집단적 시도라는 사실을 망각하고, 그것을 '사실들에 관한 과학자' 의 인식론적 딱지로 환원시키는 것일 터이다.

끝으로 상이함은 법정이나 실험실에 출석하는 자와 그를 기다리고 있는 기구 사이의 힘의 관계와 관련해 더욱 강조되어야 한다. 법은 그것의 조건들을 제시하고, 그것의 형식들을 강제한다. 하나의 사례(소송 사건)가 그 자체로는 법을 위험에 처하게 할 수는 없다. 왜냐하면 중요한 것은 소송 절차의 존중이지, 이 절차의 적합성이 아니기 때문이다. 물론 법정은 예외적으로 스스로를 부적격하다고 선언할 수 있다. 그러나 그것은 그렇게 함으로써 상부에서 오류를 드러내거나, 아니면 그것이 법의 남용(예컨대 정치적 범죄의 '형사 처벌')이라 평가하는 것에 저항한다. 그러나 연구실에서——통제적 혹은 의례적 분석실과는 반대로——하나의 사례는 과학적 병기창을 문제삼을 수 있다. 중요한 성공들, 혹은 혁명적이라고 판단되는 성공들은 분명 사람들이 단순하게 검토한 것이 아니라 이 검토의 적합성을 문제삼은 것들이다.

물론 과학과 사법은 저울을 공통의 상징으로 삼을 수 있지만, 이 저울의 사용은 오랜 전통을 통해, 또 사실·증거·결정과 관련한 매우 차별화된 의무들과 요구들을 통해 분리된 분명하게 다른 두 영역 속에 들어간다. 법정이 일차적 주역들로 과학자들이 거론되는 문제들을 포착해 다루도록 요청받고 있는 시기에서 오늘날 이 점을 상기시키는 일은 중요하다.[9]

---

9) 마리 앙젤 에르미트, 《피와 법》, '시앙스 우베르트' 총서, 쇠이유, 1996.

도서관(Bibliothèque)

우리가 다른 독자들과 조용하게 나란히 할 수 있는 공적 공간, 독서를 위해 마련된 밝은 그 공간에 수많은 인쇄물을 배치해 놓은 것은 사람들이 예전에 지식인 혹은 **학자**(scholar)라 불렀던 것을 특징짓는 이미지이다. 연구는 비록 그것의 대상이 '자연이라는 책'이라 할지라도 도서관을 거쳐 간다. 물론 책들의 크기는 복사자들과 인쇄술 발명 당시에 인쇄된 채색본들 이후로 심대하게 변화해 왔다. 이로부터 공간의 배치를 변경하고, 장서의 비치 및 참고 조건들을 바꾸어야 할 필요성이 비롯되었다. 사람들이 서서 책을 복사하고 읽었던 작은 책상들은 다소 열성적인 10여 명의 독자들이 줄을 지어 앉는 긴 테이블들에 자리를 내주었다. 한편 지난 세기들의 기억은 미로 같은 서가들에 보존되어 있다.[10] 책들이 덜 희귀해지고 값이 내림으로써 개인적인 독서가 큰 소리로 읽어 주는 공적인 독서들을 대체했다. 그러나 이런 측면은 도서관들을 없애는 것보다는 만들도록 유도했다. 왜냐하면 읽고 쓸 줄 아는 사람들의 수는 출판물의 수와 함께 증가했던 바, 책들의 수요는 공급을 수반했기 때문이다. 19세기 내내 쏟아진 저작물들——특히 과학과 관련된 저널과 잡지——의 인플레이션은 많은 경고를 야기했다.

10) 헨리 페트로스키, 《서가 위의 책》, 알프레드 A. 크놉프, 1999.

과학기술정보원의 조사에 다르면, 과학에 종사하는 연구자는 자기 시간의 반을 '발표 논문을 쓰는 데' 보낸다. 그런데 이 시간의 대부분은 논문을 생산하기보다는 정보를 탐색하는 데 할애된다. 이것이 의미하는 바는 들어오는 정보의 관리가 나가는 정보의 관리보다 일상에서 아직도 훨씬 더 중대하다는 점이다. 일차적으로 사람들은 연구소들에 최대한의 책들을 비축하고, 그것들을 연구자들이 자유로이 이용할 수 있도록 하기 위해 도서관들을 증가시켰다. 그러나 몇 년 전부터 이와 같은 인플레이션은 도서관들을 위협하고 있고, 다양한 캠퍼스들에서 도서관들을 없애는 구상이 나오고 있다. 그 구실은 **인터넷**을 통해 독자가 자신의 개인적 책상에서 이동하지도 않고 세계의 모든 저작물들에 접근할 수 있다는 것이다.

물론 잡지들과 저서들에 인터넷으로 접근하는 것은 도구적 · 인적 자원의 축들을 중심으로, 다시 말해 대규모 연구소들을 중심으로 집중되는 경향이 있었던 연구 장소의 탈편중화, 따라서 탈중심화를 가능케 하고 있다. 특히 가상 도서관은 너무 가난하여 '진정한 도서관'을 확보할 수 없는 나라들에게는 중요한 성공 수단이 될 수 있다. 그러나 이는 조건이 붙는 이점이다. 왜냐하면 현재 큰 과학 저널지들에 인터넷으로 가입하는 것은 유료이며, 대개의 경우 종이책 가입을 포함하고 있다.

도서관의 딜레마, 다시 말해 인터넷 가입이 과학계에서 야기하고 있는 논쟁들은 현대 학자들의 독서 행위에 대해 시사하는 바가 매우 크다. 독서는 문화적 · 사회적 · 생리학적 활동으로 규정되며, 이 활동에서 인쇄물들의 물질성, 종이와 인쇄의 질, 제본, 책의 질감 자체는 중요하다. 극히 전문화되고 흔히 경쟁적인 분야에서 일하고 있는 과학 연구자들이 진정으로 책을 읽고 있지 않다는 사실은 분명하다. 그들은 그들에게 관련된 정보들을 줍기 위해 책들을 참조한다. 그들이 수많은 출간물들에 접근할 필요가 있는 것은 어떤 주제에 푹 빠지거나, 미지의 세계 혹은 묻혀진 과거의 뜻밖의 발견에 놀라기 위해서가 아니다. 그것은 그들의 영역에서 상황을 변경시킬 수 있는, 따라서 그들의 연구에 영향을 줄 수 있는 출간된 최근 결과물들에 최소한의 시간을 들여 곧바로 다가가기 위해서이다. 적절한 정보의 사냥은 양호한 훈련과 어떤 감식안을 전제하는 하나의 기술이다. 그러나 그것은 어떤 독서에 빠지는 것이 아니라는 점에서 도서관이 없이도 가능하다. 도서관들이 담당하고 있는 장서 혹은 보존 기능으로 말하면, 그것은 과학적 진보가 과거를 무효화시키고 확신하는 많은 연구자들에게는 쓸데없는 것으로 나타난다. 그들이 보기에 '옛' 출판물들——때로는 10년에서 15년 된 것들——은 공간만 차지하고 연구의 전진에 방해가 될 뿐이다.

역사의 소멸과 독서의 포기는 아마 도서관들의 사라짐을 정당화시킨다 할 것이다. 이와 같은 사라짐이 지적·상상적 빈곤화를 사실들에 가져올지 두고 볼 일이다. 이와 같은 빈곤화는 과학과 과학자들을 그들의 전문 분야에 관한 것 이외의 다른 교양과 분리시키고 단절시킴으로써 그들을 위협하고 있다.

대(大)과학(Big science)

이 표현은 국가 혹은 심지어 여러 국가(특히 유럽입자물리학연구소의 경우)가 재정적인 거대한 투자를 통해 지원하는 대규모 연구 프로그램들을 특징짓기 위해 나온 것으로 제2차 세계대전 후에 보편화되었다. 이 프로그램들은 큰 시설들을 갖춘 거대한 연구소들에서 장기적 프로젝트들에 종사하는 수백 명의 인원을 결집시킨다. 모든 게 **크고**(big), 전통적 연구 관행에 비해 필요 이상으로 크다. 우리가 제기하고 싶은 문제는 그게 아직도 과학이냐 하는 것이다.

기계들의 역할은 그런 프로젝트들에서 매우 중요하기 때문에 그것들은 과학과 **기술** 사이의 전통적 구분을 전복시키고 있다. 디렉 드 솔라 프라이스*가 1960년대부터 강조했듯이, 연구 프로그램들의 영감을 불러일으키는 것은 기술, 즉 설비 자체이며, 사람들은 이 프로그램들을 가능한 한 다양한 대상들에 적용시킨다.[11] 따라서 연구는 더 이상 연구자의 개인적 주도에 달려 있는 것이 아니라 프로그래밍에, 과학 **정책**에 달려 있다. 사전에 장기적으로 프로그램화된 실험들은 그것들의 조정 및 비용의 어려움 때문에 재생될 가능성이 희박하다.

---

* 콜롬비아대학 교수.

11) 디렉 J. 드 솔라 프라이스, 《소(小)과학, 대과학》, 콜롬비아대학출판부, 1963, 1986 재판.

또한 대과학은 과학적 공동체의 재래적 기능 작용에 심층적 변화를 몰고 오고 있다. 각각의 결과는 많은 연구자 · 엔지니어 · 기술자의 협동을 요구하기 때문에 연구 논문들은 수십 명, 심지어 수백 명의 이름으로 발표된다.[12]

집단적이며, 프로그램화되고, 강력하게 재정 지원을 받으며, 잘 조직화된 연구를 중심으로 한 그 모든 실천들은 어떤 의미에서 보면 근대 과학의 출현을 주도했던 근본적 관념들의 단순한 확장으로 간주될 수 있다. 어쨌든 그것은 프랜시스 베이컨이 《새로운 아틀란티스》에서 기술했던 솔로몬 성전의 유토피아를 구체화시키고 있다. 그 대가는 지식의 증가이다! 최소한 이것이 대단위 물리학연구소의 경영자인 알빈 와인버그[13] 같은 대과학 옹호자들의 견해이다. 그가 볼 때, 대과학으로의 변화는 피할 수 없다. 이 대과학의 모델은 맨해튼 계획을 위해 확립된 조직이었던 바, 따라서 그것이 전쟁용 창안물이었다는 사실을 잊어버리는 것이 중요하다. 평화의 시기에 대과학의 정당화는 테크닉적 성격에 속한다. 미립자들을 탐지해 내고, 머나먼 은하계들을 관찰하며, 우주 공간 속에서 과학적 사명들을 준비하기 위해서는 비싸고 정교한 설비들이 필요하다는 것이다. 오직 대과학만이 지식을 전진시킬 수 있으며, 에너지 기근과 정보 관리라는 세계적 문제들을 해결할 수 있으리라는 것이다.

와인버그의 낙관론은 1990년까지 공감을 얻었다. 미국이 초전도 초대형 입자가속기의 건설 계획을 중지시킨 것은 고강도 에너지를 연

12) 피터 갤리슨 · 브루스 헤블리(책임 편집), 《대과학. 대규모 연구의 증가》, 스탠퍼드대학출판부, 1995.

13) 알빈 M. 와인버그, 《대과학에 대한 고찰》, MIT대학출판부, 1997.

구하는 물리학자들의 공동체 전체에게 충격이었고 상처였다. 미래는 물질의 궁극적 구성 요소들에 대한 탐구 말고 다른 데 있겠는가? 당시까지 다소 멸시를 받았던 거시 물리학자들은 고개를 다시 쳐들고 작은 설비, 책상 구석에서의 실험, 자유로운 연구를 찬양하는 노래를 부른다. 그들은 이 자유로운 연구가 보다 창조적이고, 사회적 요구에 보다 관심을 기울이고 있다고 생각하는 것이다.

이러한 사건은 대과학의 창조성에 대한 의문을 나타내는가? 그보다는 물리학 내에 재균형이라 할 것이다. 왜냐하면 대과학은 여전히 강력한 모델로 남아 있기 때문이다. 이 모델은 이제부터 생명 및 건강 관련 과학들에 확대되고 있으며, 이 과학들은 인간 게놈의 지도 작성 혹은 약제 연구에서 분자 은행의 설립을 통해서 물리학을 떠나고 있는 것 같은 열광과 공적인 지원을 회복할 줄 알았다. 이런 종류의 과학적 실천의 적합성과 생산성은 정치 권력에 의해 진지하게 검토되고 있는 것 같지 않다. 그 반대이다.

최초의 질문(그것은 여전히 과학인가?)은 다음과 같은 형태로 재표명될 수 있다. 우리는 어떤 과학을 원하고 있는가? 대안들이 진지하게 고려되고 지원을 받았는지 누가 물을 수 있을 것인가? 대과학에 항상 따라다니는 개선적 수사학이 하나의 공동체를 동원하고 있는 상황에서 어떻게 접근의 다양성, 상이한 길들의 가능성을 보호할 것인가?

특허(Brevets)

특허권은 '유용한 발명을 한 창안자들에게 이 발명에 관한, 그리고 이에 대한 소유권을 확보해 주는 수단에 관한' 법 덕분에 1791년 프랑스 입헌의회에 의해 확립되었다. 특허는 창안자의 수익을 보장해 줌으로써 **비밀**과 독점을 막아 주면서 창안을 공표하는 데 목적이 있다. 그것은 개인적 소유권의 인정과 사회적 유용성의 배려 사이에 타협의 형식을 제안한다. 르블랑이 인공 나트륨을 제조한 방법은 프랑스의 최초 특허들 가운데 하나였다. 그 이후에 체계는 제출된 특허들의 검토 방법이 정착됨으로써 기틀이 잡혔다. 19세기에 3개의 지배적 산업——화학, 기계, 전기공학——은 특허 가능성을 위해 채택된 기준들을 결정하는 데 기여했다.

특허를 받을 수 있는 특징은 특히 자연적인 것과 인공적인 것, 주어진 것과 구축된 것 사이의 구분에 근거한다. **발견된 것**들이 아니라 창안된 것들만이 특허를 받을 수 있다. 인간의 기교가 만들어 낸 생산물만이 보호받을 수 있다. 반면에 과학적 지식의 고유한 대상인 자연적 현상들, 자연적 법칙들은 적용될 수 없다. 사실 발견된 것들의 자유로운 유통은 과학을 진보시키는 조건으로 인식되고 있다. 그러나 그런 근본적 원리들은 실용적 동기들에 직면하여 소멸하는 경향이 있다. 그리하여 연구를 위해 승인된 투자에 대한 보답 요구는 특허 가능성의 영역을 일부 생명체들에까지 확대하도록 만들었다. 20세기 전반기 식물들에 대한 특허가 도입된 이후에 자연적인 것과 인공적인 것 사이의 기본적 구분이 완화되어 유전적인 계열들도 특허를 받을 수 있게 되었다. 1998년 7월 6일에 공표된 유럽 지침 3항 2조의 규정에 따르면 "자연적 환경으로부터 분리되거나, 기술적 방법의 도움을 받아 생산된 생물학적 물질은 그것이 자연 상태로 미리 존재했다 하더라도 창안의 대상이 될 수 있다." 이 지침이 야기한 논쟁은 자연적인 것과 인공적인 것을 구분하는 기준의 취약성을 보여 준다. 이 기준은 쟁점이 되는 이해 관계에 의해 끊임없이 뒤집어지고 있는 것이다.

마찬가지로 유용성은 모순적 해석들을 낳을 수 있는 기준이다. 한편으로 사람들은 실질적이고 유용한 적용이 가능한 창안들만이 특허를 받을 수 있다는 점을 인정한다. 그러나 공적인 유용성의 이름으로 특허를 받을 수 있는 가능성의 영역이 제한될 수 있다. 그리하여 1844년의 한 법은 의약품에 대한 특허를 금지했다. 의약품에 대한 특허는 시장에 출시된 분자의 복제품을 금지하는 특허를 통해 연구 투자에 대한 보답을 보장받고자 하는 제약 회사들의 압력을 받아 1960년대에 가서야 허용되었다. 연구 비용이 증가하면 할수록 제출된 특허의 수는 보다 증가하고, 특허를 통해 보호 기간을 연장하려는 압력도 보다 강해진다.[14)]

소유권의 획득과 공익 사이의 미묘한 중재는 끊임없이 문제시된다. 특허는 허가된──인적 · 기술적 혹은 재정적──투자와 활용 잠재력을 기준으로 평가된 가치의 인정 체계가 되어가는 경향이 있다. 이때부터 모든 것은 허용되며 남용을 제한하기 위한 법률적 텍스트들은 무력하게 된다. 어떤 제약 회사는 미국 인디언들이 만들어 사용한 의

---

14) 필립 피냐르, 《제약 산업의 커다란 비밀》, 라 데쿠베르트, 2003.

약품을 부당하게 가로챌 수 있다. 그 구실은 회사가 이미 알려진 치료적 속성을 지닌 분자의 정화와 상업화에 투자를 했다는 것이다. 소송이 일어날 경우, 회사는 피해자들의 변호사들보다 훨씬 힘 있는 변호사들을 확보하고 있다. 또 다른 미국 제약 회사는 유방암 소질 유전자의 특허를 받으며, 그렇게 하여 검사를 상업화하는 데 있어서 독점을 확보한다. 기본적 연구는 대학계에서 실행되었는데도 말이다.[15)]

공적인 연구——납세자들이 재정적 지원을 하는 연구——의 사명이 과학적 결과들의 비사유화를 보장하는 것이라는 관념은 이런 결과들 없이는 불가능했을 창안들을 민간 기업이 사유화하는 것이 합당하다는 관념과 짝을 이루었다. 그러나 발견과 창안 사이의 강력한 차이가 사라짐으로써 오늘날 대기업들과 큰 대학들의 변호팀들 사이에 '거인들의 싸움'이 예고되고 있다. 이제부터 미국 대학들은 연구를 최소한 부분적으로라도 스스로 재정 지원하기 위해 대학에 딸린 법률적 서비스를 통해 점점 더 많은 특허를 제출하고 있다. 프랑스 과학자들이 연구를 중시하는 새로운 체계로서 이와 같은 특허의 재규정에 아직은 별로 참여하지 않고 있다는 사실은 과학이 인류의 공동 자산이라는 견해의 수호자가 되고 싶다는 그들의 의지를 나타낸다기보다는 이 나라에서 연구 중시를 가로막는 관료주의적 어려움을 더 많이 드러내고 있다.

---

15) 모리스 카시에 및 장 폴 고딜리에르, 〈유전자 특허의 변질된 결과〉, 《연구》, n° 341, 2001년 4월, p. 79.

직업(Carrière)

과학적 직업의 연구는 전통적으로 사회학 혹은 사회사의 대상이다. 전기, 인물기(다시 말해 인물의 연구), 혹은 양적 분석의 방법을 통해서 특이한 단면들이나 한결같은 측면들이 식별된다. 예를 들면 미국, 프랑스, 그리고 많은 다른 나라들에서 여성의 과학 분야 직업에 대한 연구는 어떤 격차를 드러낸다. 즉 계층 구조 내에서 승진하는 데 봉쇄되어 있고, 일부 영역들은 전통적으로 여성에게 폐쇄되어 있다는 점에서 영토적 봉쇄가 있다.

그러나 과학적 직업의 개념은 그 자체가 상대적으로 최근 역사가 낳은 산물이다. 고대 그리스의 **푸시코이**(phusikoi)나 17세기 영국의 **자연철학자**들은 자신들의 모든 삶을 과학적 연구에 바쳤으나, 우리가 그들의 직업에 대해 이야기한다는 것은 거의 생각할 수 없을 것이다. 과학은 그들에게 하나의 소명이었고, 삶의 개인적 선택이었다. 이 선택은 거의 종교적이었으며, 자기 희생·용기를 요구했고, 신의 부름에 부합하는 것이었다.[16] 이와 같은 소명에 대한 응답은 개인적인 출세, 후원자들의 보호 혹은 결과들(약의 처방 등)의 중시를 함축했다. 프랑스에서 왕립과학아카데미는 '과학적 직업에 종사할 수 있는' 가능성을 처음으로 열었지만, 과학이 20세기에 대학의 체계 속에 일부

16) 쥐디트 슐랑저, 《소명》, 쇠이유, 1997.

분으로 진입했을 때 비로소 과학적 활동은 다른 것과 마찬가지로 하나의 직업이 되었다. 사람들은 과학에 종사할 수 있으면서 보통의 부르주아적 삶을 영위할 수 있는 것이다.

따라서 과학적 직업의 개념은 과학적 활동의 세속화와 일치하는데, 이 활동은 '과학자'(영어의 scientist라는 용어는 1830년에 나타나지만 그것의 보편적 사용은 보다 뒤에 이루어진다)라는 명사의 사용을 통해 뒷받침되었다. 그러나 이 용어가 종교적으로 내포된 의미들을 모두 몰아낸 것은 아니다. 과학자의 양성, 과학적 직업에의 준비는 종교적 수련의 많은 측면들을 간직하고 있다. 학위나 졸업은 입문의 의식이고, 교수가 적은 수의 초심자들의 정신을 수련시키는 교육적 구조들은 오늘날도 여전히 '세미나'로 불리고 있다.

고대의 **학자**처럼 직업적 과학자는 금욕주의를 배운다. 과학적 직업에 종사하기 위해 받아들여야 하는 규율의 유일한 심판관들인 동료들의 권위에 벗어나는 문제들의 유혹에 저항할 줄 알아야 하는 것이다. 세속화된 금욕주의는 규율상의 진보를 위해 지불해야 할 대가이다. 전문 연구자가 단념하는 큰 문제들은 통속화로 넘어가고(혹은 밀려나고), 규율에 저항하는 일반인들을 유혹해야 할 (슬픈) 필요성에 의해 때때로 정당화된다.

물론 과학적 직업의 개념은 연구 관행의 심층적 변화를 수반한다. 19세기에 우선권은 현상들의 측정에 주어지고, 실증적 법칙을 확립하기 위한 정밀 측정 기기들의 초점이 주어진다. 그리하여 연구자들의 망들은 **객관성**을 조건짓는 규준과 원기(原器)들의 확립, 계량들의 비교를 위해 불가결하게 된다. 17세기와 18세기의 과학적 여행과 탐험에 동기를 부여했던 조사와 측정의 답사 활동은 위험한 모험의 표현으로 일반적으로 기술된 데 비해, 측지학 · 전기학 · 자기학에서 국제적 조정과 척도의 표준화를 목표로 한 19세기의 연구는 보잘것없는 지겨운 일처럼 기술된다. 따라서 과학적 직업은 산업화와 식민화의 맥락 속에서 구조화되며, 이 맥락은 완벽하고 표준적인 규격품의 대량 생산 · 해저 전신 · 철도를 위해 잘 양성된 과학자들에게 호소한다.

그러나 과학의 사회적 유용성이 인정되고 선언되었음에도 불구하고, 20세기 이전까지 '과학자'가 풀타임 연구자인 경우는 드물었다. 대부분의 과학적 직업들은 교수나, 다양한 행정 공무원(예컨대 아인슈타인은 특허청 직원이었다)의 직업이었다. 과학자들은 무언가를 수행하는 일——젊은이들을 양성하고, 분석을 행하고, 특허들을 검토하는 일 등——에 대한 대가로 보수를 받았고, 그런 만큼 우연히 자신의 연구를 통해 과학을 발전시킬 수 있었다. 이로부터 프랑스 과학자들의 경우, 직무들이 누적되는 통상적 관행이 비롯되었다. 그들은 ——그들의 말에 따르면——자신들의 연구소를 재정적으로 지원하기 위해 교육자와 전문가의 직책들을 많이 맡았던 것이다.

역설적이지만 과학적 직업은 흔히 연구자의 창의력을 희생시켜 발전된다. 이 창의력은 왕자와 군주들의 후원 제도가 보다 직접적으로 고무시켰지만 나중에는 연구 기관들이 물려받는다. '과학적 직업에 종사한다'는 것은 창조적 활동보다는 권력적인 자리들을 보다 자주 환기시킨다. 그리고 '출세지상주의'라는 매우 경멸적인 용어는 가치들의 갈등이 해결되지 않았다는 점을 상기시킨다. 사심 없는 과학의 이념을 옹호하는 과학자들이라 할지라도 대개의 경우, 책임자의 직위에 앉자마자 그들이 기울이는 노력의 대부분을, 즉 핵심 부분을 보다 젊은 동료들로 하여금 과학적 직업에 종사하게 해주는 수단을 확보하는 데 기울이지 않을 수 없게 된다. 따라서 '출세주의자'는 다른 사람들이 한탄스럽다고 주장하는 것을 즐기는 자이다.

인과 관계(Causalité)

근대 과학 이전의 일이긴 하지만, 인과 관계는 과학이 책임과 권력의 문제들에 사로잡힌 사회에 문화적으로 속해 있음을 나타내는 투쟁들을 구체화한다. 그 숲의 화재 '원인'은 무엇인가? 산화 환원 반응인가? 가뭄인가? 작은 초목의 부실 관리인가? 어떤 불행한 불티인가? 어떤 방화자인가?

원인의 개념은 합리적으로 적합한가? 이 질문은 데이비드 흄이 그것의 합당성을 부인한 이래 큰 철학적 논란을 일으켰다. 물론 흄에 의해 자신의 독단론적 잠에서 깨어난 칸트는 이 개념을 구했지만, 문제시되는 사물이 아니라 인식하는 주체로 그것을 귀결시킴으로써 구한 것이다. 전혀 다른 방식으로 우리는 영국의 생화학자 조지프 니덤이 중국 사상에 나타낸 관심의 기원에서 다음과 같은 사실을 발견한다. 즉 중국 사상은 생명체들과 관련해 서구의 생물학보다 더 적절한 문제들을 만들어 낸다는 것이다. 실제 배(胚)의 발아를 이해하는 데 있어서 니덤은 어떠한 '원인'도 그 자체로서 발아에 대해 책임질 힘을 지니지 않는 과정을 특징짓는 개념들의 필요를 느꼈다. 이 개념들은 배 자체를 그것의 발아를 야기하는 것의 '원인'으로 생각하게 하는 것들이다. 그리하여 수리물리학이 어떤 분리 가능한 존재자의 힘을 환상으로 귀결시키는 **기능들**을 부각시키기 위해 원인들의 역할을 축소하는 데 기여할 때마다 물리학자들은 동양의 사상을 참조했다.

그러나 우리는 원인이 시효가 소멸한 개념이라고 말할 수 없다. 사실 그것은 실험적 실천과 분리될 수 없다. 이안 해킹이 강조했듯이, 양자물리학은 분리된 전자를 규정할 수 있는 가능성을 부인해 보았자 소용없듯이, 우리가 전자에 대해 알고 있는 것은 실험자가 그것으로 하여금 사물들을 '만들게 하는' 데 성공했다는 상황으로부터 비롯된다.[17] 실험 **장치**의 묘사는 다양한 동인(動因)들 혹은 행위자들을 언제나 등장시킨다. 그리하여 광자들은 사진판을 감광시키고, 파스퇴르가 조사한 배(胚)들은 그의 요구에 따라, 그것들이 분명 살아 있다는 것을 입증하는 방식으로 자기 존재를 나타낸다.[18] 우리는 손이 풀릴 때까지 말이 없었던 이탈리아 죄수의 유명한 이야기를 알고 있다. 원인이라는 용어로 생각하는 것이 금지되는 실험자는 손이 묶인 것이나 마찬가지이다.

인과 관계는 언제나 분명히 살아 있으면서 확장하기 때문에, 인과 관계의 유형들은 증가되어 왔다. 동태물리학은 인과 관계와 기능성을 동일시할 수 있었다. 왜냐하면 원인은 이 경우 결과와 동등한 것으로 규정되고, 결과는 차례로 원인이 될 수 있기 때문이다. 그러나 동인들 혹은 행위자들이 등장하자마자, 분명해지는 것은 그것들의 작용력이다. 차례로 이 작용력은 연구 수행에 따라 상이한 의미들을 띤다. 분자생물학에서 이런저런 신진대사 과정을 촉발시키거나 금지시키는 능력이 부여되는 신호적 동인들——촉진 혹은 억제 동인들——이 증식되는 것이 관찰되었다. 그러나 이 능력이 배타적으로 동인에만

---

17) 이안 해킹, 〈실험과학의 자기 변호〉, 《실천과 문화로서 과학》, A. 피케링, 시카고대학출판부, 1992, p.29-64.

18) 브뤼노 라투르, 《판도라의 희망》, 라 데쿠베르트, 2001.

부여될 수 없다는 사실이 점점 더 인정되고 있다. 실제 다른 신진대사 상황들에서 '책임이 있는' 분자는 어떠한 결과도 나타내지 않게 되거나 전혀 다른 결과를 나타내게 된다. 어떤 사람들에게는 '다른 조건이 모두 똑같다면' 혹은 '상황이 동일하다면'과 같은 신중한 표현의 인과적 설명을 곁들이는 것으로는 더 이상 충분치 않다. 왜냐하면 상황들은 결코 '똑같지' 않기 때문이다. 따라서 니덤이 배(胚)에게 필요하다고 판단한 것과 상당히 유사한 하나의 원리, 즉 분자의 역할은 우선 그것의 환경에 달려 있다는 원리로부터 출발해야 할 것이다.

결합의 체계적이고, 비선조적이며, 순환적인 인과 관계들의 공통적인 특질은 그 책임이 확인되어야 하는 원인과 상황 사이의 구분을 없애는 것이다. 따라서 가장 중요한 문제들은 전체적인 기능 작용의 체제, 교란에 대비한 이 체제의 안정성과 견고성, 체제가 그것의 환경으로부터 부각되는 방식과 관련된다. 그러나 '인과 관계'라는 용어는 책임 있는 것으로 규정된 특별한 동인에 부여될 수 있는 야기 능력이 부인될 때조차도 유지된다는 사실은 과학적 추론에서 원인들의 힘을 나타내는 데 충분하다. 원인들은 이동하고, 다양화되지만, 죽지 않는다. 그것들은 가장 그럴듯하지 않은 상황들에서조차도 되살아난다. 그리하여 결정론적 카오스의 발견, 다시 말해 최초 조건들에 대한 행동의 고도의 민감성에 의해 특징지어지는 역동적 체계들의 발견은 이제 아마존 유역에 있는 나비 한 마리의 날갯짓과 연결된다. 나비의 이미지가 원래 의미했던 바는 우리가 불안정한 역동적 체계와 관련을 맺고 있자마자 모든 것, 절대적으로 모든 것이 중요하다는 것이다. 그러나 오늘날 때때로 언급되고 있지만, 이 아마존의 나비가 몇 달 뒤에 일어나는 텍사스의 태풍에 책임이 있을 수 있다는 것이다…….

우리는 원인들에, 혹은 책임의 개념에 부여된 우선권을 '이데올로

기적' 이라고 규정짓고 싶은 유혹을 받을 수도 있다. 이는 가능하지만, 여기에는 이데올로기를 과학자들의 합리적 노력에 기생하는 것으로 지칭하지 않는다는 조건이 붙는다. 왜냐하면 이 노력 자체, 다시 말해 자신들이 기술하는 것의 원인자를 확인하기 위한 그들의 정열은 창안의 원천이기 때문이다. 아무튼 변함없는 것이지만, 원인들에 부여된 우선권은 '진정한 원인자들' 이나 궁극적 요소들을 확인하는 데 보다 덜 관심을 기울이는 다른 실천적 접근들을 또한 배제할 수 있는 힘이다.

돌팔이(Charlatan)

돌팔이는 어원적으로 보면, 과장하여 이야기하는 사람으로 허풍쟁이를 말한다. 경멸적 의미에서 사용될 때 이 용어가 함축하는 바는 돌팔이의 우발적 성공, 예컨대 그가 주방 용품들을 터무니없이 비싼 가격으로 파는 데 성공한 이유가 그의 설득 수완과 청중의 신뢰에 있다는 점이다.

이 용어가 과학의 어휘 속에 들어오는 때는 돌팔이로 취급되는 자가 여기서 머물지 않고, 일반인들이 과학에 한정해야 하는 신뢰를 자신의 이익을 위해 가로챈다고 비난받는 시점이다. 돌팔이는 자기 주장의 토대를 과학적인 가짜 증거들에 두고 있으며, 과학의 합법적 권위를 자신의 이익을 위해 가로챈다. 그와 관련해 우리는 장 폴 마라가 아카데미의 학자들에 대항해 주도했던 비방적인 글의 제목을 인용해 '근대적 돌팔이'에 대해 이야기할 수 있을 것이다.

물론 과학자들처럼 옷을 입은 남자들이 매혹된 주부들에게 X세제는 과학적으로 시험을 거쳤으며 보다 하얗게 세탁을 해준다거나, 색깔들을 보다 잘 보존해 준다고 단언하는 모습을 보이는 광고는 그런 범주에 들어가야 할 것이다. 그렇지 않다면, 그 이유는 하나의 조건이 그런 소환에 결여되어 있기 때문이다. 근대의 돌팔이는 과학의 불확실성을 이용하고, 과학자들의 '삶을 복잡하게 만드는' 부정직한 경쟁자의 면모를 지니고 있는 것이다. 예컨대 점성가는 이 칭호를 받을 자격조차 없다. 그의 주장은 천문학자들에 의해 비합리성의 표출로 고발되고 있기 때문이다. 천문학자들은 하늘과 성좌들이 인간들의 운명에 침묵하며 사람들이 점성가를 찾는 이유들에 대해 전적으로 무심하다고 완전히 확신하고 있다. 그렇기 때문에 점성술은 일반인들의 신뢰를 '상징하지' 만, 개별적인 어느 누구의 삶도 복잡하게 만들지 않는다. 반면에 치유가 문제될 때, 과학적 합리성을 원용하는 의사들은 그들이 비난하는 '대안적' 관행을 일부 환자들이 누리고 있음을 부인할 수 없다.

따라서 근대적 돌팔이는 '증거의 노동자들' 이 부딪치는 불확실성들을 강조한다. 또 고발의 강도도 분야들에 따라 다르다. 그리하여 다양한 정신-병리학적인 치료법들이 "모두가 돌팔이들이야!" 라는 비난을 야기하는 경우는 아주 드물 뿐이다. 사람들은 '영혼 장애' 의 영역에서 사람이 할 수 있는 일을 한다는 사실을 인정할 준비가 되어 있다. 반면에 신체의학에서는 대결과 고발이 강경하고 무자비하다. 이 분야에서는 증거에의 의지가 접골사이고 기적 실행자인 무면허 치료사들에 대항해 면허 의사들을 방어해 준 조합주의 규정의 뒤를 이었다.

과학과 일반인 사이의 관계 변화가 근대적 돌팔이의 고발에 부합한다. 일반인은 돌팔이들의 유혹을 받기 쉽기 때문에 이제 더 이상 잠재적인 동맹자가 아니라 잠재적인 배신자이다. 역사적인 관점에서 사람들은 '계몽주의' 의 목표, 다시 말해 몽매주의적 권력들에 대항하는 투쟁의 목표에 문제의 메스메 사건*을 연결시킬 수 있었다. 이 사건

---

* 메스메(Mesmer)(Franz Anton, 1734-1815)는 독일의 의사로서 접촉을 통해 혹은 거리를 두고서 유도하고 전달할 수 있는 액체인 동물 자기를 발견했다고 주장했다. 그는 이것을 모든 질병에 치료제로 삼았는데, 파리에서 한때 비상한 성공을 거두었다.

은 아카데미위원회가 동물 자기를 단죄함으로써 일단락되었다. 그렇다, 어떤 환자들은 메스메의 함지 주위에서 혹은 퓌제귀르의 나무 주위에서 확실하게 치유되었지만, 일반인들의 열광을 불러일으킨 이런 치유들은 과학의 눈으로 볼 때 아무것도 입증하지 못했다. 사람들은 '나쁜 이유들' 로 인해 치유될 수 있다. 치유의 원인인 동인이 무엇인지 입증될 수 없을 때가 그런 경우이다. 조사 위원들은 상상력에 대해 이야기했고, 오늘날에는 플라세보 효과가 증언하는 영향이 언급된다. 두 경우 사람들은 돌팔이들이 이용하는 것을 명명하는 데 만족하고 있다. 왜냐하면 그들은 그것을 긍정적 의미에서 규정할 수 없기 때문이다.

실격시키기 위해 명명하고, 입증할 수 없는 사람들을 고발하기 위해 증거의 방식에 호소하는 것은 과학자들이 받아들인 역할인데, 이 역할은 그들을 공공 질서와 좋은 풍습의 옹호에 봉사하도록 위치시켰다. 이처럼 여론과 관련해 교육적 입장을 채택한 것은 유치하고 순진한 것으로 간주되었으며, 계몽주의의 종말을 나타낸다.

의학에서 돌팔이들의 고발은 아주 신기하게도 비합리성이 지닌 3개의 구분된 의미를 하나로 수렴하게 만든다. 돌팔이들은 비합리적이다. 왜냐하면 그들은 **일화적인** 치유들을 자신들의 주장에 대한 합당성의 근거로 간주하기 때문이다. 그들이 내세우는 치유들은 비합리적이다. 왜냐하면 그것들은 어떠한 합당한 설명에도 부합하지 않기 때문이다. 끝으로 그들에게 진료를 받은 사람들은 비합리적이다. 왜냐하면 그들은 우발적인 개인적 이익을 내세워, 가짜 이유들에 대항한 이성의 정당한 싸움을 배반하기 때문이다. 이같은 고발에서 마지막 세번째 측면은 일반적으로 바슐라르의 권위를 빌린다. 바슐라르는 과학적 합리성이 '생명의 이해 관계' 에 대립되는 '정신의 이해 관계' 에 봉사한다고 주장했다. 생명의 이해 관계에 예속된 여론은 돌팔이들에 유혹을 받을 수밖에 없다. 그것은 '아니오' 라고 말할 줄 모르며, 때때로 치유될 것을 생각하고 '예' 라고 동의하고 말할 줄밖에 모른다. 의사들과 돌팔이들은 정면으로 맞서고 있다. 왜냐하면 치유는 이성의 이해 관계보다는 환자의 이해 관계에 봉사하기 때문이다.

인용(Citation)

인문과학이나 철학에 속하는 에세이들에서 인용은 따옴표 사이에 있는 진술이며, 이 진술은 저자가 다른 사람에게 발언권을 준다는 선택을 함축한다. 그 사람을 찬양하든, 혹평하든, 그를 제압하든, 혹은 그의 입장에 주석을 달든 그 이유가 무엇이 되었든 말이다. 반면에 이른바 엄격 과학에 속하는 논문에서 사람들이 인용이라 부르는 것은 대개의 경우 동료나 자기 자신의 논문을 주석을 달지 않고 참조하는 것에 그친다. 이와 같은 차이는 습관의 문제인 것만은 아니다. 그것은 '저자' 라는 낱말, 그리고 그가 일하는 분야와 맺는 소속 관계가 띠는 매우 상이한 의미들을 나타낸다.

첫번째 경우에 인용은 저자들 사이의 대화를 함축한다. 인용된 저자는 오래전에 사망했을 수 있다. 인용은 그를 현재화시켜 주며, 그가 인용된다는 사실은 인용의 당사자 자신이 동등 관계 혹은 지적 채무의 관계에 위치한다는 점을 일반적으로 함축한다. 하나의 사상 유파를 조롱하는 논쟁적 시도를 해 비열함이 어떤 정도까지 내려갈 수 있는지 보여 주는 경우를 제외하곤, 인용은 또한 무언가 인정을 의미하는 선택을 함축한다. 아무도 인용하지 않는 것이 선택될 수 있는데, 이는 위험을 무릅쓰고 독창성을 주장하는 행위이다. 표절의 비난을 예방하기 위해 인용할 수도 있으며, 일반적으로 환기를 선택하거나, 약간은 요리에서처럼 이번에는 직접적인 인용의 모양새가 환영받을 것이라고 결정할 수 있다. 3행을 인용할 수 있고 10페이지를 베낄 수 있으며, 마지노선 뒤에 피신하는 것처럼 인용문들 뒤에 피신할 수도 있다. 이를 평가하고 분노하거나 조롱하는 것은 독자의 몫이다!

반면에 두번째 경우에는 아무도 웃지 않는다. '참고 문헌을 만드는 일' 은 의무이자 필요이다. 여기서 독자들은 대개의 경우 인용된 저자들 자신이 될 것이다. 이 저자들은 그들의 작업이 마땅히 받아야 할 **신뢰**를 잘 받았는지 알고자 관심을 기울인다. 인용 색인은 **동료들**에 의한 평가를 직접적으로 나타내며, 이 평가는 작동적이다. 인용은 저자가 어떤 동료의 작업이 없었다면 어떤 논지 · 해석 · 문제의 전개가 가능하다고 느끼지 못했으리라는 점을 의미한다. 영웅들의 시대에 난쟁이들은 거인들의 어깨 위에 기어오르도록 되어 있었다. 오늘날 과학자들은 개미들을 더 닮아 있다. 각자는 기어오르기 위해 다른 사람들에 의지하고, 그 다음에 이 다른 사람들에게 받침점의 구실을 하기 때문이다.

이 두번째의 경우에서 인용문이 5년 이상 된 것인 경우는 드물다. 그래서 인용 색인은 이제 한 연구자의 **경력**에서 우선적 역할을 한다. 출간하는 것만으로는 충분치 않다. 출간물이 다른 사람들에 의해 인용되어야 한다. 또한 어느 다른 누구도 몇몇 그룹들이 출간하는 것을 고려하지 않는데도, 이 그룹들이 조직적으로 상호 인용하면서 '서로 보답하는 방식' 으로 활동하지 않는지 확실히 해야 한다.

인용된다는 것이 매우 중요하다는 사실은 과학자들의 경우 니체처럼 미래의 독자들에게 호소하자는 것이 아니라는 점을 잘 보여 준다. 독자들은 동료들이며, 가능한 최대한 신속하게 그들이 자신들의 연구 방식에 작업 결과를 통합해야 한다. 다른 방법들을 통해 그 합당성을 확인하거나(하나의 실험이 성공적으로 반박된다면 그것은 출간되지 못한다), 그것에 이의를 제기하거나(논쟁, 인공물), 혹은 그것에 의지하기 위해서든 말이다. 많은 논문들이 한번도 인용되지 못하고 있다. 그것들은 예외적 사건의 경우를 제외하곤 소문의 위상 이외에 다른 위상을 결코 지니지 못하게 되는 것에 속한다. 그런 것은 아무도 설득시키지 못하거나 어느 누구의 관심도 불러일으키지 못했으며, 아무도 그것이 제안하는 것을 거쳐 갈 필요성을 느끼지 못했거나 그것을 인용함으로써 감히 자신의 평판을 위태롭게 하지 않았다. 혁신적이거나 인정된 논문의 경우, 그것의 최적 운명은 더 이상 인용되지 않는 것이다. 이는 그것이 제시한 것이 이제 공동체가 공유하는 지식에 속하거나, 심지어 그것을 낳은 공동체에 낯선 이용자들이 신뢰하게 될 **도구**의 기능에 속한다는 기호이다. 그렇게 하여 브뤼노 라투르가 '검은 상자'[19]라 부르는 것이 태어났다. 이 상자를 감히 열어 보기 위해서는 매우 중요한 이유들이 있어야 하고, 그렇게 하여 감수한 위험에 상응하는 **신뢰**가 있어야 한다. 일반적으로 과학사가들이나 일반인을 위한 평이한 책들만이 이제 받아들여지고 있는 내용을 그것의 탄생 순간에 연결시키게 된다.

따라서 하나의 **출간물**의 경우 인용된다는 것은 마르크스가 상품의 '위험한 도약'이라 명명했던 것과 등가치를 나타내며, 그것이 팔리고 따라서 사용 가치로 인정되는 순간을 나타낸다. 이 경우 사용 가치는 소비자를 지시하는 것이 아니라, 인용한다는 사실이 하나의 위험이 되는 동료를 지시한다. 하나의 논지를 그 어느 누구도 인용하지 않는 작업(왜냐하면 그것은 예컨대 신뢰할 수 없다고 판단된 팀으로부터 나왔기 때문이다)에, 혹은 이의가 제기된 결과물에 의거하는 것은 자신이

---

19) 브뤼노 라투르, 《작용중인 과학》(1987), 갈리마르, '폴리오' 총서로 재판.

연대했던 사람의 불행한 운명을 함께 나누겠다는 위험을 무릅쓰는 것이다. 동료들이 관심을 기울일 만한 것이 못된다고 판단한 논문을 비평하는 것은 진정 허비할 시간이 있는 게 아니냐는 추측을 낳게 할 위험이 있다. 어쨌든 인용하거나 인용을 삼가는 것은 방침을 정하는 것이고, 자신의 위치를 설정하는 것이며, 판단하는 것이고, 판단에 자신을 맡기는 것이다. 인용은 저자들 사이의 대화가 아니다. 그것은 평가 · 선별 · 탈락을 통해 하나의 영역이 구축되게 만드는 과정 자체이다.

분류(Classification)

분류의 방법은 오귀스트 콩트에 따르면, 생체과학이 과학들 전체에 가져온 특별한 기여이다. 이 생체과학은 종들의 대단한 다양성과 그것들이 나타내는 **유사성**들 때문에 분류 방법을 만들어 낸다. 식물들 전체의 최초 분류는 자연주의자들에게 논쟁을 불러일으켰고, 이 논쟁은 총체적인 반향을 낳았다. 린네의 방법은 식물들의 성(性)기관들에 따라 그것들을 분류하는 것인데, 앙투안 로랑 드 쥐시외에 의해 비판받았다. 후자는 단 하나의 특징을 선별하는 대신에 모든 특징들을 고려하는 분류를 원했다. 전자의 분류는 이른바 인위적이다. 쥐시외의 분류는 이른바 자연적이다.

자연적 분류의 우월성은 분명한 것 같다. 왜냐하면 그것은 어떤 기준의 선별이라는 임의성을 피하기 때문이다. 그러나 문제를 일으키는 것은 그것의 실현이다. 그리하여 예를 들면 1816년에 루이 마리 앙페르는 자연주의자들의 방법을 화학에 옮겨 놓으며, 〈원소들의 자연적 분류 시도〉를 출간한다. 여기서 그는 가장 수가 많고 가장 본질적인 **유사성**들을 나타내는 것들을 동일한 그룹에 결집함으로써 '전체 특징들' 에 따라 원소들을 정리하고자 시도한다.[20] 그 결과는 이와 같은

---

20) 루이 마리 앙페르, 〈원소들의 자연적 분류 시도〉, in **《**화학 아날**》I**(1816), p.295-308, p.374-394, **II**(1816), p.5-32, p.105-125.

분류가 유사하지 않은 물질들을 접근시키고 유사한 물질들을 분리시킨다고 비난하는 화학자들에 의해 강하게 비판받았다. 요컨대 그들이 볼 때 이 분류는 루이 자크 테나르가 단 하나의 기준, 즉 산소와의 반응에 따라 원소들을 정리하면서 제안하는 인위적인 분류보다 훨씬 인위적이라는 것이다. 그리하여 결국 당시의 프랑스 화학자들은 비금속 물질들의 자연적 분류와 금속 물질들의 인위적 분류를 결합한 절충적 해법을 채택했다.

화학에서 해결책은 특징들 상호간에 '자연적' 종속 상태를 산출하는 힘을 지닌 기준을 채택하는 방식을 거쳤다. 이것이 멘델레예프*가 수행한 것이다. 그는 원소들의 원자적 무게를 선택했고, 원소들의 모든 물리적 · 화학적 속성들이 원자적 무게의 주기적 기능이라는 사실을 자연의 일반 법칙이라고 표명했다. 멘델레예프의 성공은 그의 도표에 비워 놓은 칸들을 채우러 오는 미지의 원소들을 발견함과 더불어 그의 분류가 지닌 예측 능력을 통해 확고하게 되었다.

그러나 유일하게 합당한 것으로 제시되는 하나의 기준, 다른 것들은 연역이나 독단으로 귀결시키는 그런 기준의 선택이 멘델레예프의 '기적'을 항상 되풀이하는 것은 아니다. 새로운 계통발생학적 관계에 의한 분류의 이름으로 알려진 새로운 분류학을 생물학자들이 선택한 경우가 그런 것이다. 이 분류는 유기체들 사이의 유사성들을 더 이상 고려하지 않고, 하나의 가까운 조상으로부터 나온 모든 자손들이 공유하는 특징들만을 고려한다. 예컨대 전통적 분류에서 도마뱀과 악어는 새들의 가지와 분리된 후 동일한 가지의 두 분기(分岐)를 형성했던 반

* 멘델레예프(Mendeleyev, Dmitry Ivanovich, 1834-1907)는 원자들의 무게에 따라 원소들을 분류한 러시아의 화학자.

면에, 계통발생학적 관계에 의한 분류에서는 새와 악어가 동일한 가지에 있고 도마뱀은 인접 가지에 위치한다. 그러나 후자의 분류가 갈망하는 진보는 결코 만장일치의 합을 얻지 못하고 있다. 그것은 자연적인 것으로 주장되지만 그것이 종들의 분류와 계보를 동일시하면서 윤곽을 그리는 이웃 관계는 자연주의자들에게는 여전히 추상적이다.

분류들이 언제나 어떤 방침들, 위험을 무릅쓴 선택들 혹은 절충들을 함축하고 있고, 또 결점이 제로인 완벽한 분류가 도달할 수 없는 이상이라는 것이 사실이라면, 이는 어떤 계획에 편리하거나 적절하기만 하다면 아무 분류나 채택할 수 있다는 것을 의미하는 것인가? 때때로 들리는 이야기이지만 물리학자들은 분류들이 단순한 배열 도구들이고, 관찰 가능한 사실들이 담겨지는 서랍들이라고 주장한다. 러더퍼드는 두 종류의 과학자들, 즉 물리학자들과 '우표 수집가들'만이 있다고 주장했다 한다. 그런데 이런저런 인과적 추론을 테스트하기 위한 실험들이 이루어질 수 없는 관찰과학들에서 분류는 매우 중요하다. 물론 그것은 엄밀한 의미에서 설명적인 기능을 지니고 있지 않다. 왜냐하면 그것은 다양한 것은 동일한 것으로 환원시키는 것이 아니라, 관계들을 전개한다는 점 때문이다.

뿐만 아니라 모든 과학의 경제에서 분류는 지식의 관리에 필수적이다. 그것은 3중의 기능을 이상적으로 수행한다. 그것은 한 시대의 지식을 요약하거나 정리하고, 그렇게 하여 새로운 가설들을 향한 도약대를 구성한다. 그것은 학생들과 교육자들에게 기억 작용의 도구이다. 이와 관련해 그래프에 의한 시각화나 표상은 아주 중요하다. 왜냐하면 도형은 질서를 구축하고, 길들과 주변들을 강제하며, 새로운 관계들을 암시하기 때문이다. 비록 '멘델레예프 도표'의 표준적 형태가 친근하기 때문에 우리에게 아주 자연스럽기는 하지만, 그것은 끊임없이 논란의 대상이 되고 있으며, 그것의 창안자인 멘델레예프의 고백을 보더라도 주기적 기능의 완벽한 도형화도, 나아가 최적의 도형화도 없다. 어떠한 도형도 중립적이지 않으며, 일부 도안들은 위험하기까지 하다. 스티븐 J. 굴드는 종들의 분류를 수형도(樹型圖)로 제시한 것이 실어나르는 모든 전제들을 강조한 바 있다.[21] 수형도는 동시대적인 종들의 다양성을 강조하며, 영장류들이 일반적으로 수형도의 꼭대기에 자리잡고 있는 만큼 이 종들이 하나의 귀결 형태라는 관념을 결론으로 끌어낸다. 따라서 굴드는 가끔 분리된 분기만이 남아 있는 사라진 종들을 덤불 속 찾기를 상기시키는 도형화를 옹호한다.

끝으로 분류는 과학적 정보의 자동적인 처리를 위한 도구이다. 구글(Google) 스타일 같은 현재의 검색 엔진들처럼 19세기에 만들어진 **요약**들(abstracts)은 하나의 분류학을 전제하며, 나아가 하나의 영역에 고유한 개념들 사이의 관계 체계를 규정하는 어떤 숨겨진 존재론까지 전제한다. 이와 관련해 경직된 종류들이 수반된 '자연적' 분류는, 새로운 테마들이 나타남에 따라 대략적 종류들을 만들어 냄으로써 보다 잘 식별될 수 있는 많은 정보들을 은폐할 수 있다. 이로부터 '자연적' 분류의 요구와 보다 역동적인 접근에 대한 배려 사이에 타협적 형식들이 나타난다. 그러나 모든 분류는 논쟁에 여전히 개방되어 있다. 왜냐하면 그것은 어떤 자료들은 숨기고 약화시키는 반면에, 반대로 그것이 수행하는 선별과 채택된 배열은 다른 측면들을 중요하게 만든다는 점 때문이다.

---

21) 스티븐 J. 굴드, 《삶은 아름답다》, 프랑스어 번역판, 쇠이유, '푸앵 시앙스' 총서.

공동체(Communauté)

연구의 집단적 성격은 근대 과학을 조직화하는 토대에 자리하고 있다. 그러나 과학적 공동체들의 존재가 경험적 관찰에 속하지만, 그것들이 과학자의 작업을 규정하는 데 개입하는 방식의 연구는 최근의 일이다. 루트비크 플레크는 그의 책 《과학적 사실들의 생성과 발전》에서 과학적 공동체를 '사유 집단'에 의해 특징지었던 최초의 인물이었다. 이 집단은 연구가 진행됨에 따라 상이한 견해들이 제거됨으로써 강화되는 상호 주관성의 산물이다.[22] 플레크에 대해 빚을 지고 있다고 고백하는 토마스 쿤은 이와 같은 '사유 집단'이 또한 '사회적 집단,' 다시 말해 그 자신의 재생산을 책임지고 자신의 생산물들의 과학적 가치에 대한 유일한 판단자라고 자처하는 사회적 집단이라는 점을 보여 주었다.

과학적 공동체들은 다양하다. 그렇기 때문에 '과학자들의 공동체'와 같은 표현은 대개의 경우 전쟁 상황과 연결된 수사학적 픽션을 지칭한다. 실제 그것은 판단의 만장일치가 존재하고, '과학자라는 이름에 걸맞는 모든 과학자'가 존중하고 그 자체로서 규정하는 기준들 에 대한 일치가 존재한다는 믿음을 준다. 물론 모든 과학자들을 대략적

22) 루트비크 플레크, 《과학적 사실들의 생성과 발전》(독일어판, 1935), 프랑스어 번역판은 아르시브 공탕포렌사에서 출간될 예정이다.

으로 일치시킬 수 있는 상황들이 있다. 그러나 이런 상황들은 과학에 특수한 것은 아니다. 따라서 어떤 연구자가 그의 주장들이 마음에 들지 않는다는 이유로 작업 수단을 박탈당하고, 나아가 학대받는다면 자유의 모든 옹호자들은 항의할 것이다. 마찬가지로 과학자가 의도적으로 속임수를 쓰거나 자신이 알고 있는 것을 이익의 함정 때문에 침묵을 수용한다면, 그는 **부정 행위**나 부패와 같은 특별하지 않은 표현으로 비난받을 것이다.

과학적 공동체들에 대한 인류학――이것은 겨우 윤곽이 그려지고 있다――은 과학자들 사이에 존재하는 공동체적 감정을 야기하고 유지하는 메커니즘들을 확인하게 해줄 것이다. 하나의 공통 연구 영역을 탐색하고 다른 것들보다 이 영역을 중시하는 일은 주요한 역할을 한다. 이와 같은 영토적 차원에 덧붙여 비공식적 교류들――개인적 서신 교류, 자료나 장비의 교환, 여행, 초대――혹은 **학술대회**나 잡지와 같은 보다 공식적인 교류들은 공동체적 감정을 발전시키고 유지시킨다. 끝으로 개인들이 나누는 정열이나 만남을 넘어서 과학적 공동체들은 모든 다른 공동체들과 마찬가지로 설립자로 간주되는 영웅들이나 사건들을 기리는 의식 행사들을 통해 결속되고 유지된다. 뉴턴·라부아지에·파스퇴르, 혹은 DNA의 이중 나선 구조의 발견을 기리는 동상들과 기념 행사들은 모두가 집단적 기억을 함양시키는 장치들이다. 공동체가 기리는 과거가 과학사가들이 기술하는 과거와 항상 일치하는 것은 아니다. 그러나 그것이 탈신성화하려는 모든 기도들에 저항한다는 사실 자체는 이와 같은 의식 행사가 얼마나 중요한가를 보여 주고 있다. 그것은 있을 수 있는 갈등이나 분열의 위험을 중화시키는 부품들 가운데 하나이다.

끊임없이 공동체들을 위협하는 원심적 힘들에 대항해 싸우기 위해서는 많은 자원들을 동원해야 한다. '동원' 은 여기서 적절한 용어이다. 왜냐하면 그것은 공동의 충실함(우선 동료들)과 속도(전쟁중인 군대는 그것의 속도를 둔화시킬 수 있는 장애물들을 없앤다)라는 2가지 절대적 명령의 상당히 가공할 결합을 함축하기 때문이다. 우선 동원은 구성원들 사이에 일어나는 어떠한 의심의 기도에 대해서도 불신하는 경계심으로 나타난다. 젊은 과학자들이 양성될 때부터, 그들은 결속의 모토들을 배우고, 어떤 연구자의 경력을 수놓고 있는 의례 행사들이 있을 때 이 모토들을 유행시키면서 새롭게 한다.

사실 공동체적 감정이 유지되는 데는 때때로 어려움이 따른다. 왜냐하면 대부분의 과학자들은 이익을 위해 그들을 동원하는 위치(산업, 연구소, 공공 기관)에서 일하기 때문이다. 많은 경우에 공동체들의 동원은 자리잡은 권력의 이익에 희생된 많은 사람들의 운명에 대항해 어떤 학문 영역이나 사심 없는 연구 집단을 보호하기 위한 대항 동원(contre-mobilisation)처럼 나타난다. **의견 · 자율성 · 순수성**과 같은 용어들의 궤적을 좇아가면, 우리는 이와 같은 대항 동원이 어떻게 집단과 외부 사이에 경계를 설정하는 하나의 온전한 작업과 결탁되어 있으며, 다른 집단들에 대한 약식 판단들을 내리거나 심지어 그들을 실격시킬 각오를 하고 그들과 스스로를 구분지으려는 반복된 노력과 결부되어 있는지 알게 된다. 따라서 오늘날 과학적 공동체들은 흩어져 있을 뿐 아니라 분할되어 있다. '좋은 문제들' 이 무엇인지에 대해, 혹은 이 문제들을 다루는 데 합당한 방법들에 대해 어떤 공동체들이 우선시하는 판단들은 다른 공동체들이 수행하는 것에 대한 경멸적 비난이나, 그 '불쌍한 무식자들' 에 대한 측은한 관대를 초래하는 경우가 자주 있다. 따라서 반세기 이상 전부터 학제간 교류에 대한 의례적 호소에도 불구하고, 공동체적 감정이 우세하다는 사실은 별로 놀라운 일이 아니다. 그리하여 물질연구협회와 같은 학제간 연구 공동체의 매년 모임에 참가하는 자들을 결집시키는 끈은 물리학자들이나 화학자들의 공동체 구성원들을 묶어 주는 것과 매우 다르다. 전자의 경우는 한 당사자가 그 나름의 언어로 말한 바에 따르면, 수소적 관계 혹은 반 데르 발스의 힘과 같은 것이다. 후자의 경우는 강력한 공유 결합의 관계와 같다. 달리 말하면 연구자들은 진정으로 중요한 것, 그들의 본래 공동체에 속하는 동료들의 견해, 그리고 학제간 상호 교류들이 얻게 해주는 교양적 풍요 혹은 우발적인 '영혼의 보충'을 항상 구분한다. 오직 휴식할 수 있는 권리가 있는 늙은 과학자들만이 개방 및 대화의 노력을 통해서, 자신들이 '진정으로 과학적인' 풍요성을 상실했음을 감춘다는 의혹에서 벗어나게 된다.

궁극적으로 독립적인 과학적 인격체들을 원하거나, 내부와 외부의 경계를 없애고자 하는 것은 비현실적이라 할 터이다. 문제는 경계가 아니라 이 경계의 구축 방식, 다시 말해 내적 정체성과 외부가 규정되는 방식이다. 하나의 경계는 분리시킨다는 유일한 기능을 가진 것이 아니다. 그것은 또한 막(膜)처럼 기능하고, 교류와 협상의 장소처럼 기능한다. 따라서 중요한 것은 소속과 동원을 잘 구분하는 것이다. 왜냐하면 그것들의 정치적 결과들은 매우 다르기 때문이다. 소속은 사활이 걸린 일이다. 자신이 속한 공동체로부터 고립되고, 분리되거나 배척된 과학자는 공무원으로부터 망상가에 이르기까지 개인적 칭호를 지닌 많은 존재가 될 수 있다. 어쨌든 그는 자신의 동료들과 함께 사유하지 않을 수 없게 만들었던 속박을 버리게 되고 만다. 그러나 소속은 그 자체로서는 동원과는 달리, 다른 사람들에 대한 약식 판단이 수반되는 폐쇄된 신분을 설정하지 않는다. 그보다 그것은 교환이나 협상의 쟁점 · 위험 · 도전을 평가할 수 있는 사람들을 양성하는 소명을 갖는다 할 것이다. 요컨대 "아니오"라고 말하거나, "그렇게 하지 말고 이렇게 하라, 그렇지 않으면 우리가 하게 될 일은 아무런 가치가 없을 것이다"라고 말할 수 있는 과학자들을 양성하는 소명 말이다. 우리는 그런 과학자들이 필요하지, 친절하고 항상 여유 있으며 너그러운 과학자들이 필요한 게 아니다.

경쟁(Compétition)

가깝든 멀든 과학사는 우선권을 다투는 매서운 경쟁과 갈등으로 가득 차 있다. 그것들은——라이프니츠와 뉴턴이 미적분법을 발견하기 위해 벌인 싸움의 경우처럼——개인들을 끌어들이고, 때로는 민족들을 직접적으로 끌어들인다. 19세기말에 프랑스와 독일 과학자들이 프러시아 전쟁을 연장시키는 고조된 경쟁을 벌인 것처럼 말이다. 어떠한 경우에든 이러한 갈등은 많은 쟁점들을 포함하고 있다. 연구자들의 자존심, 어떤 제도나 도시의 권위, 조국의 명예, 끝으로 경제적 혹은 군사적 이해 관계가 문제된다. 1870년 독일의 과학 상태에 관해 조사할 임무를 띠었던 파스퇴르와 프랑스 연구자들은 프랑스의 패배가 독일의 교육과 과학이 보다 잘 조직화되었기 때문이라고 결론을 내리는 데 주저하지 않았다.

흔히 이와 같은 긴장과 경쟁은 **창안들**과 **발견들**의 음울한 이야기에 흥을 돋우는 **일화**들로 제시된다. 그것들은 정치적 상황 혹은 전쟁 상황과 관련해 이야기되는 부대적 현상들, 낯선 물질들로 간주된다. 연구자들 쪽을 보면, 그들은 자신들의 영역이 너무 경쟁적이고, 자신들의 작은 영향권에서 사람들이 축구장에서처럼 서로 싸운다고 자주 불평을 한다. 그리고 사람들이 싸움도 갈등도 없이 사이좋게 혹은 고독하게 연구할 수 있었던 옛날의 좋은 시절을 그리워한다!

그런데 그런 황금 시대는 결코 존재하지 않았다. 출간을 서두르기 위해, 혹은 반대로 증명의 모든 작업이 끝나기를 기다리면서 결과의 비밀을 유지하기 위해 동료들에 의한 실험상의 통제와 판단에 관한 불가침적 규칙들을 교묘하게 피해 갈 정도로 사람들이 대결하는 상황은 오늘의 일이 아니다. 왕립과학아카데미는 공표 날짜를 정하기 위해 봉인한 봉투 형태로 종신 서기에 제출토록 해 이와 같은 행위를 제도화까지 했으며, 그것은 당사자의 요구에 따라 개봉되었다.

경쟁이 병리 현상이 아니고 과학의 생명을 보장하는 정상적 체제의 측면이긴 하지만, 문제를 뒤집어서 경쟁의 정도가 어떤 분과 학문이나 전문 분야의 생명력의 척도가 된다고 생각할 수도 있을 것이다. 아무런 외부적 중재 없이 경쟁 분야들을 평가해야 하는 책임을 진 사람들에게 기준은 유혹적으로 나타난다. 그리하여 연구 프로그램이나 팀들을 재정 지원해야 할 위원회들은 경쟁의 지표들을 토대로 결정하는 경우가 흔하다. 이로부터 '눈덩이' 현상이 비롯된다. 즉 직위와 예산은 경쟁이 끼어드는 곳으로 몰려드는 것이다. 주제는 '뜨겁게' 되고 싸움은 격렬해진다. 예를 들면 1986년에 고온 초전도성이 발견되자 그 후 1,2년 동안은 모든 조직들과 나라들의 모든 연구소들이 '그' 기적의 세라믹 합성 물질을 찾고자 했다. 6개월 사이 이 주제에 관해 나온 출간물의 수는 폭발적이었다. **학술대회들**에서 참가자들은 2분 동안에 자신의 결과를 발표하였다. 뉴욕 마라톤 대회만큼이나 많은 참가자들을 끌어들이는 경주였다!

이런 유행 효과는 자주 일어나며 장기적으로 볼 때 과학적 · 기술적 발전에 반드시 유리한 것만은 아니다. 왜냐하면 몇몇 분야들이 수플레 요리처럼 부풀어올랐다가 시들어지는 사례들이 목격되기 때문이다. 그 대가로 그것들은 설비화와 관련해 그야말로 매우 비싼 선두 경쟁을 몰고 온다. '경주를 계속하기' 위해서, 다시 말해 가장 인정받는 잡지들에 논문들을 출간하기 위해서는 '유행하는' 이런저런 가설들과 연결된 **설비**를 갖추어야 하는 것이다. 경쟁력이 없다고 판단된 연구 분야들의 단념과 사라짐은 이런 분야의 문화와 결부된 노하우의 돌이킬 수 없는 망각과 상실을 의미한다. 사라지고 있는 분자들이나 종들과 관련된 도서관들이 오늘날 설립되고 있듯이, 유행하지 않았기 때문에 포기된 가설들을 보관하는 메모리원이나 과학적 역량들의 보관소 같은 것을 내다보아야 할 것이다. 모종의 프로젝트가 언젠가 경쟁력이 있게 될지 누가 알겠는가!

학술대회(Congrès)

정해진 날짜에 수십 명, 나아가 수백 명 혹은 수천 명의 전문가들이 모이는 그런 일시적 모임들은 과학적 생활의 가장 활기찬 의례들에 속한다. 그러나 그것들은 진정한 사건들을 야기시키는 근원에 자리잡고 있다. **공동체** 전체와 관련된 어떤 결정을 내리기 위한 과학자들의 국제학술대회가 소집되곤 했던 것이다. 특히 18세기말에 미터법 체계의 탄생을 주도했던 파리학술대회가 그런 경우였다. 그 당시 그것은 논쟁 포럼이었는데, 이를 통해 합의가 도출되게 되어 있었다. 반면에 1860년 카를스루에에 화학자들을 결집시켰던 최초 국제학술대회의 목적은 하나의 **논쟁거리**를 마감짓는 것이었다. 화학식들의 표기 통일화는 화학당량주의자들과 원자주의자들 사이의 갈등이 극복되지 않을 수 없게 만들었다. 원자식의 주창자들이었던 2명의 대회 조직자들은 비록 어떠한 공식적인 결정도 투표를 통해 채택되지 않았지만 원자식이 채택되도록 하는 데 성공했다.

단위들, **전문 용어**들, 표기식들의 표준화는 산업의 도약과 식민지화에 매우 중요한 쟁점이었는데, 과학적 학술대회들을 조직하는 데 있어서 본질적인 동기였고——지금도 여전히 그렇다. 그러나 19세기 말경에 학술대회들의 수는 갑자기 증가하는 반면에 그것들의 기능은 변화한다. 국제적인 협력의 강력한 발전, 그리고 이와 병행하여 4년마다 열리는 만국박람회들에 힘입어 각각의 분과 학문은 단순히 활동과 새로움을 결산하기 위해 주기적인 학술대회를 개최한다.[23] 만남 자체는 이제 더 이상 수단이 아니고 목적이다. 전문가들의 학술대회는, 역시 분과적이고 같은 시기에 설립되는 학회들이 지원하고 격려하는 제도가 되고 있다.

제도화된 학술대회들은 2가지 본질적인 기능이 있다. 우선 그것들은 제1차 세계대전 이전에 과학의 국제화에 이바지했으며, 다음으로 전후에는 국제적 관계를 복원시키는 데 도움을 주었다. 뿐만 아니라 그것들은 전문화를 가속화시켰다. 그리하여 어떤 연구 분야나 새로운 과학적 전문 분야의 출현은 최초 국제학술대회의 모임 이후에 이루어지고 있음이 보통 날짜상으로 추정될 정도가 되었다.

국제학술대회들이 지식의 진보에 기여하는가와 관련해서는 견해들이 보다 분분하다. 물론 1911년에 설립되어 주기적으로 모임을 가졌던 솔베이 물리학회의는 양자역학 초기에 매우 중요한 역할을 수행했으며, 특히 1927년 학술대회가 그렇다.[24] 그러나 매우 엘리트적이고 산업 후원자에 의해 재정 지원을 받는 이런 만남들은 보통의 아카데믹한 학술대회와는 별 관계가 없다. 많은 학술대회들이 오히려 관심 있는 자들을 끌어모으며, 정통 학설들을 고정하고, 유망한 연구 부문들을 결정하는 데 도움이 되었다.

그러나 국제과학학술대회들의 가장 중요한 기능은 다른 성격을 띤다. 종교적인 주일 미사처럼 연례 학술대회나 혹은 그 이상 간격을

---

23) 안 라스무센, 《과학적 인터네셔널, 1890-1914》, 고등사회과학원 학위 논문, 파리, 1995. 브리지트 슈뢰더 구데후스(Schroeder-Gudehus)(책임 편집), 《국제 관계》지 특별호, n° 62, 부제: 〈국제학술대회〉, 1990.

24) 피에르 마라주 · 그레구아르 발렌본, 《솔베이 회의와 현대 물리학의 탄생》, 바젤, 비르카우저 베를라그, 1999.

두고 열리는 학술대회는 언어 · 문화 · 작업 양식의 차이를 넘어서 국제적인 **공동체**를 결속시키는 의례 행사들이다. 그것들은 과학적 진술들을 지탱해 주는 관계망들을 구성하거나 재구성하게 해주고, 그것들의 공개나 합당성을 보장해 준다. 그렇기 때문에 이런 학술대회는 전화나 인터넷에도 불구하고 살아남았다. 국제적 소통의 신속한 수단들이 어떤 것이든, 대다수 연구자들, 특히 일자리를 찾아야 할 필요가 있는 젊은 박사 학위 준비자들은 자신들의 전문 분야의 연례 학술대회에 계속해서 참가한다. 물론 커피 타임이나 저녁 식사는 중요한 순간들이 되었다. 왜냐하면 사람들은 그런 것들에 참여하러 가서 자신을 드러내고, 자신이 공동체에 소속되어 있음을 나타내며, 관계(때로는 거의 직업적이지 않은 관계)를 맺거나 다시 맺고, 정보를 얻거나 단순히 휴식을 취하기 때문이다.

구성(Construction)

과학은 구성(물)인가, 현실의 표현인가? 이것이 몇십 년 전부터 격렬하게 진행되고 있는 한 논쟁의 쟁점이다. 구성주의자들이 주장하듯이, 사실들은 구성되는 것이지 주어지는 것이 아니라면, 현실은 이와 같은 구성에 앞서 존재하지 않으며 **발견**은 드러냄이 아니다. 이로부터 구성주의자들을 조롱하고자 하는 실재론자들의 다음과 같은 그 문제적 독설이 비롯된다. 중력이 하나의 구성에 지나지 않는다면, 저 창문으로 한번 뛰어내려 보시지요……. 이 논거는 구성주의자들로 하여금 한발 뒤로 물러서지 않을 수 없도록 만들거나 그들의 답안을 재검토하지 않을 수 없게 만들고 있는 것 같다.

사실 실재론자들을 화나게 하고 논쟁을 정지시키는 것은 현대의 구성주의에 토대를 제공하는 사회적 차원이다. '사실들은' 이론과 도구들의 도움으로 구성된 '사실들이다' 라고 강조했던 뒤엠이나 바슐라르 같은 사람의 구성주의는 과학의 전쟁을 촉발시키지 않았다. 반면 1970년대와 1980년대에 과학의 사회적 혹은 문화적 연구가 인정한 구성주의는 사실들의 구성에 사회적인 면과 정치적인 면의 참여를 강조한다. 이와 같은 '사회적-구성주의' 는 매우 심층적인 많은 오해를 낳았기 때문에 라투르와 울가르는 결국 《실험실의 생활》이란 부제에서 사회적이란 형용사를 거부했다.[25] 사회적 관계와 같은 물렁하고 가벼운 재료들을 가지고 견고한 사실들을 구성하는 것은 당연히 불가능하다는 것을 분명히 해야 하고, 사회적 설명은 그것이 설명하려고 하는 것보다 언제나 다 빈곤하다는 매우 커다란 결점이 있음을 강조해야 한다. 따라서 문제는 구성의 재료가 사회적(혹은 문화적 · 정치적 · 재정적)이라고 주장하는 것이 아니라, 구성이 인간적인 것들과 비인간적인 것들을 전체로 엮어내고, 우리가 '자연'과 '사회'로 구분하는 것 전체를 전체로 생산하는 방식을 기술하는 것이다.

그러나 구성의 과정이 지닌 이질성은 차례로 논쟁의 원천이 된다. 이안 해킹이 볼 때, 모든 구성주의는 획득된 결과가 다를 수도 있었다는 것을 함축한다. 왜냐하면 그것은 그것의 대상에 내재하는 어떠한 필연성에도 부합하지 않기 때문이다. 분자생물학과는 다른 생물학, 다른 물리학 등이 획득될 수도 있었을 것이다. 현재의 과학이 역사적 산물이라면, 그것은 변화하는 역사적 상황에 따라 방향을 변경해야 할 것이다. 과거에 구성된 것은 오늘날 해체될 수 있다는 것이다. 그런데 지식의 발전은 해체를 거의 하지 않는다. 그것은 사실들을 인간의 이해 관계에 따라 해체한다기보다는 **증거들**을 통해 그것들을 견고히 하는 데 기여한다. 반박은 재료의 저항 테스트처럼 구성에 속한다. 요컨대 구성주의는 과학적 진술들의 안정성과 보편성에 대한 해명을 하는 데 실패하는 것 같다.

그렇다면 구성주의의 추종자들이 자신들의 약속을 지키지 못했다는 구실을 내세워 '구성주의의 파산'을 선언해야 하는가? 그것을 뒤집어서 '과학의 파산'이라는 외침, 과학이 19세기말에 그것의 약속을 지키지 못했다고 비난받았던 그 외침을 되풀이해야 하는가? 그보다

---

25) 브뤼노 라투르 및 스테브 울가르, 《실험실의 생활. 과학적 사실들의 생산》(1979), 라 데쿠베르트(1988).

그런 비난들은 과학의 야심과 가치가 여전히 민감한 문제로, 전쟁의 동기로 남아 있다는 것을 보여 주고 있지 않은가? 사실 두 에피소드에 공통적인 것은 논쟁적인 주장으로 체험된 것의 파면이다. 한쪽의 경우 인간적인 가치들을 위해 마침내 신뢰할 만한 원천으로서의 과학이 있고, 다른 한쪽의 경우 과학적 주장들에 해독제로서의 역사적-비판적 분석이 있는 것이다.

따라서 구성주의가 제기하는 진정한 문제는 '구성'과 '해체 가능성,' 다시 말해 과학자들이 자신들의 성공물로 제시하는 것을 약화시키는 데 목적을 둔 조작을 연결시키는 거의 조건화된 반사이다.

이러한 반사는 건축적인 은유를 통해 도출되는가? 이렇게 배치된 돌들은 다르게 배치될 수도 있으며, 모든 것은 건축가의 결정에 달려 있다는 사실을 통해서? '과학의 제조'에 대해 이야기함으로써 위험에의 노출이 줄어들 수 있을까? 이와 같은 은유는 과학의 생산적(원초적 의미에서 시적) 차원을 강조하는 장점이 있을 수도 있을 것이다. 그러나 이 은유는 경멸적인 의미를 지닐 수도 있을 것이다. 왜냐하면 제조라는 말은 또한 기업, 다시 말해 표준화된 대량 생산을 의미하기 때문이다. 게다가 20세기초에 화학자 앙리 르 샤틀리에는 과학연구소에 테일러식 경영 합리화 방법을 도입함으로써 기업의 조직을 본받는 연구 조직을 제안한 바 있었다. 이 제안이 실소하게 만든다면, 장인의 은유는 보다 행복한 것일까? 장인(匠人), 즉 그리스어로 조물주는 동일한 것과 다른 것으로, 다시 말해 이질적인 요소들로 하나의 세계를 구성해 낸다. 이 혼합물 혹은 합성물의 존속 가능성은 구성요소들 사이의 조화로부터, 환경과의 상호 작용 및 표면의 속성들과 계면들의 견고성으로부터 비롯된다. 뿐만 아니라 이러한 단단하며 공유되고 저항적이며 기능적인 혼합물은 이미 존재하는 어떤 현실, 다시 말해 필연성으로 강제되어 과학 노동자의 손을 이끈다고 보여지는 그런 현실과 관계된 안정성과 보편성을 지칭하는 것이 아니라, 논쟁의 불로 단련되었기 때문에 밀도 있는 관계 체계로서의 안정성과 보편성을 지칭한다. 그러나 장인의 은유는 연구소에서 나온 명제들이 결과들로 남게 해주고, 연구소 자체가 수단 없이 쇠퇴하지 않게 해주는 쟁점들에 대해서는 아무것도 말하지 않는다.

결국 '구성'이라는 용어는 그렇게 나쁜 것이 아니다. 왜냐하면 해체의 주창자들이 무슨 말을 하든 구성물은 마땅히 견고해야 하기 때문이다. 그것은 일에 참여한 건축가들 및 노동자들과 독립적인 것으로 간주되는 기성 과학의 '모범적' 구상들도 설명해 준다. 하나의 건축물은 그것이 성공적으로 '버티는' 방식으로부터 기술될 수 있다. 동시에 우리가 알다시피 구성물은 낡게 되며, 그것의 환경을 규정하고 이 환경에 영향을 미치는 방식의 문제를 항상 제기한다.

우연성(Contingence)

"당신은 미생물들의 자연 발생을 주창하며 파스퇴르와 대립한 푸셰가 다른 상황이었다면 승리할 수 있었을 것이며, 오늘날 우리는 우리의 시험관 안에서 탄생하는 미생물들을 연구하고 있을 것이라고 진정으로 생각합니까?" 이런 유형의 비꼬는 혹은 분노에 찬 항의는 과학적 실천의 역사가적 접근에 대한 편집증적 불신을 나타내는 것이 아니라, 다소 유감스러운 상황을 나타낸다. 오늘날 과학사에서 우연성의 문제는 '존재하는 것'을 발견하겠다고 주장하는 과학을 문제삼는 일과 밀접한 관계가 있는 논쟁적 부담을 안고 있다.

과학자들로 하여금 그들의 실천이 다른 것들과 마찬가지로 우연성에 의해 특징지어진다고 인정하도록 하기(이는 이 다른 것들에 대한 초라한 찬사임)보다는 아마 과학자들로 하여금 "자연이 이야기했다"고 말하게 하는 커다란 실험적 성공들에 어떤 개념을 연결하기가 왜 그렇게 어려운지 자문하는 게 적절하다 할 것이다. 물론 현장 과학과 역사적 과학의 경우에서 우연성은 매우 분명하다. 지구는 방대하고 거주자들은 다양하며, 우리의 역사적 지식은 보존된 취약한 고문서들에 달려 있다.[26] 반면에 파스퇴르와 푸셰를 대립시켰던 것과 같은 논쟁의 울타리가 나타내는 것을 어떻게 이해할 수 있는가? 논쟁이 개방

---

26) 장 스탕저, 《역사가의 현기증》, 레 장페셰르 드 팡세 앙 롱, 1998.

되어 있는 한 각각의 주역은 자신의 확신을 분명히 드러낼 수 있다. 그러나 아무도 누가 승리할지 알 수 없다. 논쟁이 폐쇄되어 있을 때 그것의 결론은 어떤 사람들은 정확히 보았고, 또 어떤 사람들은 틀리게 된 이유들을 배분하게 해준다. 과거의 불확실들 전체는 사용할 수 있는 기술적 수단들과 단순한 신념들이나 믿음들의 우연성으로 귀결되기 때문이다.

이 경우 놀라운 일은 역사가 다른 흐름을 띨 수 있었다고 상상하기가 실제적으로 어렵다는 점이다. 물론 우리가 예전에 생각했던 것과 오늘날 '알고 있는' 것 사이의 추상적 대비에 이 역사를 제한하고, 과학자들과 이들의 사회 사이에 엮어진 관계 전체로부터 이 역사를 잘라낸다는 조건이 붙는다. 그리하여 우리는 백신 없는 식민화 기도와 그 반대를 상상할 수 있다. 그러나 자연 발생이 번식했고, 다양한 적응을 산출했고, 오늘날 미생물의 존재에 대해 증언하는 모든 상황들을 성공적으로 해명한 생물학의 역사를 상상하기는 어렵다. 사실 이와 같은 어려움은 놀랄 만한 게 아무것도 없다. 이런저런 이유로 그와 같은 가능성을 상상할 수 있을 사람들은 또한 논쟁을 다시 재개시킬 수도 있을 것이다. 문제는 종결된 것이 아니며, 역사는 계속된다. 예컨대 일라 프리고진이 1세기 전부터 엔트로피의 문제가 물리학자들에 의해 해결된 방식에 물리학자로서 이의를 제기할 때 물리학에서 벌어진 일이 그런 경우이다.

논쟁과 사유의 사이가 좋은 경우는 드물다. 우연성의 범주는 약하다. 왜냐하면 그것은 각성의 의지로 완전히 물들어 있기 때문이다. 과학이 우연성의 특징을 띠고 있다고 보는 것은 그것의 역사적 구축 방식을 생각한다기보다는 과학자들이 그것을 제시하는 방식을 공격하는 것이다. 사실 과학자들만이 한편으로 그들이 실험을 통해 도달하고자 하는 성공의 유형과, 다른 한편으로 창시자들에게 특유한 신념들을 통해서만 유지되는 것을 제거할 수 있는 가능성을 일치시킬 수 있다. 그들만이 그들에 의해 구축된 사실들이 그들을 구속한다고 주장할 수 있는 가능성을 최고의 가치로 인정한다. 따라서 그들만이 다양하고 상이한 해석들과 의미들을 구축하는 인간의 능력을 증언하는 모든 것을 '우연성'이라 명명될 수 있는 단 하나의 부정적 범주 속에 던진다.

과학의 역사에서 우연성의 문제는 이 역사의 명료성을 조금도 전진시키지 못한다. 왜냐하면 그것은 과학자들이 자신들의 흥미를 끌지 못하는 것, 즉 시대에 따라 임의적이고 변화하는 취향과 색깔, 유행과 열정과 같은 것에 대해 내리는 경향이 있는 판단을 되풀이하는 데 그침으로써 논쟁적인 방식으로 과학사와 그들을 반목시키기 때문이다.

제어(Contrôle)

그것은 과학적이고 제어된다……. 제어는 과학과 일체를 이루기 때문에 과학을 가짜 과학과 구분하는 데 있어서 핵심적 요소가 되었다. 동물 자기, 텔레파시, 자기 감지는 그것들이 내세우는 괄목할 만한――때로는 너무 괄목할 만한――사실들에도 불구하고 자격을 박탈당해 왔다. 왜냐하면 이 사실들은 충분히 제어될 수 없었거나, 제어할 수도 없었기 때문이다.

이중의 밸브(역할과 대항 역할)를 확립하는 데 있는 행정적이고 관료적인 작용이 어떻게 과학자의 변별적 특징이 될 수 있었는가? 아마 그것은 행정의 의미론적 영역이 과학의 영역으로 옮아가는 그 이동을 가능하게 만든 근대적 **실험실**에서 회계와 결산 절차들을 실행할 것이다. 추론 절차들이나 실험실에서 실험의 제어는 검증을 '관리하기' 위한 조건이다. 그러나 검증의 관리는 지식의 전진 영역 이외의 다른 영역들에도 관심의 대상이다.

오늘날 실험과학은 제어 절차를 매우 증가시켰기――양적인 결산, 분석적 테스트, 계량, 원기, 표준, 표본 지표 등――때문에 행정부·군대·경찰은 이제 과학자들에게 도움을 청하고 있다. 사실 요체는 제어 기술의 왕복 장치나 이중적 이동이라기보다는 계속된 협력이다. 왜냐하면 그 모든 정교한 절차들은 비육체적·과학적 정신에 의해 창안된 것이 아니다. 그것들은 '과학적 방법'이라 생각될 수 있는 어떤 영원한 본질의 발현이 아니다. 사실 왕관의 금 함유량을 제어하는 수단을 막 발견한 참이었던 아르키메데스의 그 유명한 **에우레카**(나는 발견했다) 이후로, 과학적 문제들의 기원은 새로운 국가적 혹은 산업적 제어 유형의 필요성에서 찾아졌던 경우가 흔하다. 뉴턴 · 라이프니츠 · 라부아지에 · 게이 뤼삭 · 아인슈타인 그리고 보다 덜 알려진 많은 다른 과학자들은 그들의 국가 행정부에 의해 고용되었으며, 화폐를 검사하고, 술과 담배에 대한 세금을 거두어들이거나 특허 신청들을 검토하는 일을 했다. 민간 행정이든 군사 행정이든, 과학자들은 언제나 제어 기술의 대가로 통한다.

그들은 제어를 기계들에 전적으로 위임하지 않는 한 미래에도 여전히 그렇게 통할 것이다. 왜냐하면 제어는 잘 조정된 절차들을 요구할 뿐 아니라, 테스트를 평가하고 해석하기 위한 판단과 신속한 일별을 요구하기 때문이다.

논쟁(Controverse)

과학적 실천을 조명하기 위한 특권적 길로서의 논쟁에 대한 연구는 최근 수십 년의 과학에 대한 사회적 연구에서 중요한 기여를 구성한다. 전통적 비전에서 과학은 정열이 배제되고, 방법론적으로 신뢰할 만하며, 사실들의 권위에 예속되는 합리적 방식으로 제시되었다. 그런 만큼 과학자들 사이의 불일치의 에피소드들은 전적으로 불균형적으로 제시되었다. 한편으로, 역사적으로 승리한 사람들의 입장은 정상적으로 기술된다. 왜냐하면 그들은 '진리' 속에 있으며, 이런 느낌은 사람들이 당시에는 '아직' 알지 '못했지만' 그 이후 알게 된 것에 의해 강화되기 때문이다. 다른 한편으로, '패배자들'의 입장은 그들이 '잘못 생각했기' 때문에 언제나 설명되어야 한다. 그리고 그들을 단죄하거나 변호하는(예컨대 자료들이 '아직' 충분히 명확하지 '않거나' 개념들이 '여전히' 너무 막연할 때 등) 일련의 장애물들(맹목 · 이데올로기 · 사회적 이해 관계 등)을 원용해야 한다.

에든버러학파의 창시자인 데이비드 블로어가 표명한 균형의 원칙은 건전한 역사적 방법에 속한다고 간주될 수 있다. 실제 그의 주장에 따르면, 역사가는 그 자신이 소유하고 있는 훗날의 지식을 내세워 주역들을 판단하지 말고 그들을 추적해야 한다. 논쟁의 시점에서 어느 누구도 누가 패배하고 승리할지 모르며, 따라서 두 진영은 불확실성을 존중하는 방식에 따라 동일하게 다루어져야 한다. 그 자체로서 이와 같은 원칙은 과학사가 진정한 역사이기를 요구하며, 그런 만큼 과학사는 역사가들에게 과학자들의 회고적 이야기를 신뢰하지 않기를 요청한다. 설사 그 이후에 부여된 해석들이 구성하는 실마리를 포기한다는 사실이 그 어떤 다른 역사가보다 훨씬 더 철저하게 낡은 과거에 잠기도록 되돌아온다 할지라도 말이다. 왜냐하면 우리가 물려받은 모든 용어들, 모든 상식들, 모든 그럴듯함들, 모든 도구들을 우리는 승리자들로부터 얻고 있기 때문이다. 따라서 과학과 관련한 균형적 역사는 역사가로서의 직업상 요구들을 더할 수 없이 높은 강도로 끌어올린다.

그러나 사회학자들은 거기서 멈추지 않았다. **사실**들의 해석과 중요성이 논쟁의 중심에 있기 때문에 이 사실들이 승리자를 지시하는 데 무력하다면, 어떻게 논쟁은 종결되는가? 어떻게 합의는 성립되는가? 데이비드 블로어의 이른바 '강력한' 프로그램에 따르면, '자연'은 종결을 설명할 수 없는 이상 그것은 '사회'가 해야 할 몫이다. 과학의 승리자들과 패배자들을 구분짓는 것은 힘이나 명성 관계라는 순전히 사회적 표현으로 해독되어야 한다. 논쟁의 대상이었던 것은 주역들이 요구했던 심판의 역할을 할 수 없는 상태로 여전히 절망적으로 침묵하고 있다.

균형의 원칙은 강력한 프로그램을 강제하지 못한다. 특히 브뤼노 라투르는 사회가 '자연'과 마찬가지로 논쟁의 종결에 명분을 내세워 개입할 수 없다고 간주할 것을 제안했다. 왜냐하면 둘 다 문제시되며, 종결의 순간에 동시적으로만 설명의 힘을 부여받을 것이기 때문이다. 따라서 주역들의 망설임과 작업——'비인간적인 것들,' 역사적 논거들, 제도들 그리고 설비들을 협상하고, 연결시키며 모집하고 결합시키는 모든 폭들을 고려하는 작업——을 추적하는 것이 중요하다. 이 망설임과 작업을 비판하자는 것도 아니며, 과학자들의 명분들을 사회학자들의 명분으로 대체하자는 것도 아니고, '명분' 들이 분절되는 데 성공하거나 성공하지 못하는 방식을 추적하자는 것이다.

과학자들은 강력한 프로그램으로부터 비롯된 제안을 당연히 싫어한다. 왜냐하면 그것은 그들의 논쟁이 지닌 의미 자체를 환상으로 귀결시키기 때문이다. 사실 실험과학들에서 종결이 대부분의 주역들에 의해 성공으로 간주되는 특권적인 예들(원자들의 존재를 인정한 것은 이런 예들 가운데 하나이다)이 존재하는 것은 이 주역들이 다음과 같은 동일한 신념에 의해 뭉쳐 있기 때문이다. 즉 그들이 탐구하는 것은 물론 처음에는 심판의 역할을 할 수 없다는 것이다. 그러나 그것을 가능하게 만드는 것은 바로 그들의 작업이 지닌 목적이다. 따라서 강력한 프로그램의 '각성시키는' 해석은 과학자들에게는 모욕을 나타낸다. 그들 자신들은 적들을 모욕하고자 할 때에만 지식의 이해 관계 이외의 다른 이해 관계를 통해 그들의 태도를 설명한다. 좀 지나치게 오랫동안 저항하는 패배자에게 승리자가 가하는 절망적인 타격 혹은 일격으로서 말이다. 사실 논거는 결국 적을 배제하게 되고, 그가 반박자의 합당한 역할을 하는 것을 부정하게 된다. 반면에 라투르가 사회에 일반화시킨 균형 원칙에서 나온 제안은 비합리성에 취약하다고 판단된 일반인들과의 관계에서만 과학자들을 방해한다. 이 일반인들은 교화되어야 하고, 과학의 실천이 투명하다는 것에 대해 설득되어야 한다. 그러나 과학자들은 혁신적인 모든 과학자라면 그가 획득하는 것의 의미와 중요성을 구축하기 위해 모든 차원들에서 작업해야 한다는 것을 알고 있다.

우리는 강력한 프로그램과 일반화된 균형 원칙 사이에서 논쟁에 대해 이야기할 수 있을까? 물론 그렇다. 과학적 실천과 관련해 구축해야 하는 지식이 문제라는 의미에서 말이다. 주역들이 공통의 신념, 즉 논쟁의 대상에게 그들을 일치시킬 수 있는 잠재 능력을 부여하는 것은 그들의 일이라는 신념에 의해 결합된 것이 아니라는 의미에서가 아니다. 물론 그들 사이에 쟁점이 되는 문제는 역사가들에 의해 결정될 수도 있을 것이다. 역사가들은 그들의 서술에서 배우들을 행동하게 하고, 창안하게 하며, 희망을 품게 하는 것으로부터 그 의미를 비워 버리지 않을 수 없게 만드는 입장을 풍요롭다고 판단하겠는가? 그러나 그런 중재가 받아들여질 수 있을 개연성은 별로 없다. 왜냐하면 갈등은 본질적으로 사회적 연구의 소명과 관련이 있다. 이 소명이 비판적이든 구성주의적이든 말이다. 그것은 새로운 것, 새로운 사실들, 새로운 관계들, 새로운 논지들을 창조할 수 있다고 주장하는 사람들의 실천에 대한 미망을 제거하거나, 아니면 혁신이 어떤 구속 요소들에 따라, 어떤 차별 양식들을 통해서 어떤 성분들을 가지고 유지되는 방식을 추적하는 것이다.

협약(Convention)

그것은 협약일 뿐이다! '협약' 이라는 용어를 '……일 뿐이다' 는 제한적 양태와 결합시키는 이와 같은 외침은 논쟁적 상황을 만들어 낸다. 당신은 과학적 진술들이 '협약인 것만' 이 아니다라고 인정하든가, 아니면 과학의 적들의 영역으로 옮아가든가 해야 한다.

우리는 '궁지에서 빠져나올' 수 있으며, 협약이라는 용어를 더럽히는 유일한 유용성에 의해 정당화된 임의성의 암시적 의미로부터 이 용어를 해방시킬 수 있을까? 어쨌든 우리는 비탈을 기술할 수 있다. 다시 말해 '……이든, 혹은 ……이든지' 라는 무게를 부여한 역사 내부에 판단을 위치시킬 수 있다.

협약이란 용어가 인간적인 합의의 의미를 가질 수 있을 '뿐' 이라는 점은 당연하다. 그리하여 자동차들이 빨간 신호등에서 멈추고, 우측통행을 해야 하고, 오른쪽에서 오는 사람에게 양보를 해야 한다는 사실은 합의의 필요성으로부터 비롯된다. 다른 경우들에서는, 예전에 전적으로 이해할 수 있는 의미를 지녔던 것의 무게밖에 남아 있지 않는다. 그리하여 아제르티 키보드는 좋은 이유들(옛 타자기를 너무 빠르게 칠 때 막대들이 엉클어지는 것을 막기 위해 프랑스어에서 자주 연결되는 글자들을 떼어놓아야 한다는 것)에 부합했다. 그것은 오늘날도 존속하고 있다. 왜냐하면 각자는 그런 자판을 사용하는 방법을 배웠기 때문이다. 과학은 과학자들이 그 임의성을 언급하는 최초의 사람들이 되는 협약들로 가득 차 있다. 그리하여 그 유명한 '아보가드로의 수'가 2그램 혹은 22.4리터의 가스 속에 포함된 수소 분자의 수에 해당한다는 사실은, 이 수가 그 자체로는 특별한 게 아무것도 없다는 점을 함축한다. 반면에 누군가 2그램 혹은 22.4리터의 수소 가스 속에 있는 분자들을 셀 수 있는 가능성은 협약적인 합의에 의해 결정된다고 감히 말한다면, 전쟁이 벌어질 것이다. 물리학사의 주요한 사건, 즉 물리학이 '현상들을 넘어' 그 이상으로 나아갈 수 있다는 가능성을 예고했던 사건은 부정되어 왔기 때문이다.

이와 같은 예들에서 '협약'이란 용어는 이치의 부재 혹은 '불가항력'의 부재를 내포하고 있다. "합의를 보아야 한다" 혹은 "과거에 그것은 옳았으며 오늘날 변경을 강제할 이유가 없다"는 것이다. 합의로부터 비롯되는 것, 혹은 습관적으로 존속하는 것은 정의상 평범하다. 그러나 그것은 다만 협약이라는 용어의 특별한 사용이며, 이를테면 극단으로의 이동이다. 법적으로 우리가 협약에 대해 이야기할 때, 조항들 각각은 조심스럽게 검토된다. 그것은 당사들에게는 위험이며, 이 위험을 끌어들이고 노출시킨다. 이 경우에 '협약'은 그것의 어원(con-venire)과 가까운 의미, 즉 각자 위험과 위급을 무릅쓰고 '함께 가는 것을 받아들인다'는 드문 성공의 의미를 되찾는다. 협약은 그것이 강화하게 되는 어떤 신뢰를 함축한다. 그것은 공리적인 것으로 환원될 수 없다. 왜냐하면 새로운 가능성들의 세계가 온전히 열리고, 이와 같은 세계는 모든 것이 잘 진행된다면, 각자로 하여금 그가 다른 방식으로는 할 수 없을 것을 할 수 있게 해주기 때문이다.

이 경우에 협약은 임의성을 말하는 게 아니라 그보다는 약속을 말한다. 두 암시적 의미들 사이의 공통적 특징은 아무것도 합의 사항들을 지시할 능력이 없다는 것이다. 그것들의 대립적 특징은 약속이 그런 능력을 그 자체 안에 갖게 될 상황들에 대해 아무런 향수를 야기하지 않는다는 것이다. 이와 같은 대립은 과학적 진술들의, 경우에 따른 '협약적' 특징이 문제될 때 중심적이다. 협약이 함축하는 바가 인간들은 유일한 주역들이며, 그들은 침묵한다고 여겨지는 세계에 대해 일치하고 있다는 것일 때 향수가 지배한다. 침묵한다고 여겨지는 이유는 그 세계가 기술되어야 할 방식을 강제할 수 없기 때문이다.

강조해야 할 것이지만, 협약이란 용어와 결부된 임의성의 내포는 과학자들로부터 오는 것이 아니다. 19세기말 앙리 푸앵카레가 당시에 과학의 가장 영향력 있는 성공을 나타낸 진술, 즉 "에너지는 보존된다"는 진술이 협약의 특징을 지녔다는 것을 보여 주려고 시도했을 때, 진리의 가치들과 물리학을 분리시키고자 하는 의도는 추호도 없었다. 그 반대로 그는 진리와 명철성을 결합하고자 했다. 물론 협약은 선택에 속하는 것이다. 그것은 인식해야 할 세계에 의해 지시되지 않고, 요구가 까다로운 일단의 구속 요소들 전체를 존중한다. 그리하여 푸앵카레에게 에너지 보존의 진리는 그것이 비롯되는 방식들의 풍요로움에 기인한다. 에너지의 보존이 '참' 인 것은 지금까지 과학자가 문제 사례에 직면하여 그와 같은 가설을 유지할 때마다, 보존되는 그 '무엇' 의 의미를 일관되게 확장하고 풍요롭게 하는 데 성공했기 때문이다. 그는 이 일을 다른 방식으로는 할 수가 없었을 것이다. 그러나 언젠가 물리학이 이와 같은 성공이 더 이상 생산되지 않는 경우들을 만난다면, 그런 확장은 한계에 부딪치게 될 것이다. 따라서 현실은 푸앵카레에게 침묵하지 않지만, 그렇다고 과학적 진술들을 보장해 주지는 않는다. 그 반대로 그것은 그것들을 위험 속에 빠뜨리는 것이다. 왜냐하면 보존되는 것을 추구하는 일은 언제나 위험천만한 시도이기 때문이다.

푸앵카레는 자신이 명철하기를 바랐다. 그런데 명철성은 우리가 수행하고 있는 것을 말하고 기술하는 가장 좋은 방식을 결정해야 하고, 무언가에 '대항해' 우리 자신을 방어할 필요가 없는 평화의 시기에 알맞은 것이다. 그러나 19세기말경 '과학의 파산'[27]에 대한 큰 싸움이 터졌다. '정신주의적인' 지식인들은 과학을 '단순한 협약'으로, 진리에 대한 열망이 없는 공리적인 처방의 의미로 되돌리고자 했다. 그리하여 푸앵카레의 주장들이 동원되었지만, 그것들은 들리지 않게 되었다.

협약에서 "그것은 협약일 뿐이다"로 이끄는 그 비탈은 전쟁의 시기에 나타나고 전쟁으로 끌고 간다. 비탈을 거슬러 올라가는 것(궁지에서 벗어나는 것)은 그것을 급하게 내려가는 것보다 더 어렵다. 왜냐하면 급하게 내려가는 데는 '……이든지 아니면 ……이든지'라는 대결의 논리를 따르기만 하면 되기 때문이다. 그러나 이 비탈을 거슬러 올라가는 것은 특히 경제·사회과학들에게는 사활이 걸린 일이다. 이 과학들은 협약들에 의해 분절되는 상황들과 항상 관련되어 있고, 냉소주의의 경우를 제외하면 다음과 같은 위험천만한 질문과 대면해야 한다. 즉 정치적 입장을 직접적으로 취하지 않고 어떻게 "모든 협약들이 다 똑같은 것은 아니다"라는 사실을 구축할 수 있는가. 이 과학들은 협약과 임의성의 연결이 그들에게 과업을 또다시 복잡하게 하는 것을 진정으로 필요로 하지 않는다.

---

27) 해리 폴, 〈과학의 파산에 대한 논쟁〉, 《프랑스 역사 연구》, n°5, 1968, p.299-327.

상관 관계(Corrélation)

상관 관계는 기술적으로 흠이 없으며 완벽하게 잘 정의된 통계적 개념이다. 그러나 상관 관계의 연구는 정치의 관점에서와 마찬가지로 지식의 관점에서도 큰 폐해를 낳는다.

"X와 Y 사이에는 상관 관계가 없다"라는 식으로 연구 보고가 결론이 날 때, 하나의 지식이 생산되었다. 이 지식은 실망을 주거나 놀라움을 줄 수 있다. 그러나 그 의미는 분명하다. 어떤 지역에 거주한다는 사실이 암에 걸릴 확률을 증가시키지는 않는다. 불안은 합당하지 않은 것이다.

"X와 Y 사이에 실제로 상관 관계가 있다"고 할 때, 두려움은 정당화되었다. 석면은 그야말로 위험하다, 어떻게 해야 할 것인가? 이 경우 하나의 가능한 원인이 그것의 확인된 힘을 드러냈다. 이런 결론은 조치를 취하라고, 즉 행동과 투쟁을 하라고 촉구한다. 사실 석면과 암의 관계는 이미 알려진 것이었지만, 확인되어야 했던 점은 이 관계가 분리된 석면 집들과 사무실의 거주자들에게 영향을 미쳤다는 것이다.

'범죄율과 문화적 태생 사이에' 혹은 어떤 특징, 예컨대 생쥐의 모성적 감정과 어떤 유전자 사이에, 혹은 과거에 대마초 복용과 헤로인의 복용 사이에 "(중요한) 상관 관계가 있다." 우리는 여기서 상관 관계의 다목적 이용 속에 들어가고 있으며, 수많은 연구자들의 일상적인 실천 속에 진입하고 있다. 책들 · 논문들 및 항의적인 팸플릿들은 증가될 수 있었고, "상관 관계는 이성이 아니다"라는 점과 하나의 상관 관계는 다른 하나의 상관 관계(헤로인을 복용한다는 사실과 유아였을 때 우유를 먹었다는 사실 사이에는 매우 중요한 상관 관계가 있다)를 감출 수 있다는 점을 상기시킬 수 있었다. 아무래도 마찬가지이다. 상관 관계는 논거로서 구실을 하든지, 아니면 약속으로서 제시하든지 한다. 즉 머지않아 ……의 발생적 결정이 알려지게 되고 확립될 것이다.

상관 관계의 연구는 과학에 대한 엄밀하게 경험적 정의에 부합하는 것 같다. 가정은 없으며, 다만 확인들, 그것도 자료들의 자동적 처리를 통해 생산될 수 있을 정도의 확인들만이 있다. 이보다 더 중립적인 것은 무엇인가? 또한 이 연구는 객관적인 정의의 이상을 만난다. 왜냐하면 그것과 관련된 사람들이 다음과 같이 원용할 수도 있는 이유들과 독립적이기 때문이다. 즉 네가 너의 취향들에 대해 무슨 말을 하든, 우선 그것들은 네가 어떤 통계적 집단에 속한다고 지시한다. 이 연구는 대략적으로 보증된 결과들을 약속한다. 따라서 드문 경우는 다분히 상관 관계가 발견되지 않는 경우이다. 그리고 이 연구는 무궁무진한 연구 주제들을 보장해 준다. 왜냐하면 어디에나 상관 관계가 있을 뿐 아니라, 사람들은 익숙한 관계를 '과학적으로' 확립할 것을 언제나 제안할 수 있기 때문이다. 따라서 '증거'가 존재하지 않는 한 관계는 견해로 귀결될 뿐이다. 그리하여 최근에 한 조사는 실업자의 신분과 불만의 몇몇 지표들 사이의 중요한 상관 관계를 마침내 '과학적으로' 입증했다.

상관 관계의 다목적 이용은 인식론과 능력이 낳은 사생아이다. 인식론은 문제가 무엇이든 맹목적으로, 그리고 체계적으로 확실하게 기능할 수 있는 방법을 제시하겠다고 주장한다는 점에서 이 사생아를 낳는다. 그리고 능력은 분류하고, 관리하고, 판단하기 위한 장악 방법을 필요로 한다는 점에서 그렇다. 이때 장악 방법의 적합성은 문제가 무엇이든, 장악 방법의 소유의 보장보다 덜 중요하다. 인식론과 능력의 이와 같은 동맹 덕분에 과학적 방식은 무차별적으로 어디에나 확장될 수 있는 가능성을 얻는다. 다시 말해 그것은 모든 문제에 대한 '과학적' 대답의 가능성을 일종의 합리적 권리로 변모시킬 수 있는 가능성을 얻는다.

신뢰(Crédit)

'냉각 융합'에 관한 유명한 논쟁이 벌어졌을 때, 일련의 연구소들은 중성자들의 방출을 확인하고, 따라서 단순한 전기 분해 용기 속에서 융합의 사건이라는 현실을 확인하는 논문들을 발표했다. 그러나 과학 공동체는 그처럼 중요한 논쟁을 유일하게 깨끗이 해결할 수 있다고 판단된 연구자들을 많이 확보하여 갖추고 높은 신뢰를 누리는 연구소들의 평결을 기다렸다. 평결은 부정적이었다.

"신빙성이 있다." "……에 대한 신뢰가 인정된다." "……에 필요한 신뢰를 받다." 이와 같은 3중의 양태로 본 신뢰의 문제는 연구자나 연구팀의 경력에서 매우 중요한 문제이다. 라투르와 울가르가 보여준 바와 같이[28] 이 3개의 양태는 항구적인 전환의 관계에 있으며, 성공이나 실패로 이끌 수 있는 사이클을 형성한다. 목적은 신뢰의 축적이지만, 신뢰는 끊임없이 전향함으로써만 축적될 수 있다. 어떤 분과학문적 문제에 대한 팀의 기여가 신뢰할 만하다고 판단되면 그것은 동료들에 의해 **인용문**들로 변모될 것이다. 이 인용문들은 야심 있는 연구자들을 끌어들이는 데 필요한 예산의 요구를 가능하게 할 것이다. 이 연구자들 역시 팀의 신뢰성과 **설비들**의 확보에 관심이 있으며,

---

28) 브뤼노 라투르 및 스테브 울가르, 《실험실의 생활. 과학적 사실들의 생산》(1979), 라 데쿠베르트, 1988.

설비들의 지속적인 쇄신은 매우 중요한 투자이다. 사실 최신 설비들을 소유한다는 사실은 팀으로 하여금 가장 권위 있는 잡지들이 자신들의 논문들을 인정하고 있음을 알게 하는 것이다. 이 잡지들은 출간된 결과물들이 최대한의 기술적 가능성들에 부합할 것을 요구한다. 그리하여 신뢰가 올라간 팀은 보다 위험한 문제들의 해결에 착수할 수 있을 것이다. 왜냐하면 각각의 팀이 어떤 문제들에 신뢰 있게 개입할 수 있는지를 결정하는 암묵적인 계층 구조가 존재하기 때문이다.

신뢰의 전환 사이클은 또한 지옥으로의 하강으로 결판날 수도 있다. 그때는 어느 누구도 더 이상 중요시하지 않는 팀의 점진적인 고립이 기술될 것이다. 명성이 가장 높은 저널들은 논문들을 거부한다. 동료들은 결과물들을 인용하지 않는다. 왜냐하면 그런 인용은 자신들의 결과물들의 신뢰성을 떨어뜨릴 위험이 있기 때문이다. 문제의 연구소는 더 이상 젊은 연구자들을 끌어들이지 못한다. 팀은 설비 구입하고 연구자들을 끌어들이는 데 필요한 지원금을 잃는다. '국가적 팀'을 옹호하는 정부가 되었든, 후원자의 엉뚱한 생각이 되었든, 혹은 어떤 기업의 이익이 되었든, 지원금을 댄 출처의 변함없는 충실이 문제의 일부를 이루지 않는 한, 출자자가 과학자 **동료들**의 판단에 민감하지 않다는 사실은 병리 현상으로 위협받는 기능 작용과 동의어이고, 보호된 팀의 불신을 더욱 중대시킨다.

브뤼노 라투르가 강조했듯이, 신뢰는 저절로 보존되는 무엇이 아니다. 루이스 캐럴의 작품에 나오는 붉은 여왕처럼, 연구자는 자신의 신뢰를 보존하기 위해 많은 일을 해야 한다('그들'이 쓸 만한 논문을 전혀 출간하지 않은 지가 오래되었다……). 보존하는 것은 축적하는 것이고, 축적하기를 멈추는 것은 잃는 것이다. 매우 혹독한 법칙, 경쟁이 각 분야에서 치열하기 때문에 그만큼 더 혹독한 이러한 법칙은 연구의 선택들이 전략적인 성격을 지니고 있다는 것을 함축한다. 자신의 신뢰성 수준이 접근하게 해주는 문제들과 동떨어지지 않고——그렇지 않으면 "그들은 자신들을 누구라고 생각하지?"라는 말을 들으며 실격될 위험이 있다——아주 조금 더 난이한——그렇지 않으면 "그들이 시원찮은 일을 하는 것은 아니지만, 일이 좀 부진하군"이란 진단이 떨어진다——문제를 선택해야 한다. 따라서 신뢰의 관점에서 연구자 자신이 어떤 상황에 있는지, 그리고 어떤 위험을 겪을 수 있을지를 매우 정확히 결정하는 것은 과학적 연구 팀의 관리에서 본질적 요소이다.[29]

신뢰성은 과학 공동체 내부와 외부를 구분하는 형식화되지 않은 지식들에 속한다. 왜냐하면 그것은 다소 소문과 유사한 포착 불가능한 소통 방식을 이루기 때문이다. 그것은 집단적 판단이며, 이 판단의 첫번째 역할은 고려되고 논의되고 확인되어야 할 것과 그럴 만한 가치가 없는 것을 신속하게 선별하게 해주는 것이다.

그러나 우리가 아쉽게 생각할 수 있는 것은 이런 판단이 보다 더 투명하고, 보다 더 공개적으로 논증되지 못한다는 점이다. 왜냐하면 그것은 동시에 "그건 말할 필요도 없다"라는 그룹의 말을 믿는 과학자들의 순응주의를 강화시킬 수 있기 때문이다. 그래서 그것이 공개적으로 알려지지 않는다는 사실은 부적격자가 부딪치는 거절이라는 결과를 흔히 초래한다. 이런 일은 부적격자가 어떤 과학자에게 왜 이런 저런 제안이 '일반 대중'을 상대로 한 언론 매체에 실렸는데도 진지하게 받아들여지지 않는 것처럼 나타나는지 질문할 때 일어난다. 연

---

29) 브뤼노 라투르, 〈기획자로서 연구자의 초상〉, in 《과학사회학 강의》(1993), 쇠이유, '푸앵' 총서.

구자의 선전과 유명도는 그가 자신의 공동체 내에서 쌓은 신뢰의 증거가 아니다. 그것들은 동료들이 볼 때 심지어 그를 불신하게 만드는 데 기여할 수 있다. 그러나 부적격자는 어깨를 으쓱하며 단죄하는 그 과학자가 단죄의 대상에 대해 사정을 거의 모르고 있다는 사실을 확인하는 경우가 자주 있다. 이런 태도는 '과학자들의 평등주의적인 공화국' 이란 전설과 짝을 이루는데, 일반 대중한테는 과학자들의 독단론이라는 인상을 주기적으로 심어 준다.

발견(Découverte)

발견한다는 것은 모든 연구자의 꿈이고, 과학적 연구에 종사하는 이유이다. 외관상으로 보면, 그것은 문제적이지 않은 분명한 개념이다. 전통적으로 사람들은 발견과 **발명**(invention)을 구분했다. 하나는 이미 있는 존재나 현상을 드러낸다. 다른 하나는 정신이나 인간 활동의 산물이다. 그렇기 때문에 발명은 특허를 받을 수 있다. 그것은 지적 재산권 제도의 보호를 받는다. 발견은 출판할 수 있으되 소유할 수 없는 것으로 여겨진다. 그러나 고유한 이름을 통해 법칙들을 명명하는 관례처럼(보일과 마리오트의 법칙, 옴의 법칙) 상과 보상 체계가 보여 주는 것은 발견들이 자연적으로 한두 사람의 개인의 '신뢰'를 높이도록 한다는 점이다.

물론 발견과 발명을 법적으로 구분할 수 있다는 가능성 자체는 이의가 제기될 수 있다.[30] 그러나 이와 같은 구분은 과학적 공동체들의 기능 작용을 이해할려고 할 경우 중요하다. 왜냐하면 어떤 발견을 누군가에게 돌릴 수 있는 가능성은 이 공동체들에게 중요한 쟁점이기 때문이다. 로버트 K. 머턴이 강조했듯이, 우선권 싸움은 매우 자주 일어나고 매우 반복적이기 때문에 특정 과학자의 심리적 성향으로 돌

30) 어거스틴 브래니건(1981), 《과학적 발견들의 사회적 토대》, 프랑스어 번역판, PUF, 1996.

려질 수 없다는 것이다.[31] 그것은 **동료들**이 어떤 독창적 논문을 인정하는 것을 가장 중시하는 과학적 제도의 규범 자체로부터 비롯된다. 겸손과 공평 같은 가치들의 찬양과 결합된 독창성의 숭배는 머튼이 극단적 경쟁과 **사기** 유혹을 야기할 수 있는 '병적 요소'로 규정하는 데 주저하지 않을 만큼 갈등적 상황을 만들어 낸다.

우선권 싸움이 많은 현상은 어떤 발견을 한 사람 혹은 여러 사람에게 돌리는 데 따른 어려움이 구성하는 빙산의 일각을 이룬다. 엄밀한 의미에서 발견은 어느 누구의 것도 아니며, 그것을 누군가에게 돌린다는 것은 언제나 어떤 식으로든 모험을 하는 다른 행위자들에 대해 부당함을 나타내는 것이다. 기술자들 · 연구자들 · 엔지니어들 · 장인들 혹은 기업가들이 갖추어 놓은 설비들이나 기술들이 없다면, 잡음의 신호를 방출하고 발견된 사실들을 조금씩 강화시키는 조용한 실험자들의 겸손한 작업이 없다면 단 하나의 발견이라도 다시 이루어질 수 있겠는가? 각각의 발견은 여러 세대들에 걸친 연구자들이 획득한 지식과 수완을 전제한다. "우리는 거인들의 어깨에 앉아 있는 난쟁이들이다." 17세기의 과학자들 가운데 통용된 이 통상적 은유는 단절들과 혁명들에도 불구하고 그 의미를 잃지 않고 있다. 그것이 우리에게 환기시키는 점은 지식이 언제나 집단적이라는 사실이다. 따라서 상의 제도를 통해 어떤 발견을 누군가에게 돌리는 것은 전유의 행위일 수 없을 것이다. 그것은 어떤 결과를 빛 보게 한 우선권을 인정하는 행동에 다름 아니다. 그러나 이 행동은 근본적이다. 왜냐하면 발견으로 분류된 사건과 발견의 당사자를 지시한다는 것은 과학적 작업에서 개

---

31) 로버트 K. 머턴, 《과학사회학과 실험적 연구》, N. W. 스토러, 시카고대학출판부, 1973.

인과 공동체의 관계를 조정하는 수단이기 때문이다.

그러나 여기서 기념 행사의 제도 아래 숨겨진 두번째 난제가 나타난다. 그것은 발견의 날짜를 고정시킬 수 있는 가능성과 관련된다. 아르키메데스가 목욕통에서 부르짖은 저 유명한 **에우레카**(바로 이거다, 나는 발견했도다!)의 전설은 과학의 통상적 이미지와 너무도 합체되어 있기 때문에 사람들은 자연적으로 발견을 일정 시점의 순간적인 행위로, 개인의 정신에 나타난 계시나 빛으로 생각한다. 지속적인 연구 시도에서 어떤 한순간에 특권을 부여하는 데 따른 어려움은 말할 것도 없으며, 발견의 대상에 대해서도 일치를 보아야 한다. 역사가들 · 철학자들 및 과학자들까지 무수하게 논의한 산소의 발견이란 예를 들어 보자. 이 발견은 카를 빌헬름 셸레에게 돌려질 수 있다. 그는 최초로 하나의 가스를 채집해 분리시키고 특징을 부여했으며, 오늘날 통용되는 산소의 속성들을 통해서 그것을 feuerluft라 명명했다. 혹은 이 발견은 조지프 프리스틀리에게 돌려질 수 있다. 그는 이 가스를 특징짓게 해주는 실험들을 최초로 출간했다. 혹은 그것은 라부아지에에게 돌려질 수 있다. 그는 이 실험들을 반박하고 재해석했으며, 이로부터 화학을 뒤흔드는 새로운 이론을 구축했다.[32]

《과학적 혁명의 구조》에서 쿤은 누적적인 정상 과학과 **패러다임**의 변화를 야기하는 위기의 과학 사이의 대조를 예시하기 위해 이 예를 이용한다. 그리하여 쿤은 이렇게 결론을 내린다. 즉 프리스틀리가 산소를 '발견' 했고, 이어서 라부아지에가 그것을 '발명한다.' 발견은 사실에 근거하고 발명은 이론적인 범주에 속한다. 그러나 용어들을 통한 이와 같은 중재는 또 다른 난제가 존속하게 만든다. 우리는 발견

---

32) 카를 제라시 및 로울드 호프만, 《산소》, 2막으로 된 극작품임.

이 발견으로 과학 공동체에 의해 확인되고 인정되기 전에 그것에 대해 말할 수 있는가? 세상 사람들의 눈에 최초로 산소를 알게 해준 프리스틀리는 셸레보다 우선권을 합당하게 요구할 수 있는가? 이 문제는 우선권의 싸움뿐 아니라 알려지지 않은 먼 선구자들의 탐구에 토대를 이룬다.

공개는 과학적 발견에 부대 현상이 아니라 본질적인 성격이다. 왜냐하면 그것만이 동료들에 의한 통제, 발견을 확인해 주는 행위인 그 통제를 가능하게 해주기 때문이다. 그러나 어떤 발견을 누군가 주창자에게 돌리는 일과 '발견' 이라 분류되는 사건을 확인하는 일은 과학적 제도들 사이의 복잡한 협상 과정으로부터 비롯된다. 이 과정은 사실들을 재생하거나 통제할 수 있는 가능성을 끌어들일 뿐 아니라, 하나의 역사를 구축하는 온전한 담론과 수사학을 끌어들인다. 프랑스 한림원에서 자신의 결과물들을 설명하는 라부아지에는 그의 기여를 부각시키기 위해 동시대인들과 선구자들의 업적을 그 나름대로 이야기한다. 발견의 지시하는 행위는 모두가, 흔히 우선권 싸움을 연장하는 역사가들(필요한 경우 그들은 부당하게 무시된 겸허한 '발견자' 를 옹호한다)에 의하거나 배우들 자신에 의한 역사 생산을 함축한다.

민주주의(Démocratie)

과학은 비판적 정신과 자유로운 논의를 전제하기 때문에 민주주의와 밀접하게 연결되어 있다는 관념이 확산되었다. 역사적으로 보면, 근대 과학은 실제로 민주주의의 이념들과 동시에 발전되어 왔다. 뿐만 아니라 그것은 지식을 민주화하려는 의지를 수반한다. 갈릴레오는 라틴어보다는 이탈리아어로 글을 썼으며, 전통적 권력에 대항해 계몽된 여론에 호소했다. 그러나 이런 상관 관계로부터 우리는 민주주의가 과학의 조건이라고 결론지을 수는 없다.

한편으로 일반인들이 과학적 모험의 수취인으로 인정될 때조차도, 이는 무엇보다도 그들이 '증인으로 채택되도록' 하기 위해서이다. 갈릴레오의 《대화》에서 심판의 역할을 하는 사그레도의 역할이 이미 그런 경우이다. 또한 17세기에, 파스칼 · 보일 혹은 놀레가 쓴 현상들을 자신들의 눈으로 직접 보았다고 증언하기 위해 수위들처럼 소환된 공증인들 · 귀족들 · 고관대작들의 역할이 이미 그런 경우이다. 비과학자는 교육상의 증명에 참석하는 학생이나 구경꾼들처럼 미리 준비된 무대에 자신의 자리가 있다. 다른 한편으로 또한 과학은 때때로 전체주의 제도들에서도 번창한다. 소련에서 스탈린 시대로부터 사람들은 오랫동안 오직 리센코 사건만을 염두에 두려고 했다. 그것은 과학과 민주주의(이 경우 민주주의는 과학적 자율성의 존중과 동일시된다) 사이의 불가분의 동체적 관계를 뒷받침하기 위한 훌륭한 반증 사례를 제공한다. 그러나 연구는 소련에서 공산당과 중앙 권력에 의한 인원과 제도들의 엄격한 통제에도 불구하고 번창했다. 최근의 작업들이 보여 주는 바에 따르면, 1930년대부터 소련 연구자들은 당에 대한 복종과 헌신이라는 수사에 따르면서 관료 기구에 영향을 미치기 위한 계략들을 전개했다.[33] 그들의 전략적 여지는 제2차 세계대전 동안 보여 준 봉사 이후에 증가해 왔다. 그들 자신이 자신들의 전략적 연구 계획을 수립하고, 과학아카데미의 회원들의 선출을 결정한다. 전에는 이 선출이 단순히 권력에 의해 인정되었던 것이다. 1950년대부터 과학의 위신은 매우 높아져 과학자들은 당의 중진들처럼 대우를 받는다. 요컨대 민주주의는 과학 실천의 필요 불가결한 조건이 아니라고 인정하지 않을 수 없다. 동구권 국가들에서 공산주의의 몰락 이후 일어났던 두뇌들의 유출과 연구소들의 붕괴가 다분히 확인해 준다고 보여지는 것은 현대 과학이 정치적 의지와, 특히 물질적 수단들을 필요로 하고 있다는 점이다.

좀더 멀리 밀고 가보자. 과학은 **전문가**들과 일반인들 사이의 구분을 진부하게 만든다는 점에서 민주주의를 위한 항구적인 도전이다. 그런데 이러한 큰 분할은 시민들이 자신들의 권리 행사라는 영역을 제한한다. 끊임없이 점점 더 강화되는 이와 같은 경계 설정은 과학 및 기술의 도약이 가져온 단순한 결과로, 이를테면 **진보**에 대한 대가로 흔히 간주된다. 그리하여 핵발전소 건설 장소의 선택이나 핵폐기물 처리 방식의 선택은 부수적인 사회적 결과들이 수반되는 기술적 문제들로 다루어졌다. 일반인들이 참여하지 않은 채 결정된 선택들을 일반 이익이나 국가 이익을 내세워 그들에게 '설명하기' 위해 홍보

33) 니콜라스 크레멘쵸프, 《스탈린주의적 과학》, 프린스턴대학출판부, 1997.

사절단들이 파견되곤 했다. 따라서 우리가 알 수 있듯이, 민주주의의 토대인 일반 이익의 개념은 국가가 과학적 · 기술적 선택들과 관련해 결정권을 위임한 전문가 집단의 선택을 정당화하기 위한 구실의 역할을 할 수 있다. 뿐만 아니라 전문가들과 일반인들 사이의 큰 분할을 확대하는 데 한계를 지시할 수가 없다. 관련 정치인들은 '선동가들'이 무슨 말을 하든 가능한 선택이 전혀 없다는 이유들을 일반인들에게 설명하는 임무를 띤 전문가들로 자처한다.

문제는 사람들이 어떤 사회를 원하는지 아는 것이고, 이 문제는 과학에 대한 일반적 견해를 다시 생각하지 않을 수 없게 만든다. 속도와 궤도를 인류에게 강제하게 될 번개 같은 자동차 질주처럼, 과학 및 기술의 발전이 필연성의 각도로 생각되는 한 민주주의에 대한 그것의 폐해를 제한하는 일이 최선을 다해 추구될 수 있을 것이다. 따라서 우리는 어떤 제안을 수용할 수 있느냐 없느냐 하는 성격은 과학적 방식에 낯설다고 간주되는 믿음 · 정열 · 감정에 달려 있다는 점을 받아들이면서, 이 문제를 '기술의 사회적 수용성' 이라는 딱지로 표명할 수 있다. 이러한 측면은 고도로 전문화된 지식만이 과학적 · 기술적 결정을 내리는 데 자질을 부여한다는 확신――이 확신은 전문가들뿐 아니라 일반인들에게도 뿌리 깊다――을 다시 문제삼게 한다. 사회는 '브레이크' 처럼 작용하지만, 오늘날에는 받아들이지 않는 것――예컨대 복제 클로닝――을 아마 미래에는 정상적인 것으로 간주할 것이다. 모든 것은 시간의 문제이다.

반면에 기술-과학적인 혁신이 제기하는 문제가, 자연이 단순히 인간의 계획들에 봉사만 하는 것이 아니라 점점 더 밀도 있는 관계를 통해 이 계획들에 연결되는 "공동 세계를 어떻게 구성하느냐"이라면, 우리는 민주주의를 재창안해야 할 어려운 도전의 상황에 처해 있다.

'기술-과학적인 진보'와 '민주적인 결정'의 관계가 안고 있는 항구적이지만 오늘날 알려진 위기는 요술 지팡이를 통해 눈 깜짝할 사이에 해결되지 않을 것이다. 그러나 우리가 오늘날 알고 있는 것은 모든 해법이 '사회'와 '과학'의 통상적 정의들의 철저한 변모를 거쳐 간다는 점이다. 사실 플라톤으로 거슬러 올라가는 이미지, 쉽게 영향을 받는 경박한 하층민, 전문가들의 안내를 부르는 진정한 양떼의 그 이미지[34]는 후퇴하고 있다. **혼성 포럼**들 같은 시민들의 협의회들은 힘의 관계의 배치 앞에서 그 중요성이 어떠하든 사회적 실험의 장소들을 구성한다. 이 장소들에서 광장의 토의 민주주의가 다시 배워질 수도 있을 것이며, 시험과 오류의 반복을 통해서 민주주의와 과학적 실천 사이의 새로운 관계 체제가 창안될 것이다.[35]

---

34) 브뤼노 라투르, 《판도라의 희망》, 라 데쿠베르트, 2001.

35) 미셸 칼롱 · 피에르 라스쿰 및 야니크 바르트, 《불확실한 세계에서 행동한다는 것. 기술적 민주주의에 대한 시론》, '라 쿨뢰르 데 지데' 총서, 쇠이유, 2001. 헬가 노와트니, 피터 스콧 · 마이클 기번스, 《과학 다시 생각하기》(2002), 프랑스어 번역판, 베를린, 2003.

분과 학문(Discipline)

사람들은 학교에서 배우는 과목들과 관련해 문과와 이과에 대해 이야기한다. 오늘날 통상적인 이와 같은 의미는 과학이 19세기에 근대적 대학 제도에서 지배적 부분이 된 이래로 과학을 특징짓기 위해 전적으로 수용된 것이다. 사실 강의들 · 세미나들 혹은 실험실 수업들의 정착은 지식 내용의 전수를 가능하게 했다. 뿐만 아니라 그것들은 명료한 규범들, 실습의 실천을 통해 획득된 암묵적 수완과 지식 그리고 문제 해결 기술들 등, 요컨대 규율이 잡힌 과학 공동체에 속하는 모든 것의 전수를 가능하게 해주었다. 이와 관련해 유스투스 폰 리비히는 개척자였다. 기센대학에서 그의 **연구원**은 매우 잘 훈련되고 분석 작업에 이력이 났으며, 극히 다양한 영역들에서 역량을 이용할 줄 아는 화학자들의 양성소로 기능했다. 쿤이 부여하는 매우 강한 사회-인지적 의미로 국한해서 사용한다면 하나의 **패러다임** 안에서 기능하는 과학자들이 진정으로 나타난 것은 그곳이다.

연구와 분과 학문 사이의 분절은 과학에서 변화의 역동적 힘을 이해하기 위한 급소이다. 실제로 하나의 연구 영역은 한 연구자의 최초 양성으로부터, 다시 말해 대학에 설치된 분과 학문들의 지도의 윤곽에 따라 그려진다. 그러나 연구의 개인적 도정은 가지를 칠 수 있거나 다른 도정들과 혼합될 수 있다. 새로운 영역이 형태를 갖추고 연구자들의 공동체를 규합하게 되면 새로운 연구 분야는 하나의 분과 학문으로 변모된다. 그 과정은 거의 표준적이 되었으며, 일정 수의 사회학적 지표들을 통해 기술될 수 있다. 즉 소수의 연구자들에 의한 저널이나 잡지의 창간, 정규적인 학술대회나 학회의 조직, 교육에의 도입과 개론서들의 집필을 통한 전문화된 연구자들의 공동체의 재생산이 그 과정이다.

과학에서 분과 학문을 뜻하는 discipline의 개념은 그것의 근대적 의미를 넘어서 보다 오래된 의미의 어렴풋한 기억을 간직하고 있다. 우선 그것은 육체나 정신(나아가 우리가 근대적 의미에서 한 분과 학문의 옹호나 증진을 위해 전개된 싸움으로 판단하면 단체 정신)을 형성하는 구속들과 규칙들 전체를 지칭하였다. 금욕적인 유형의 도덕적이고 종교적인 특징들의 지속적인 자국이 분과 학문의 공동체들의 생활에서 읽혀진다. 이 공동체들은 행동 · 언어 · 사회성의 규칙들 전체에 대한 존중에 토대한다는 조건이 붙을 때에만 연구 결과들에 대한 토론과 상호 평가의 포럼으로 기능할 수 있다. 각각의 분과 학문은 개별적 연구자의 정체성에 흔적을 남기는 그 나름의 고유한 에토스(ethos)를 간직하고 있다. 그러나 공통적 특징은 '커다란' 문제들, 다시 말해 분과 학문의 한계를 넘어서고 그것의 영역을 불청객들에게 개방하라고 위협하는 그런 문제들이 내미는 유혹의 거부이다. 그리하여 하나의 분과 학문에 소속된다는 것은 전문화라는 용어로 언급되어야 할 뿐 아니라, 경우에 따라 위협적이거나 정복의 영역으로 규정된 어떤 세계에 직면하여 나타내는 '충실'이라는 표현으로 언급되어야 한다. 몇몇 의식(儀式)들이 이와 같은 차원을 강화시켜 준다. 즉 각각의 분과 학문은 다소간 신화적인 창설자로서의 시조를 확보하고 있다. 화학에서 라부아지에, 언어학에서 소쉬르가 그런 예이다. 이 시조는 학술대회나 기념일에 격식을 갖추어 기려지고 경배된다. 각각의 분과 학문 공동체는 그 나름의 일화들과 의례적인 축제가 수반되는 흔히 영웅적인 '가족사' 같은 것을 중심으로 뭉친다. 분과 학문들은 때때로 정통 학설을 만들어 내며, 그 결과 검열 · 파문 같은 것이 수반된다. 분과 학문들의 '장벽' 이나 '감옥' 에 대한 일부 현대 과학자들의 반항적 태도, 그리고 학제간 연구에 대한 호소가 반세기 이상 전부터 나타내는 성공을 설명하는 많은 현상들도 그런 부수적 결과물이다. 그러나 좋은 의도들과 실천 사이에 분과 학문의 조직이라는 무서운 힘이 끼어든다.

장치(Dispositif)

실험 장치와 **기구**(instrument)를 구분한다는 것은 중요하다. 비록 이 구분이 상대적이라 할지라도 말이다. 실험 장치가 적절한 것으로 인정되었을 때, 그것이 생산하게 해주는 '사실들'의 의미가 신뢰할 만하다고 인정되었을 때 이 장치는 기구들의 계보를 위한 일종의 '원형(prototype)'으로 기술될 수 있으며, 이는 대단한 과학적 성공이다. 이 기구들은 계량 · 탐지 · 변형을 가능하게 한다. 그것들은 기원적인 전문성에 속하지 않는 실험실들에서, 병원들 · 기업들 · 정비 공장들에서 이용될 수 있을 것이고, 나아가 '모든 사람들의 손'에 들어갈 수 있다. 따라서 그것들은 브뤼노 라투르가 '검은 상자'라 불렀던 것이 될 것이다. 이 검은 상자는 비전문가들에 의해 조작될 수 있도록 구상된 것이다. 비전문가들은 기능 작용의 방식을 모르지만, 그들의 목적들에 따라 일할 수 있게 해주는 것의 신뢰도에 대해 믿을 수 있는 입장에 있다. 하나의 장치에서 기구들로 이끄는 도정들 전체는 실험과학들 사이의 관계, 연구 혹은 제어실들과 산업 생산 사이의 관계, 나아가 가장 포괄적 의미에서 '과학'과 사회 사이의 관계를 엮는 가장 견고한 골조를 형성한다.

그러나 실험 장치는 기구의 원형이 아니다. 그것은 이 원형이 될 수는 있으나, 역시 '환경의 변화'로 기술될 수 있는 이를테면 '자연의 변화'가 발생된 다음에야 그렇게 될 수 있다.

기능을 잘 수행하는 기구가 대개의 경우 신뢰, 나아가 '당연한 무심'을 요구하고, 또 그것을 받을 만할 때(나는 내 수정시계를 흘끗 쳐다본다) 장치는 언제라도 가능한 논쟁에 의해 특징지어지는 환경을 함축한다. 그것은 '역량을 발휘해야' 할 뿐 아니라, 그것에 독립적인 정체성을 인정하는 '그'는 그가 제기하는 수단을 부여하는 문제가 '의미 있는' 답변을 찾아내지 못할 경우 단죄될 수 있다. 장치는 우선 하나의 내기이다. 그것은 연구된 현상과 관련한 가설에 부합해야 한다. 그것이 조합하는 다양한 가능성들, 즉 특징짓고 관찰하거나 계량하는 여러 가능성들은 이러한 가설의 항들 사이에 추정되는 분절을 나타낸다. 이 조합은 실험의 결과가 내기를 검증해 주지 못한다면 해체될 것이다. 이때 당황하거나 실망한 연구자는 책략처럼 사용된 다양한 기구들, 다시 말해 장치가 동원하여 배치한 기구들과 맞대고 있게 될 것이다.

검증은 많은 사회학 연구가 보여 준 바와 같이 즉각적인 '예스-노'가 아니다. 역사는 '예스'들을 붙들고 대부분의 '노'들을 망각한다. 그러나 중요한 것은 '아마도'이며, 그것의 점진적인 검증 가능성이다. 겨냥된 목표는 입증인데, 이 입증은 장치의 기능 작용과 그것이 입증하게 해주는 것 사이의 분명한 분리를 함축한다. 현상은 장치 덕분에 신뢰할 수 있는 방식으로 증거하는데, 이것이 의미하는 바는 장치를 통해 획득된 결과들이 현상을 통해 설명된다는 것이다. 그러나 이처럼 있을 수 있는 성공으로 이끄는 도정 전체는 분리 불가능성의 특징을 띠고 있다. 수정들, 눈금을 정하는 작업들, 해석들, 보충적 가설들, 항들의 재분절이 말이다. 검증은 (안정화된 항들을 함축하는) 입증의 논리를 존중하지 않고, 그보다는 공동 진화(coévolution)나 공동 구축(coconstruction)을 구성한다. 이러한 공동 구축에서 애매한 결과들은 악몽과 때로는 관념들을 야기하며, 관념은 생각되지 못했던 배치의 수정이나 보충적 절차, 또는 새로운 필터에 의해 열에 들뜬 듯 표현된다. 성공한 검증은 대조의 특징을 띠어서는 안 되고, 장치가 생산하는 것과 과학자가 기술하고자 추구하는 것 사이의 다소간 우연적인 수렴의 특징을 띠어야 한다. 이 수렴은 충분히 확고하다고 판단될 경우 출간의 대상이 될 것이나, 유능하고 관심 있으며 비판적인 동료들에 의해 다시 검증되고, 시험되고, 풍요롭게 되고, 때로는 수정되어야 한다.

"일을 꾸미는 것은 인간이지만 되고 안 되고는 신의 뜻이다"라는 속담이 있다. 사실 장치는 처음 더듬거릴 때는 인간적인 제안으로, 어떤 관념의 번역으로, 가설적인 '그리고 ……이라면?' 을 위한 수단으로 기술될 수 있다. 성공이 안정화될 때 사람들은 '자연' 이 '결정' 을 했고, 가설을 소유했으며, 이 경우 그것을 확인해 주었다고 말할 수 있을 것이다. 왜냐하면 '자연' 은 동시에 그것을 거절할 수도 있었다는 사실은 극히 중요하기 때문이다. 프랑스어가 허용했다면, 장치는 또한 '제안치(propositif)' 라 불릴 수도 있었을 것이다. 그러나 가설은 무(無)에서 태어나는 것이 아니다. 과학자가 자신의 동료들이 겪은 성공들과 실패들에 대해 이미 알고 있는 것 전체는 명확해지기를 요구하는 끈질긴 '명제계(milieu propositionnel)' 를 구성한다. 그렇게 하여 이와 같은 성공들과 실패들에 새로운 혹은 보충적 의미를 (내기의 방식으로) 부여하는 상황을 창조하고, 2가지 의미에서 dispose, 즉 배치하고 마음대로 다루는 자는 과학자이다.

어쨌든 장치의 이른바 '조정' 은 제안하다(proposer)와 배치하다(disposer)라는 두 동사가 구분하는 것이 맞대는 장소이다. 장치의 기능 작용 도정은 모험이며, 이 모험의 야심은 분리이다. 이제부터 말할 수 있는 '인간' 과 인간으로 하여금 말하는 것을 허용하는 '자연' 사이의 분리 말이다. 그러나 이 도정이 진행되는 동안, 인간도 자연도 결정된 정체성을 지니지 않는다. 전자에는 그가 후자에서 획득하는 애매한 '아마도(peut-être)' 들이 지리잡고 있기 때문이다. 그는 이 '아마도' 들에 의해 강박 관념처럼 사로잡혀 있으며, 문제에 직면하고 있는 것이다.

학교(École)

학교는 과학과 양면적인 관계를 유지하고 있다. 사람들은 고전적으로 과학이 학교에 대립하여 구축되고 있다는 점을 인정한다. 이 점은 역사적 표현으로 언급될 수 있다. 왜냐하면 근대 과학은 스콜라 철학에 대항해, 다시 말해 중세의 대학들에서 배웠던 아리스토텔레스로부터 영감을 받은 학설에 대항해 형성되기 때문이다. 인식론적 표현으로 사람들이 바슐라르 이후로 표명하고 있는 것은 과학적 정신이 기존 지식들에 대립해 형성되고 있다는 사실이다. 그리하여 사람들은 학교에서 강요되는 도그마들을 의례적으로 한탄하게 된다. 그러자 교수법 전문가들은 과학에의 진입을 표시하는 견해와 전형적 '단절'을 학생들에게 강제하는 테크닉들을 활동적으로 제안한다. 물론 어려움은 이 경우에 지식의 생산과 연결된 이해 관계 · 쟁점 · 열정을 교실이라는 시-공간 속에 옮겨 놓는 것이다. '마치 ……이듯이'는 성실한 학생들을, 다시 말해 교육자가 기대하고 문제를 전진시키는 좋은 질문들을 이해하는 학생들을 언제나 지배하고 따라서 선별할 위험성이 있다. 그렇기 때문에 페예라벤드의 급진적 제안, 즉 학교가 교회로부터 분리되었듯이, 과학으로부터 분리하자는 제안은 타당성이 없지 않다. 과학의 수련은 사유의 합리적 훈련이라는 수련과 짝을 이루게 되는 한, 학교는 한편으로 과학이 제기된 문제들에 대한 합리적 답안들을 간직하고 있다고 생각하게 하는 시민들을 공급할 것이고, 다른 한편으로 **세론**과 연결된 정신 상태들과 당황들을 피할 수 있다는 확신을 가진 미래의 과학자들을 공급할 것이다.

그러나 학교는 또한 사유의 집단, 다시 말해 때때로 동일한 공간에서 함께 일하는 확고한 연구자들의 집단을 지칭한다. 이들 연구자들은 그들이 양성하는 연구 학생들과 지속적인 상호 작용 속에서 동일한 연구 프로그램을 다소간 추진한다.[36] 연구 학교에 대한 이와 같은 견해의 기원은 19세기 독일 대학들이고, 특히 1930년대 기센에서 화학자 유스투스 폰 리비히가 조정한 실험실 수련 체제이다. 리비히는 학생들로 하여금 자신의 실험실에서 강도 높은 실제적 훈련을 받게 했다. 그 자신도 학생들과 함께 일함으로써 그들이 더할 수 없이 미묘한 작업들에 익숙해지도록 하여 숙련된 작업들이 되게 했다. 이와 같은 조직 모델은 직업적인 화학자들을 양성하게 해주었으며, 영국·프랑스·미국에 보급되었고, 오늘날에는 완전히 일반적이 되었다. 그것은 부분적으로 **미메시스**, 즉 모방에 근거하는 수련의 길이다. 그것은 강의나 책에 의한 교육으로는 곤란한 모든 지식과 수완을 전수하는 데 매우 효과적이다.

연구 학교는 일반적으로 한 사람의 지도자를 중심으로 돌아간다. 다소간 카리스마적이고, 다소간 권위적인 '지도 교수'는 자신의 계획, 자신의 열정, 그리고 자신의 암묵적인 지식을 동시에 전수한다. 그는 자신의 제자들에게 이를테면 유산을 물려 주며, 그리하여 연구 학교는 쉽게 대가의 전기 연구의 대상이 된다. 그러나 연구 학교는 또한 과학에서 사유의 실천과 방법을 다양화시켜 주는 것이다. 분과

---

36) 제럴드 L. 가이슨·프레더릭 L. 홈스(책임 편집), 〈학교 연구: 역사적 재평가〉, 《오시리스》, 두번째 시리즈, n°8, 1993.

학문이나 패러다임에 고유한 획일화 경향에 역행하는 연구 학교는 과학에서 지역적 혹은 지방적 스타일을 창조하는 수단이다.

시험(Épreuve)

흔히 연금술은 전형적으로 시효가 소멸한 지식으로 제시된다. 이 지식에서 남아 있는 것은 아마 몇몇 방법들이겠지만 그것들에 대한 관념들은 불신에 떨어졌다. 그러나 연금술사들은 오늘날 거의 슬로건이 되다시피 한 하나의 '실천적 관념'을 우리에게 분명히 물려 주었다. 하나의 진술은 그것이 '해체'를 시도하기 위해 구상된 시험에 성공할 때에만, 논쟁적 환경에서 살아남을 때에만 가치를 지닌다.

논쟁은 적의를 의미하지 않는다. 연금술의 금을 시험하는 **테스타토르**(testator)의 역할은 또한 연금술사, 다시 말해 이 연금술사는 금이 제시된 출자자를 위해 봉사하는 또 다른 연금술사나 회의적인 인물에 의해 수행될 수 있었다. 논쟁은 "빛난다고 해서 모든 게 금이 아니다"를 의미하고, 금은 긴 목록으로 된 일련의 시험들을 거쳐도 변하지 않는 것을 의미한다. 마찬가지로 과학적 **논쟁들**에서 "그럴듯하다고 해서 모든 것이 입증되는 것은 아니다." 따라서 혁신적 과학자는 자질 있는 동료들이 그가 미쳐 생각하지 못했던 반박들을 내놓는 것에 대해 결코 불평하지 못한다. 그가 무엇보다도 두려워하는 것, 그를 **미치게** 만드는 것은 침묵이고 관심의 부재이다. 왜냐하면 그럴 경우 그의 진술이 지닌 과학적 가치는 전무하고, 그는 동료들의 업적과 비교해서 아무런 차이를 나타내지 못하기 때문이다. 또한 그 자신이 다른 작업에서 이 진술을 논거로 이용할 경우에도 이 작업 역시 아무런 가치를 지니지 못하기 때문이다.

따라서 시험에 견뎌낸다는 것과 **입증한다는 것**은 서로 밀접한 관계가 있다. 그러나 전자의 이점은 그것이 '가치'와 '집단'을 연결시킨다는 것이다. 연금술사/**테스타토르** 커플은 단 한 사람으로 귀결된다 할지라도 이미 집단인 것이다. 과학자는 연구소에서 결코 홀로 생각하지 않는다. 왜냐하면 능력 있는 동료들과 그들의 예견할 수 있는 반박들이 잠재적으로 존재하기 때문이다. 근거는 수학적 혹은 논리적 증명과 약간은 너무 직접적인 관계로 이끈다. 수학자가 어떤 증명이 완벽하지 못하고, 나아가 그것이 거짓이라고 알린다면, 그런 통지는 이 증명의 사망 선고를 나타낸다. 반면에 어떤 실험적 반박의 합당성과 중요성 그리고 의미는 토론거리가 되며, 경우에 따라 변경된 **장치**를 통한 새로운 실험을 유발하거나 끝없는 **논쟁** 속에 빠지게 되는 경우를 낳게 된다. 달리 말하면 증명은 동질적인 집단을 표적으로 삼는 데——그것은 모든 사람을 일치시키는 힘을 지니고 있으며, 그렇지 않으면 가치가 없다——비해 실험적인 시험은 상대적으로 이질적인 이해 관계를 지닌 동료들을 결집하는 과정이며, 이들 각자는 그로 하여금 어떤 특정한 결과나 영향 혹은 위험천만한 일반화에 특별히 주의를 기울이게 만드는 까다로운 요구 사항들을 가지고 있다.

시험이라는 개념의 또 다른 이점은 그것이 실험 방법이 따르지 않으면 안 되는 구속들의 범위를 포함하고 있다는 것이다. 연금술사들이 제시하는 금이나 가짜 금은 그것의 진위를 가리는 시험들을 받았다. 그렇다고 판결이 '그것에게' 차이를 주는 것은 아니다. 오직 연금술사만이 전율했다. 그러나 시험의 실행 방식이 그것을 당하는 사람 '에게' 시험을 구성할 때, 혹은 그 결과가 그 '에게' 어떤 식으로든 '중요할' 때, 시험의 실행과 시험의 관계는 혼란스럽게 된다. 어려움은 '과학에 이바지하고,' 실망시키지 않으며, 사람들이 자신들로부터 기대하고 있다고 상상하는 것의 높이에 이르고자 고심하는 사람들의 **반항**이 부족할 때 인문과학에서 극도에 달한다. 그러나 그것은 쥐나 비둘기와 더불어 시작하는데, 이는 실험심리학과 동물행동학 사이의 싸움이 증언하고 있다. 쥐나 비둘기는 그들의 환경에서 빼어내 입증을 위해 마련된 세계 속에 던져질 때, 과학자가 그들과 관련해 '입증'하고자 하는 것에 대해 무심할 수 있다. 그러나 그것들의 행동은 의식될 필요가 전혀 없는 동요나 표지 상실을 통제 불가능하게 나타내면서, 그것들이 당해야 하는 시험을 표출할 수 있다. 이때 관찰된 행동은 분명 **인공물**의 성격을 지닐 수도 있는 것이다.

연금술의 금의 경우에서처럼 실험적 관점에서도 시험에 견뎌내지 못하는 것은 아무런 가치가 없다. 그러나 우리는 시험에의 저항과 가치 사이의 이와 같은 관계, 다시 말해 실험적 실천에 고유한 표시를 구성하는 그 관계를 난폭하지 않게 일반화할 수는 없을 것이다. 많은 것들은 가치가 있으면서도 논쟁적 환경 속에서 살아남을 수가 없다. 이런 관점에서 인문과학보다 흔히 앞서 있는 동물행동학과 같은 과학의 훌륭한 점은[37] 하나의 생명체를 우리의 문제들에 예속시키지 않고, 또 그것을 문제에 직면하게 하지 않은 채, 그것이 무엇을 할 수 있는지 해독하게 해주는 적절한 질문들에 대해 다분히 고심한다는 것이다.

37) 뱅시안 데스프레, 《늑대가 어린 양과 함께 살게 될 때》, 레 장페셰르 드 팡세 앙 롱, 2002.

(과학적) 정신(Esprit (scientifique))

'과학적 정신' 혹은 '과학적 정신 구조'와 '종교적 정신' 혹은 '마법적' 정신 사이의 대립은 인간의 저항할 수 없는 전진을 이야기하는 위대한 파노라마들에 속한다. 오귀스트 콩트는 과학적 혹은 실증적 정신을 신학적 정신과 형이상학적 정신과의 대조를 통해 특징짓고 있다. 그가 제시하는 3개의 상태라는 유명한 법칙에 의거하고, 이어서 허버트 스펜서의 진화론에 의거한 이 위대한 이야기들은 19세기 전체를 특징짓는다. 만국 박람회들은 같은 시기에 한편으로 과학의 요람으로서 혁신적이고 프로메테우스적인 서양과, 다른 한편으로 전통 속에 정체된 채 운명을 수동적으로 받아들이는 다른 국민들 사이의 괴리를 드러냈다.

오늘날 각자는 그런 볼거리의 기획들이 서양의 '문명화' 사명을 정당화했지만, 이제 더 이상 통용되지 않는다는 점을 알게 되었다. 새로운 유형의 파노라마들은 다분히 유럽의 사회 정치학적 특이성에 결부되어 있다. 생화학자이자 마르크스주의자인 조지프 니덤은 인간의 소명을 연출하는 '위대한 이야기'를 통해서가 아니라 대조들 통해서 일을 수행한 최초의 인물들 가운데 한 사람이었다. 중국과 대조적으로[38] 르네상스의 유럽은 '모험심(esprit d' entreprise)'의 특이한 정당화로 특징지어졌다 할 것이다. 종교 · 지식 · 교역 · 기술 등 그 무엇이 되었든, '작은 기획자들'은 자신들의 주도에 적절한 범주들에 의해 규정된 세계에 호소하는 자유를 지녔다. '근대 과학'이라는 기획은 이런 종류의 기획에 다름 아닐 것이다. 뿐만 아니라 그것은 다른 것들과 결합되지 않았다면 아무런 중요성도 없었을 것이다. 그리하여 브뤼노 라투르는 근대성을 이질적인 기획들 사이의 관계망의 과감한 확립으로 특징짓고자 제안했다. 이 기획들은 기회주의적으로 결합하여 그것들이 '자연'과 '사회'로서 구분하는 것을 상관적으로 동시에 구축했다.[39] 라투르는 이 관계망의 각각의 지점에서 다소간 열에 들뜨고 다소간 틀에 박힌 방식으로 활동하고 '세부적인 것들'을 분절하는 행위자들을 묘사한다. 그 어떤 곳에서도 그는 '여기서' 그들이 '과학적 정신'을 나타내면서도 전혀 다른 활동에 종사하고 있음을 표시하는 단절을 만나지 못한다.

그러나 과학이 실현한다고 보여지는 인간의 소명과 연결된 '과학적 정신'은 가혹한 삶을 살아간다. 그것은 어떤 과학자가 "언제나 인간은 꿈을 꾸었다(아니면 자문을 하거나 믿었다……). 오늘날 우리는 ……을 할 수 있다(알 수 있다)"라는 방식으로 자신의 논지를 도입하자마자 존재한다. 그리하여 과학은 인류의 진정한 '생각하는 두뇌'로, 양떼 전체를 전진시키는 전위로 나타난다. 일부 물리학자들은 더욱 멀리 나아가면서 이렇게 단언했다. 즉 우주에 대한 하나의 이론에 도달할 수 있는 가능성, 현대 물리학과 관련된 그 가능성은 우주가 그 자체에 대한 지식을 생산하게 만들었던 사건이었다. 그 유명한 인위적 원칙에 따르면, 우주의 최초 매개 변수들은 분명 탄소가 풍부한(따라

---

38) 조지프 니덤, 《중국의 과학과 서양》(1969), 프랑스어 번역판, 쇠이유, '푸앵' 총서.

39) 브뤼노 라투르, 《작용중인 과학》, 갈리마르, '폴리오' 총서, 재판.

서 생명과 나아가 인간들을 탄생시킬 수 있는) 우주를 생성시킬 수 있었던 것들이었다는 점은 '우연이 아니다.' 이 원칙의 단단한 버전이 주장하는 바에 따르면, 그 어떤 다른 우주보다 이런 분명한 우주가 존재하는 이유는 그것이 자신에 대해 인식할 수 있는 가능성이 구성하는 사건에 이르기 위해서라는 것이다. 따라서 현대 물리학자들의 존재——농담하는 게 아니다!——는 우주가 추구한 목적이라는 것이다.

보다 은밀한 방식으로 '과학적 정신'은 **여론**으로 하여금 어떤 문제에 대한 '과학적 관점'과 다른 모든 관점들 사이의 차별성을 받아들이게 해야 할 때마다 존재한다. 물론 이들 다른 관점들도 구별될 수 있지만, 사람들은 그것들을 '비과학적'이라거나 (위대한 이야기들을 기념하여) 선(先)과학적이라는 공통적 특징으로 묶어 통째로 배척하는데 만족한다. 무식한 자들, 다시 말해 집요하게 '모든 것을 혼동하는' 자들을 대상으로 하는 이와 같은 '교육적' 조작은 인간의 소명을 중심으로 구축된 장엄한 신화들을 재치고 살아남았다. 그것은 특히 학교에서 맹위를 떨치고 있다. 학교에서 학생들의 견해들이 극복하고 넘어서야 할 교육적인 장애물들로 취급된다. 우리는 이것을 '검은 교육법'이라 부를 수 있다. 왜냐하면 그것은 알고 있는 사람들에게 일임하도록 하기 위해, 학생들에게 문제들을 제기하는 자신들의 능력에 대한 모든 신뢰를 상실하도록 요구하기 때문이다.

국가(État)

국가는 나라 안에서 진행되고 있는 대다수 연구에 재정 지원을 하고, 대부분의 연구자들의 양성을 떠맡고 있다는 점에서 과학의 후원자이다. 그렇다면 과학자들은 신하들이거나 정치 권력에 예속되어 있다는 말인가? 이런 문제는 자신의 자주성을 주장하고 과학의 **자율성**을 선언할 채비가 된 과학계에서 아우성을 야기할 수 있다. 그러나 역사의 장기 지속을 고려할 때 이런 요구를 어떻게 받아들여야 하는가?

물론 자율성의 사도들은 받아들일 일이지만, 군주나 제후를 위해 일했던 티코 브라헤나 길릴레오는 엄밀하게 말해서 신하로 규정될 수 있다. 그러나 그들이 위대한 과학자인 것은 그런 역할에 예속되지 않았기 때문이다. 아카데미들의 설립은 과학자들로 하여금 이와 같은 개인적 · 인격적 후원 관계로부터 벗어나게 해주었다. 아카데미들은 그들로 하여금 결합하게 해주었고, 작용 법칙을 확보하고 **동료들**로 구성된 그들 나름의 법정을 확보하게 해주었다. 그리하여 그들은 권력과 여론에 대한 자주성을 정복함으로써 '과학 공화국'을 형성하게 되었다. 국가 안에 국가 말이다. 게다가 1793년 8월 8일 왕립과학아카데미의 폐지를 선언한 혁명적 법령은 이제 국민 주권이라는 권한의 장에서 한계를 구성하는 그런 고립 영역의 수용 거부를 표현한다. 아카데미는 폐지되었다. 왜냐하면 그것은 왕이 주는 특권 속에서 기능하고, 작용 방식과 존재에 있어서 왕에 종속되는 '동업조합'과 유사

했기 때문이다.

어쨌든 상황은 정의상 이성과 진보의 동반자인 근대 국가가 왕국을 계승했을 때 변했다. 이제 과학자들은 국가를 이해시켜 이와 같은 진보를 억압하지 않고 돕기 위해서 적절한 거리를 유지토록 해야만 했다. 이와 같은 거리의 유지는 과학이 '국가의 사업'으로 규정되는 20세기에 더욱더 논쟁적이 된다. 프랑스에서 1930년대 국립과학연구소의 설립, 혹은 제2차 세계대전 이후 미국의 베니버 부시 계획은 과학이 민족 국가들의 자주 및 힘의 전략적 요소이며, 따라서 국가가 그것을 떠맡아야 한다는 확신을 표현한다. 그리하여 이와 같은 담당은 근대 국가와 과학 공동체들 사이의 관점들 및 방법들의 만남을 통해서 수월하게 되었다. 다양한 인문과학이 지닌 자원에의 호소가 수반된 '합리적'이고 효율적이며 예측적인 관리라는 모토는 이런 동맹이 대(大)과학에 재정 지원을 가능하게 하고, 연구팀들에 보조금을 지원하게 해주며, 젊은 인재들을 연구로 끌어들이게 해주는 만큼 용이하게 그것을 인정해 준다. 과학 **정책**이라는 개념은 동맹을 공생으로까지 밀어붙인다. 과학자들은 결정의 기구들에서 자신들의 위치와 목소리를 요구하고 있으며, 일부는 대통령이나 장관들의 고문이 되고 그렇게 하여 자신들의 자율성을 방어하겠다는 생각을 한다.

그러나 이와 같은 자주성은 전적으로 상대적이다. 그것은 무엇보다도 대기업들에 의해 재정 지원을 받은 산업적 연구와 대조되어 규정된다. 특히 공적인 연구는 몇몇 기업들이 연구 결과들을 전유하는 것을 막게 되어 있다. 이들 기업은 특허를 얻음으로써 예컨대 유전적 테스트의 독점을 확보할 수 있고, 어느 누구도 그것에 접근하는 것을 제한할 수 있기 때문이다. 그러나 국가라는 후원자 역시 결과물들을 전유할 수 있으며, 반드시 민주적인 방식으로는 이용하지 않을 수 있다. 오늘날 많은 과학자들이 자신들의 자주성, 비록 상대적이지만 마음 편한 그 자주성이 사라졌음을 규탄하고 있다. 국가는 과거의 국가가 더 이상 아니고, 과거에 책임지고 거리를 유지시켰던 경제적 · 기업적 이해 관계에 연구뿐 아니라 연구자들을 '내몰' 생각을 하고 있는 것 같다. 연구자들은 취득해야 할 특허들, 보증해야 할 결과들, 만들어 내야 할 **파급 효과**들, 성립시켜야 할 제휴에 대해 이야기하는 것을 듣는다. 예전에 위세를 떨쳤던 '비정치적인' 동맹(과학에 좋은 것은 일반 이익에 좋다)은 이제 생명이 다한 것 같다.

이는 과학자들이 후원자들의 보호를 더 이상 찾지 않는 방법을 배울 때가 왔다는 신호일까?

윤리(Éthique)

의학적 윤리 이후에 생명 윤리는 20세기 후반의 그 마지막 몇십 년 동안 제도적으로 인정된 분과 학문이 되었다. 반면에 사람들은 수학 · 물리학 · 천문학 혹은 화학에서 윤리에 대해선 별 언급을 하지 않는다. 왜 그런가? 이 학문들은 아무런 윤리적 문제도 제기하지 않기 때문인가? 도덕의 요구는 생명체나 인간을 다루는 분야들에만 한정되어 있는 것일까?

역사적으로 볼 때, 의학과 생물학에서 연구 행위를 통제하는 규범의 필요성은 나치의 의사들이 심판받았던 뉘른베르크 재판에서 부각되었다. 이로부터 나온 근본적 원칙은 환자의 동의 없이는 실험에 착수하는 것을 금지한다는 것이다. 임상 실험을 위해 확립된 규칙들에 환자의 '이해된 동의'가 추가되었다. 이와 같은 규칙들의 적용 영역이 인간에 대한 모든 실험에 확대되면 이런 측면은 매우 미묘한 문제를 제기한다. 심리학과 심리사회학에서 많은 실험적 상황들은 주체가 연구의 목적을 모른다는 것을 전제하기 때문이다.

동물 실험과 관련된 윤리는 상이한 전통에서 비롯된다. 고대 사회에서부터 생체 해부에 대한 항의가 있었다. 이와 같은 불평은 19세기에 영국에서 사회적 운동이 되었고, 이 운동은 1970년대 이후로 열기를 되찾았다. 이러한 두 맥락에서 주목되는 점은 여자들이 특히 활동적이었다는 사실이다. 마치 여성 해방의 명분과 동물 보호 사이에 관계라도 있듯이 말이다!

다른 과학들이 윤리 문제로부터 비켜 있었던 것은 과학 윤리의 영역이 인간과 동물에 결부된 가치들을 중심으로 형성되었기 때문인가? 왜냐하면 다른 곳에서는 어디서나 로버트 K. 머튼이 사용하는 의미에서 과학자의 에토스만이 문제되고 있기 때문이다. 다시 말해 과학 **공동체**를 관리하고 **사기**·비밀 등에 대해 연구자의 행동이 어떠해야 하는지를 명시하는 다소간 암묵적인 규칙들만이 문제되고 있는 것이다. 요컨대 윤리적 문제들은 권리와 의무에 관한 진정한 문제 제기에 속한다기보다는 직업 윤리에 속한다. 그것들은 언제나 대상이 아니라 지식과 관계된다.

결국 여기서 반대로 '코페르니쿠스적 혁명'을 시도해야 할 때가 되었다는 것일까? 의료적 실천은 에이즈에 걸린 사람들의 집단의 압력을 받아 환자들의 관점을 조금씩 고려하기 시작하고 있다. 물리-화학적 과학들도 차례로 대상의 관점에서 질문들을 다시 제기할 수 있을 것인가? 이 점은 의인주의를 수행하자는 것——예컨대 전자나 양자를 기계 속에 가속시킬 때 어떻게 될 것인가 자문하는 것——을 반드시 의미하는 것은 아니다. 비록 물신주의에 특유한 애니미즘이 오귀스트 콩트에 의해 연구를 쇄신시킬 수 있는 방향으로 권장되긴 했지만 말이다. 오히려 '우리들처럼' 고통받을 수 있는 생명체들만이 고려되는 한 대부분의 윤리적 문제들의 토대가 이루는 의인주의와 싸우자는 것일 터이다. 대상의 관점을 택한다는 것은 관계망 속에서 그것의 위치와 편입에 대해 탐구하는 것이다. 그것은 대상에 영향을 줄 수 있는 변경들이 관계망에 미치는 충격을 평가하고, 대상을 이 망으로부터 분리시켜 개별적 지식의 대상으로 만드는 절차들이 대상에 미치는 충격을 평가하는 일이다. 따라서 하나의 살아 있는 종·유전자·분자 혹은 강의 흐름을 변경시키는 행동들이 근본적으로 다른 것이 아니다. 왜냐하면 모든 경우에 있어서 이와 같은 변경들이 사회적-자연적 얽힘에 대해 미치는 충격에 주의를 기울이는 방법을 배워야 하기 때문이다. 덴마크 같은 일부 국가들에서는 '엔지니어 윤리'를 담당하는 교수직들이 만들어졌다. 따라서 어쩌면 가이아—— '하나'로서 나아가 '살아 있는' 것으로 간주된 지구——의 현대적 모습은 근대 과학의 거의 윤리적이지 않은 최초의 모토, 즉 자연을 이해해 복종하게 만든다는 모토의 종말을 예고한다 할 것이다.

얼빠진 자(Etourdi)

몰리에르로부터 과학자 코시누스와 교수 투르느솔에 이르기까지 과학적 지식은 흔히 세계에 대한 부적응의 요소로 제시된다. 자신의 문제들 혹은 사유들에 몰입한 코시누스는 오페라 극장에서 열리는 공연 시간을 망각하고 시간의 지속 의미를 상실한다. 물론 투르느솔 교수의 반복적인 오해는 과학적인 작업으로 직접적으로 돌려지지는 않는다. 왜냐하면 코시누스는 신체적 불구, 즉 귀먹음이라는 구실이 있기 때문이다. 그러나 귀먹음은 천재적인 연구를 하는 데 있어서 그에게 전혀 장애가 되지 않는다.

사실 얼빠진 과학자의 모습은 소크라테스가 《테이아테토스》(174a-b)에서 이야기하는 밀레투스의 탈레스와 관련된 유명한 일화를 믿는다면, 근대 과학보다 오래된 것이다. "그는 별들을 관찰하곤 했는데, 하늘을 쳐다보다가 우물에 빠졌다. 전하는 바에 의하면 트라케의 섬세하고 정신적인 하녀는 그를 이렇게 놀렸다. '당신은 하늘에서 일어나는 일을 알려고 몰두하다 보니 당신 발 밑에 있는 것에는 신경을 쓰지 않는군요.' 이같은 놀림은 철학하는 데 인생을 보내는 모든 사람들에게 적용된다. 사실 그런 사람이 인척도 이웃도 알지 못한다는 것은 확실하다. 그는 그들이 무엇을 하는지 모르며, 그가 겨우 아는 것은 그들이 다른 종류의 인간들이나 피조물이라는 사실이다. 그러나 인간이란 무엇일 수 있을까, 다른 존재들과 구분지어 주는 어떤 특정한 본성을 타고난 자는 무엇을 해야 하며 혹은 무엇을 견뎌야 하는가, 이것이 그가 애써 추구하며 발견하고자 하는 것이다.”

세월을 거치면서 변주를 수반하며 퍼진 이와 같은 전설은 과학적 연구에 대한 본질적인 무언가를 말해 주고 있다. 즉 과학적 연구는 연구자의 관심을 머나먼 대상, 다시 말해 그의 문제들에 공감하지 않는 사람들에 의해 추상적이라고 간주되는 그런 대상으로 집중시킴으로써 그로 하여금 자신의 직접적인 환경을 지각할 수 없을 정도로 만들어 버린다는 것이다. 그의 얼빠짐은 구체적인 것, 다시 말해 일상생활에 대한 적응 상실로부터 비롯된다.

따라서 얼빠진 과학자의 모습은 과학적 지식을 얻는 데 대해 지불해야 할 대가를 표현한다 할 것이다. 아인슈타인과 다른 인물들은 뒷날에 자신의 연구 대상에 사로잡힌 것처럼 영감을 받은 연구자에 대해 이야기하게 된다. 광적으로 사로잡힌 다소 불안한 이와 같은 모습과는 대조적으로 탈레스와 야유하는 하녀의 이야기는 상식과 과학적 지식을 균형적으로 위치시키고 있다. 여기서 상식은 현학적 지식과 힘을 겨루고 있고, 거리를 유지하며 비웃음 속에 자기의 존재를 뚜렷이 드러낸다. 그것은 지식은 제각기 하나의 유효하고 유용한 제한된 영역이 있다는 깊은 인식론적 주장을 표현하는, 이를테면 재미있는 방식이다. 이로부터 다음과 같은 실용적 결과를 끌어낼 수 있다. 즉 과학은 일상적 삶에 대한 법률을 제정할 수 있는 권위가 없다는 것이다. 선택안들이 있는데, 얼빠짐은 과학자들이 이런 사실에 대해 아무것도 알고 싶어하지 않는다는 점을 약간은 너무 용이하게 설명한다.

어쨌든 얼빠진 과학자들의 판박이들은 사심 없는 과학자의 신화가 퍼뜨리는 역시 강력한 이미지와 동일시될 수 없다. 얼빠지게 만드는 것은 바로 어떤 문제에 대한 지나친 관심과 집중이다. 그러나 이 점은 세상의 망각을 의미하는 것이 아니라 세상과의 다소 선택적 관계를 말한다. 이것이 아르키메데스와 결부된 매우 오래된 다른 전설들이 예시하는 것이다. 자신의 작업에 몰두하다 보니, 그는 한 로마 병사의 명령을 못들은 체했고, 그리하여 병사는 그를 죽였던 것이다. 그런데 동일한 아르키메데스는 시라쿠스의 압제자의 관심을 끌기 위해 자신의 작업을 이용할 줄 알았다. 따라서 얼빠진 자와 책사는 전혀 모순적이지 않다.

실험(Expérience)

실험과 이론은 인식론의 두 젖줄이다. 좋은 입문 강의는 우선 귀납주의적——이를 영국에서는 '베이컨적'이라 부른다——견해들을 점검하고, 이어서 그것들의 '구성주의적' 비판을 검토한다. 클로드 베르나르와 '그의 선입관'은 프랑스의 대학입학 자격 취득자들에게는 아직도 때때로 결정적 힘을 지니고 있다. 반면에 중요한 실험에 의해 분리된 **가설**을 반박할 수 있는 가능성에 대한 이른바 뒤엠-콰인(Duhem-Quine)의 명제는 미국에서 언제나 중요한 위치를 차지하고 있다. 많은 경우에 있어서 사람들은 검증과 오류 증명 사이의 불균형을 강조하기 위해 포퍼를 조금만 끌어들여도 모든 것에 흥을 돋울 수 있다. 보편적 진술은 개별적인 실험에 토대한 진술들에 의해 결코 검증될 수 있는 것이 아니라, 그런 진술들에 의해 **반박**될 수 있다.

우리는 이런 측면을 모든 훌륭한 저서들에서 발견할 수 있기 때문에, 과거의 혹은 현재의 실험 행위들에 대한 연구가 어떻게 이와 같은 해묵은 논쟁들을 갱신할 수 있는지——혹은 그럴 수 있다고 보는지——검토해 보자. 실제 그런 연구는 실험을 이론적인 구축, 다시 말해 항상 과학적 기획의 궁극적 목표로 간주된 그런 구축에 봉사하도록 만들어 버리고 만 실험/이론이란 지옥 같은 고리로부터 벗어나게 해준다. 심지어 알렉산드르 코이레는 《갈릴레오 연구》에서 갈릴레오가 사실들의 평결을 원용했을 때 거짓말을 했다고 주장하고자 했으며, “훌륭한 과학은 **선험적**으로 이루어진다”고 단언했다.

물론 20세기 인식론자들과 역사학자들이 이론에 부여한 과도한 특권은 과학을 사유하려는 대부분의 노력에 모델 역할을 했던 물리학에서 이론가들의 강력한 부상을 나타냈다. 특히 **대(大)과학**은 이론이 실험에서 우위에 있다는 인식론적 주장을 예시한다. 분명하게 규정된 연구 프로그램의 범주 내에서만 접근되는 초대형 입자 가속기들 속에서 이론에 따라 예견된 결과들을 얻기 위한 실험이 이루어지고 있다. 보통의 일상적이고 통상적 시험과 실험——연구소들에서 차단된 자연적 절차들에 대한 적극적인 개입——사이의 고전적 구분이 대개의 경우 참조하는 것 역시 물리학이다. 그러나 이와 같은 구분은 자연에 대해 탐구하고 그것을 문제시하는 관념이나 이성의 우선권을 예시하기 위해 일반적으로 원용되는데, 실험이 인공적 현상들의 생산 기술이라는 점도 똑같이 보여 준다.

결국 대상을 그것의 환경으로부터 떼어내어 봉인된 용기들 속에 밀폐시키거나, 자연이 어떻게 움직이는지 이해하기 위해 현상을 추상화하여 정교한 기구들을 통해 그것을 작동시키고 통제하며 측정하는 것은 매우 역설적이다. 그런 시도의 합당성은 당연한 것이 아니다. 그것은 자연적인 것과 인공적인 것 사이에 본질적인 차이가 존재한다고 주장했던 일부 스콜라 철학자들에 의해 이의가 제기되었다. **인공물들**과 자연적 산물들이 동일하며 실험실에서 합성된 산물이 땅에서 나오는 것과 동일하다는 것을 받아들이게 만들기 위해서 여러 세대의 연금술사들이 노력을 기울여야 했다. ‘인공적’ 산물과 자연적 산물의 특성들이 동일하다는 점을 입증하기 위해서 수없이 **검증들**(épreuves)을 해체하고 재구성하고 창안해야 했고, 온갖 종류의 시약들을 가지고 수없이 반복해서 두 산물을 테스트해야 했다. 요컨대 실험의 기술은 **논쟁**과 학파 싸움의 오랜 경험으로부터 비롯된다. 반박과 반론은 오늘날에도 실험적 창안에서 여전히 강력한 동력으로 남아 있다.

'인위적인' 것이 언제나 '자연적인' 것으로 향하는 왕도(王道)인 것은 아니다. 왜냐하면 그것이 지닌 풍요성의 영역은 논의의 여지가 없지만 실험과학에 한정되어 있기 때문이다. 예컨대 동물행동학이 보여 주는 바에 따르면, 자연적 환경 속에 있는 동물들은 실험자들이 문제들에 직면하게 만드는 동물들과 거의 관련이 없다. 사실 동물행동학자들의 실험들이 이론을 입증하게 되는 경우는 드물다. 그보다 그것들은 해석적인 추측들을 확인시켜 주는데, 그것도 동료들 사이의 논쟁보다는 관찰 기술로 귀결되는 인내가 수반된다(게다가 종(種)들과 문제들은 너무 많은데, 동료 학자들은 너무 적어 논쟁이 강제하는 자료수집이 수행될 수 없는 게 보통이다).

실험과학에서조차도 실험이 반드시 무언가를 보여 주기 위한 것은 아니다. 18세기에는 물리학연구실에 갖추어진 전기적 · 광학적 혹은 역학적 도구들을 가지고 살롱이나 장터에서 실험이 행해졌다. 무언가를 보기 위해서인가, 기분 전환을 하기 위해서인가? 실험은 우선 무엇보다도 작용들을 보여 주는 하나의 연출이며, 연극이다. 물론 아카데믹한 과학은 볼거리를 제공하는 연출들을 점차로 단념했고 실격시켰다. 파리왕립과학아카데미에서 사람들은 17세기말에 공개적 실험을 조장했던 호기심 체제로부터 궁극 목적에 따라 실험에 가치를 부여하는 유용성의 체제로 이동하고, 이어서 정밀성이 우선적인 기준이 되는 정확성의 지배로 이동한다.[40] 그러나 이것은 스펙터클하고, 나아가 오

---

40) 크리스티앙 리코프, 《과학적 실천의 조직. 프랑스와 영국에서 실험의 담론(1630-1820)》, 라 데쿠베르트, 1996.

락적인 측면이 **직접 참가**(실제 체험)가 성공을 거두는 **루나 파크**나 **사이언스 센터**에 한정된다는 것을 의미하지는 않는다. 그런 차원은 과학 연구 시설들에도 존재하지만, 스펙터클은 이제부터 전문적인 동료들에게 한정되며, 이들은 일반 대중과는 반대로 주의 깊게 바라다보아야 할 것을 정확히 볼 줄 안다.

왜냐하면 실험 행위가 출간물들, 활동 보고서들, 혹은 재정 요구서들——이것들은 확실하게 계층화된 목표들이 있는 체계적인 실험 캠페인들을 기술하고 있다——이 믿게 만든다고 생각되는 것과는 달리, 명확하게 규정된 유일한 목표에 항상 부합하는 것은 아니기 때문이다. 출간물들은 모든 실험이 입증을 목표로 이루어지고 있다고 생각하게 만든다. 그런데 실험실의 일상 활동에서 실험의 기능들은 훨씬 더 다양화되어 있다. 그것들은 설득시키고, 안심시키고, 통제하고, 명확히 하고, 탐사하고, 시도하고, 배우고, 요령을 배우는 것 등에 이용된다.[41] 연구자들의 분과 학문은 '출간할 수 없는' 많은 결과물들을 그들의 서랍 속에 남겨두도록 부추긴다. 왜냐하면 사람들이 그것들을 어떻게 해설할지 모르기 때문이다. 이러한 분과 학문은 이른바 '훌륭한 실험'을 보여 주려는 취향이나 정열을 감추는 경향이 있으며, 놀라운 일과 **뜻밖의 발견**에 열려진 실험들, 다소간 무턱대고 암중모색하는 그런 실험들의 탐험적 기능을 최소화하는 경향이 있다.

다시 말하면 해석은 출간을 위한 실험 결과 평가 체계에서 지배적인 역할을 한다는 것이다. 이와 같은 분과 학문상의 까다로운 요구는 결집을 용이하게 하지만 실험으로부터 끌어낼 수 있는 다양한 교훈들

41) 데이비드 굿딩 · 트레버 핀치 · 시몬 샤퍼(책임 편집), 《실험의 이용: 자연과학에서 연구》, 케임브리지대학출판부, 1989.

을 빈곤하게 만든다. 이것이 **대과학**이 실현시킨 실험 스타일에 의해 산출된 역설적 결과가 그 나름대로 예시해 주는 바이다. 고참 연구자들은 감성과 신뢰상 미묘한 문제들을 가지고 탐지기들을 조정하는 데 열정적으로 참여한다. 그러나 그들은 결과들을 면밀히 검토하는 틀에 박힌 임무가 (젊은) 연구자에게 맡겨지거나 강제될 때까지 더 이상 이 결과들에 '덤벼들지' 않는다. 마치 산출된 자료들이 '실험' 자체의 이익과 비교해 부차적이 된 것처럼 말이다.

사유 실험(Expérience de pensée)

빛의 속도로 여행하는 한 정령이 자신 앞에 거울을 들고 있다고 하자. 그는 자신의 반영체를 볼 수 있을 것인가? 한 어린아이가 태어날 때부터 고립되고, 그의 신체적 생존을 보살피는 사람들은 그에게 말하는 것을 삼간다고 하자. 그는 언어적으로 자신을 표현하는 방법을 자연 발생적으로 배울 것인가? 배운다면 어떤 언어로? 한 인간이 중국어로 메시지가 전달되는 방에 갇혀 있다 하자. 그는 중국어를 이해하지 못하지만, 일련의 장치들이 그로 하여금 중국어로 대답을 보내게 해준다. 하지만 그 자신은 자신이 대답하는 것이 무엇인지 알지 못한다. 그는 중국어를 식별하고 있는가?

이 3개의 사유 실험은 매우 상이하고, 그 차이는 우선 이 상상적 탐사 형태들이 비롯된 영역들의 차이를 나타낸다.

첫번째 실험은 아인슈타인에 의한 상대성의 창안과 관련된 것으로 그 날짜는 20세 초엽이다. 그러나 훨씬 더 오래된 실험들이 인용될 수도 있었을 것이다. 예컨대 동서남북으로 쏘는 4개의 대포, 혹은 움직이는 배의 돛대에서 떨어뜨린 유명한 돌 같은 것이다. 두 경우에 있어서 문제되고 있는 것은 지구의 있을 수 있는 움직임, 인간의 감각으로는 지각할 수 없는 그 움직임의 존재이다. 물리학에서 사유 실험들의 공통적 특징은 범주들이 실제적인, 다시 말해 이론적 가설(정령의 경우, 빛의 속도가 불변하다는 성격인데 아인슈타인은 그렇다고 단언한다. 그는 거울 속에서 자신의 모습을 볼 것이다)의 어떤 실제적 결과들을 연출하는 허구적 상황의 창조이다. 허구는 가설의 결과들을 위대하게 만들면서, 다시 말해 '진짜 세계'에서 이 결과들을 지각하지 못하게 만드는 것을 '사유를 통해' 제거하면서 작용한다. 따라서 사유 실험은 임의적이 아니라 허구적인 세계에 호소한다. 왜냐하면 이 허구적 세계는 오직 이론적 가설만이 생각하게 해주는 차이를 보여주기 위해 구상되었기 때문이다. 어떤 경우들에 있어서 사유 실험은 실질적인 실험들을 계획하기 위한 안내 역할을 한다. 예컨대 보일의 공기 펌프는 낮은 압력에서 금화와 깃털은 동시에 떨어진다는 것을 검증하게 해주고, 마찰의 역할에 대한 갈릴레오의 가설을 확인해 준다. 일련의 실질적 실험들은 양자역학에서 숨겨진 변수들과 관련해 벨이 상상한 사유 실험 이후에 실현되었다. 왜냐하면 알랭 아스페의 실험은 이 에피소드를 마감하게 해줄 만하다고 판단되었기 때문이다.

고립된 어린아이 이야기는 18세기로 올라가며 '늑대 아이들'이 그 대상이 되는 관심을 예고한다. 그러나 결과들은 쥐들 · 고양이들 · 개들 · 원숭이들에게는 무서운 것이었다. 새끼가 고문하는 어미에 의해 길러진다면 어떤 일이 일어날까라고 하로우는 질문한다. 그런 조건들에서 길러진 어미는 어떻게 행동할 것인가? 그는 (원숭이들을 가지고) 그 실험을 한다.[42] 권력의 위치에 있는 인간이 어떤 인간들에게 알지도 못하는 동류들을 고문하라고 요구한다면 어떤 일이 벌어질까라고 밀그램은 묻는다. 그는 자신의 대답을 얻는다. 오늘날 **윤리적** 규제 전체가 인간들과 어느 정도는 동물들을 실험자들의 상상력으로부터 보호하고 있지만, 이 규제들의 필요성은 의미심장하다. 사유 실험에

---

42) 피터 싱어, 《동물의 해방》, 그라세, 1953.

서 '그런데……이라면'은 여기서 이론적인 창안으로부터 비롯되는 것이 아니라, 호기심 많은 실험자의 전능에 대한 꿈으로부터 비롯된다. 이와 같은 사유 실험들은 그것들에 의미를 부여하는 이론과는 독립적으로 생각할 수 없는 관찰 가능성들을 연출한다는 의미에서 이목을 끄는 것이 아니다. 그것들은 가능성을 만들어 내는 것이 아니다. 그것들은 세계 속에서도 역시 일어날 수 있게 되어 있는 것의 통제된 (따라서 '결국은 과학적인') 생산을 상상하는 데 그친다.

'중국인의 방'의 실험은 존 설로부터 나온 것인데, 영미 철학의 과학성에 대한 의지를 전형적으로 보여 준다. 그것은 순수 언어의 세계를 존재케 한다는 의미에서 '논리주의적'이다. 사실 그것은 논쟁적 상황, 이 경우는 설과 인공 지능 주창자들을 대립시키는 상황과 불가분의 관계에 있는 순전히 추론적인 논지의 번역에 다름 아니다. 방 안에 감금된 인간은 컴퓨터의 기능을 '대신한다.' 그를 그곳에 데려다 놓은 것, 그가 그곳에서 체험하는 것은 주제를 벗어나 있다. 연출된 상황은 어떠한 탐구의 대상도 되지 않으며, 독자를 일차원적인 세계 앞에 고정시킨다는 것, 다시 말해 상대방의 주장이 터무니없음을 예시하려는 의지의 단순한 결실 이외의 다른 결과는 없다.

그러나 인간적 · 사회적 · 역사적 상황들과 관련된 사유 실험들은 풍부하다. 그것들은 물리적인 만큼 창조적일 뿐 아니라, 그것들이 관련된 사람들에게 흥미를 유발한다. 게다가 그렇기 때문에 그것들은 '과학적'인 것으로 인정되지 않는다. 그것들의 이름은 'S.F. sicence-fiction'이다. 왜냐하면 바로 이 S.F.에서 저자들은 자신들의 시대가 민감하게 만들어 주는 가능성들이 구체적 결과들로 칭송되고 전개되는 세계들을 창조하기 때문이다. 사실 S.F.의 저자들과 애호가들은 과학자들의 실천을 상기시키는 실천을 수행한다. 그들도 저널들, 대회들, 그리고 상들이 있기 때문이다. 그리고 저널에의 게재와 대회 참가는 과학에서와 마찬가지로 데뷔 작가에게 정상적인 길, 선배들이 인정하고 권장하는 그런 길을 구성한다. 많은 여성 작가들이 예전에는 여드름이 난 청소년들이 애호하는 독서와 연결된 S.F. 분야를 공략했다는 사실은 놀라운 일이 아닐 것이다. 가능한 것과 그럴듯한 것 사이의 차이는 그들에게 결정적으로 중요하기 때문이다. 그러나 주목해야 할 점은 이런 차이에 대한 교양은 인문 및 사회과학들에게도 역시 대단히 중요하다는 것이다. S.F.는 이 과학들에서 사유 실험들의 빈자리를 차지하는 것은 아닐까?

전문가(Expert)

경험(experientia)이 있는 자는 전문가이다. 이 일차적 의미는 삶과 직업의 공통된 경험을 통해 실무를 견뎌내는 수련이라는 관념에 토대하고 있는데, 오늘날에는 한 분야의 전문가(spécialiste)라는 보다 통상적인 의미에 의해 퇴색했다. 이와 같은 의미적 변화는 근대적 의미가 최초의 개념을 만들어 냈던 일상적 경험에 토대한 전문성을 실격시키는 경향이 있다는 주목할 만한 점을 간직하고 있다. 근대적 의미에서 전문가(expert)는 그(혹은 그녀)가 명시적 문제들에 대한 역량을 보여주는 한 **분과 학문**의 범주에서 학위 수여적 도야에 의해 규정된다.

본질적으로 전문가들의 사명은 법률적 · 상업적 일들과 금융적 혹은 의료적 업무들에서, 혹은 기술공학적 · 환경적 선택들에서 결정하는 데 도움을 주는 것이다. 이것이 말하는 바는 전문가가 결정권자들의 책임을 끌어들이는 숙고 과정에 소환된다는 것이다. '과학의 이름으로' 결정을 정당화하고 권위를 내세우는 돌이킬 수 없는 중재나 평결이라는 개념은 이와 같은 사명에 가장 낯선 것이다. 전문가의 보고는 결정권자를 구속하지 않는다. 비록 그것이 때때로 무언가를 말해준다 할지라도 말이다.

사실 법률 소송에 있어서 전문가에의 의존은 정치인들이나 미디어들이 전문가들에 의존하는 것보다 훨씬 명철하다. 후자들은 모든 주관성으로부터 벗어나 있고, 따라서 갈등을 초월할 수 있다는 **중립** 과학이라는 픽션을 흔히 이용하고 남용한다. 프랑스 법정에서 관례는 소송 당사자들이 단 한 사람의 전문가만을 부르자고 합의를 보지 않는 한 세 사람을 부르게 되어 있다. 전문가에 의한 평가는 언제나 반대 평가(contre-expertise)를 부른다. 이는 현명한 관례이다. 왜냐하면 전문가는 견해들, 다시 말해 정보가 제시된 판단이나 해명이 있는 견해를 표명하지만 이와 같은 견해는 언제나 하나의 관점을 표현하며, 이 관점은 마찬가지로 정보가 제시된 다른 관점들에 의해 균형이 잡혀야 하기 때문이다.

법률적 사건들과 마찬가지로 공적 이익이 걸린 문제들은 상이한 전문 영역들에 도움을 청하는 반대 평가를 요청해야 한다. 이 영역들이 학위와 자격의 부여에 의해 인정되지 않았다 할지라도 말이다. 왜냐하면 여기서 쟁점이 되는 문제들은 자격이 있는 전문가들이 확보되고 잘 정의된 과학적 문제들과 일반적으로 다르기 때문이다. 삶 · 사회 · 환경이 제기하는 문제들은 모든 요인들에 대한 통제가 확보될 수 있는 실험실의 상황들과 거의 닮아 있지 않다. 유전자 변형 생물체의 문제나 비행장 주변의 소음 공해의 문제는 '과학적 평결'과 '비합리적 두려움' 사이의 전통적 분할에 맞지 않는다. 합당하게 제기된 문제들은 다양한 영역들을 휩쓸고 가며 더없이 철저한 문제 제기들을 몰고 올 수 있다. 항공 운송로의 저항할 수 없는 강력한 부상을 내세워 '용인할 만하다'고 판단된 불편을 주민들로 하여금 감수하게 만드는 것이 허용되는가? 우리는 기업들에 완전히 종속된 농업을 받아들이는가? 이런 문제들은 모인 전문가들의 선택에 따라 제기될 수 있거나 묵과될 수 있다.

전문가들과 문외한들의 구분은 **혼성 포럼**들에도 불구하고 오늘날에도 여전히 통용되고 있는데, 과학을 별도의 세계에 거리를 두고 유지함으로써 그것을 지속적으로 신성화하도록 이끄는 픽션이다. '과학자'와 '전문가'가 마치 동의어인 것처럼 두 용어를 사용하는 것은 둘 다 권위 있는 인물로 변모시킴으로써 그것들의 개념을 모욕하는 것이다. 전문가들의 체제는 하늘에서 내려온 권위가 부여된 군주의 지배가 아니다. 한 전문가의 결론들은 언제나 그의 전문 영역을 벗어나며, 그의 책임을 끌어들인다.[43] 그러나 이러한 책임 문제는 아직은 더듬거리는 상태에 있으며, 감염된 피의 사건과 같은 스캔들이 일어날 때에만 제기된다. 그리고 과학적 공동체들은 그들 가운데 하나라도 문제가 될 경우 두둔하는 지나친 경향을 보이고 있다. 그러나 법정의 사례가 보여 주는 것은 전문가의 견해가 토의적이고 항상 복수적인 **민주주의** 체제와 양립할 수 있다는 점이다. 정부가 어떤 문제들을 민주적인 불확실성에 넘겨 주기에는 너무 심각하다고 판단하지 않는다면 말이다.

43) 필리프 로크플로, 《지식과 결정 사이. 과학적 전문 평가》, INRA 출판사, 1997.

사실(Fait)

과학에 대한 빛나는 전설은 과학적 합리성과 사실들의 존중을 일치시키고 있다. 그것의 기원은 갈릴레오의 유명한 "그래도 지구는 돈다"이다. 이 말은 철학적 억설들의 '종이 세계'를 사실들의 세계에 대립시켰고, 한 인간이 사실들을 지니고 있다면 수많은 수사학자들을 이길 수 있다는 것을 예고했다. 물론 수사학의 멋진 예이지만, 다소 새로운 유형의 수사학이다. 인간의 논거들에 무심한 고집불통의 집요한 사실들의 힘은 근대 과학의 중심 동기가 되었지만 사실 이 힘은 일반의 속성이 아니라고 생각된다. 실제 하나의 사실에 힘을 실어 주는 각각의 부여는 실험적 사건을 구성하고, 그것에 부여되는 중요성은 쟁점이다.

어원적으로 '사실,' 즉 **파툼**(fatum)이란 낱말은 행동 · 생산 · 제조를 지시한다. 사실들이 제조된다는 것은 이런 관점에 볼 때 군말이다. 설사 철학자들(칸트로부터 바슐라르를 거쳐 상대주의적 사회학자들에 이르기까지)의 기나긴 계보가 자연이 과학자들에게 쟁반 위에 제시한 '순수한 사실'이 허구라는 충격적 발견을 반복했다 할지라도 말이다. 배타적으로 '중립적' 사실들의 통계와 누적을 토대로 한 방법론을 채택하는 과학자들은 이런 측면을 악의적인 공격으로 느낄 수 있다. 그러나 사실들의 힘을 찬양했던 실험자들은 **실험실의 실험**을 통해 산출된 사실이 인간의 질문에 대한 대답을 연출하는 데 목적을 둔 **장**

치를 수단으로 해서 제조된 것이라는 점을 잘 알고 있다. 따라서 실험적인 모든 사실은 실험자한테 준비 · 연출 · 측정의 기술을 요구한다.

중요한 사실들이 제조된다는 것은 문제가 아니다. 사실의 제조가 이같은 방식과 다른 방식 사이의 차이를 나타내는 가치들을 함축하기 때문에 사실들과 가치들 사이의 그 유명한 대립이 성립되지 않는다는 것도 문제가 아니다. 문제는 근대 과학보다 훨씬 오래된 무거운 대립, 즉 사실적인 것과 제조된 것(인위적인 것)의 대립이다. 제조된 존재, 즉 인공물은 전적으로 제조자의 의도 · 계획 · 목적으로 귀결되게 되어 있다. 괘종시계는 적절하게 배치된 자동력 없는 톱니바퀴들이 하나의 괘종시계를 구성한다는 사실에 대해 유일하게 책임이 있다. 오직 '물신주의자들' 만이 그들 자신이 제조한 것을 경배하며, 물신들의 고발은 유일신교들과 근대적 이성 사이의 지속적인 논쟁의 맥락을 그려낸다.[44)]

따라서 문제는 "그건 제조된 것인가 아닌가?"가 아니라, "그 제조가 어떤 행동의 성격을 띠는가?"이다. 왜냐하면 그것에 다음과 같은 부수적 질문에 대한 대답이 달려 있기 때문이다. "그것은 잘 제조되었는가, 잘못 제조되었는가?" 한편으로 성모 마리아에게 자신들의 삶을 바꾸어 달라고 요구하는 순례자들의 행동과, 다른 한편으로 어떤 현상의 원인이 되는 인자(분자 · 신경 단위 혹은 단백질)를 자신들의 실험에 요구하는 실험실 과학자들의 행동을 과감하게 비교해 보자. 물론 "네 믿음이 너를 구원했다"는 성서의 말씀을 잘 알고 있는 순례자들은 '성공한' 순례를 어떻게 평가하는지 알고 있다. 그들은 '믿음'

---

44) 브뤼노 라투르, 《물신들의 근대적 숭배에 대한 소고》, 레 장페셰르 드 팡세 앙롱, 1996, 그리고 《판도라의 희망》, 라 데쿠베르트, 2001.

(인간적인 인과 관계)과 '성모 마리아'(초자연적인 인과 관계) 사이의 어떠한 분리도 조심스럽게 피한다. 반면에 과학자들은 2개의 강박 관념이 있다. 그는 **인공물**(제조자는 책임자이다)과 '제안'[45](문제는 대답의 기회가 아니었고 대답을 야기시켰다)이라는 '잘못 제조된' 사실들을 두려워한다. 그리하여 그나 그의 동료들은 분리를 강제하는 증거들을 만들어 내는 데 전념한다. 탐구된 것이 대답에 유일하게 책임이 있는 것으로 인정되어야 하는 것이다.

갈릴레오는 틀리지 않았다. 그가 입문시켰던 실천에서 사실들은 우선권이 있다. 반면에 우리는 논쟁의 여지가 있는 수사학적인 비약, 다시 말해 사실들의 종국적으로 정당한 힘을 수사학의 인위적인 힘에 대립시키는 그런 비약 속에서 그를 따라가서는 안 된다. 그가 알리는 실천은 새로운 것이다. 그것은 근거에 대한 정의를 알리며, 이 근거의 위대함은 따지기 좋아하는 사람들이 승복하지 않을 수 없는 그런 방식으로 제조된 사실들을 요구하는 것이다. 그들이 '다른 근거들을 찾지'[46] 않고도 승복하지 않을 수 없는 방식으로 말이다.

---

45) 이자벨 스탕저, 《마법과 과학 사이의 최면》, 레 장페셰르 드 팡세 앙 롱, 2002.

46) 이자벨 스탕저, 《근대 과학의 창안》(1993), 플라마리옹, '샹' 총서.

믿음(Foi)

근대 과학의 탄생은 보통 갈릴레오와 보일에 연결된다. 두 사람 다 전통적 권위에 도전하여 실험적이고 진취적인 방식들을 창안하고, 사실(보일의 경우, matter of fact)의 중차대한 성격을 주장한 선구자들이다. 따라서 이와 같은 탄생을 이성 앞에서 믿음의 패배라고 특징짓는 데는 한걸음만이 남아 있다. 건너뛸 필요가 없는 한걸음 말이다.

갈릴레오가 미국인들이 오늘날 노마(NOMA; non overlapping magisteria)*라 부르는 것을 예고하는 합의를 제안할 때, 그의 성실성을 문제삼을 아무런 이유가 없다. 새로운 발견은 구원의 길, 선과 악의 문제들과 관련되기 때문이다. 그것의 권위는 신이 창조한 세계를 대상으로 하지 않는다(적들의 살육을 마감할 수 있기 위해 태양을 정지시키는 여호수아의 이야기는 태양이 지구를 중심으로 움직이고 있다는 사실을 입증하지 않는다). 보일의 경우, 그가 전적으로 명백하게 입증하려고 시도했던 바는 근본적으로 불활성이고 궁극 목적이 없는 물질의 개념이 아리스토텔레스의 물질들보다 창조주인 신의 영광에 더 적합하다는 것이다. 아리스토텔레스의 물질들은 그 나름의 목적을 부여받고, 따라서 신의 의지에 대해 자율적이다. 기계적으로 분석할 수 있고 괘종시계 같은 세계의 이미지는 시계상, 다시 말해 톱니바퀴들을

* 과학과 종교가 고유 권한을 상호 침해하지 않은 비중첩 교육 권한 영역을 말함.

배열하여 전체적으로 하나의 의미 작용을 획득하도록 만든 사람을 함축한다. 이 의미 작용은 고립적으로 떼어낸 각각의 톱니바퀴에는 낯설다. 괘종시계의 완벽성은 시계상의 완벽성을 말한다. 게다가 이는 디드로가 《달랑베르의 꿈》에서 개진하는 논지이다. 배자(胚子)가 자연 발생적으로 분화하는 능력은 기계론적 철학의 신전을 무너뜨리게 해야 할 뿐 아니라 이 철학이 그 필연성을 끌어들이는 창조주 신의 사원을 무너뜨리게 해야 한다는 것이다.

보일과 뉴턴과 관련해 말하자면 상황은 훨씬 더 복잡하다. 왜냐하면 이제 우리는 또 다른 믿음, 즉 연금술사들의 믿음이 그들의 작업에 방향을 주었다는 것을 알고 있기 때문이다. 이 믿음은 추종자들을 잃어버린 비밀, 다시 말해 입문자를 신의 힘과 의지의 조작자로 만들어 준다는 그 비밀을 찾지 않을 수 없게 만드는 것이다.

믿음과 과학의 분리를 주장한 사도였던 갈릴레오는 완전히 승리했던가? 이에 대한 대답은 나라들에 따라 다르다. 영국에서는 19세기 내내 기독교적 믿음과 과학의 진보 사이에 깊은 일치가 있음을 입증하려고 한다(이로부터 다윈의 스캔들이 비롯되었다). 이 나라에서 유신론(과학이 견해상의 갈등들을 초월하듯이 종교들 사이의 불일치를 초월하는 신에 대한 합리적 정의)은 오늘날에도 여전히 통용되는 태도이다. 반면에 프랑스에서는 갈등이 정치적이다. 세속적인 것으로 규정된 과학은 국가와 단단하게 결탁하고 있으며, 국가처럼 종교적 믿음의 문제들을 개인적인 일, 공적인 질서와 충돌해서는 안 되는 그런 개인적인 일로 취급한다. 이러한 관점에서 의미심장한 것은 다윈에 대한 프랑스인들의 긴 저항이 인간은 원숭이와 아무런 관계가 없다는 것을 주장하는 모럴리스트들보다는 개미들의 눈이나 본능의 완벽성을 배자의 이름으로 주장하는 생물학자들로부터 왔다. 상관적으로 볼 때,

프랑스에서 다윈의 승리는 생물학자들의 조직이라는 유일한 영역에 대해 이루어졌다. 이와는 대조적으로 미국인들에서 자연도태의 중요성과 한계는 개방된 문제로 남는다. 그럼에도 모든 사람들은 성서의 권위가 이와 관련해 인정되어야 한다고 요구하는 창조주의자들을 몽매주의의 안개 속으로 내몰아야 한다는 데는 일치하고 있다.

그러나 믿음의 주제는 또 다른 방식으로 살아남았다. 지식의 동력으로서의 믿음은 막스 플랑크와 에른스트 마흐가 벌인 논쟁의 중심에 자리한다. 플랑크에 따르면 물리학자는 세계의 이해 가능성에 대한 믿음이 있으며, 이 믿음이 그의 창조성을 조건짓는다. 마흐가 주장한 비판적 합리성은 플랑크에 따르면 물리학자들의 이와 같은 신뢰를 잠식하고 물리학을 메마르게 한다는 것이다. 대략 같은 시기인 1907년에 철학자 아벨 레이는 자신으로 하여금 물리학 이론에 관한 박사 학위 논문을 쓰도록 부추긴 것은 "19세기말의 신앙 절대주의적이고 반주지주의적인 운동"이었다고 고백한다.[47] 레이가 볼 때, 피에르 뒤엠의 '정교하고' 비판적인 접근은 뒤엠이 과학 이외의 다른 곳, 이 경우 가톨릭 종교에 믿음을 두고 있다는 것을 분명히 나타냈다. 레이는 뒤엠이 분석을 잘못했다고 주장할 수 없었으나, 근면한 과학자들 집단의 결집을 약화시킬 수 있는 그의 문제들이 지닌 해로운 성격을 비난했다.

오늘날 거의 몽유병적인 유형의 맹목적인 믿음이 과학적 기획에 유리하게 작용한다는 관념은 쿤이 내놓은 **패러다임**의 개념과 더불어 귀

---

47) 아벨 레이, 《현대 물리학자들의 물리학 이론》, 펠릭스 알캉, 1907. 뒤엠의 대답, 〈신앙인의 물리학〉, in 《물리학 이론, 쟁점과 구조》(1914) 제2판, 1981년 브랭사에서 재출간, p.473-509.

족 작위 수여증을 받았다. 과학자들의 비판적 정신을 찬양했던 일부 과학철학자들의 큰 스캔들에 쿤이 보여 준 것은 젊은 과학자들의 분과 학문적 교육이 명백성의 방식으로 분과 학문상의 문제들에 동조하는 방법을 그들에게 가르치고 있다는 점이다. 즉 기존 지식에 대해 신뢰하며, 자신들은 일하는 데 논쟁을 일삼는 지나치게 정교한 사상가들을 불신하고, '큰 문제들'의 유혹에 저항하며, 과학을 가로지르는 사회적 · 정치적 쟁점들에 불안해하지 않는 방법을 가르치는 것이다. 이것이 과학의 진보를 위해 지불해야 할 대가라는 것이다. 이와 관련해서 보면 과학사마저도 위험하다. 왜냐하면 그것은 공동체를 결집시키는 신뢰를 잠식하기 때문이다.

함수(Fonction)

수학적 함수의 개념은 미적분을 발견한 이래 물리학에서 매우 적용 범위가 넓어 거의 공생적 관계에 대해 언급될 정도이다. 물리학자들은 이를 기회로, 자신들을 위해 변수들을 유기적으로 연결하는 방식들을 만들어 내기까지 했다. 이어서 이것들을 자신들의 고유한 요구사항들에 부합하는 언어로 일반화시키고, 검증하고, 공식화한 것은 수학자들이다. 상관적으로, 수학에서 새로운 유형의 존재들, 예컨대 복소수나 행렬의 창조는 물리학자들로 하여금 실험적으로 적합한 유기적 결합을 가능하게 함수들을 변수들 사이에 구축하게 해주었다.

공생의 다산성은 매우 크기 때문에 다음과 같은 철학적 문제를 야기한다. 즉 물리학이 연구하는 자연과 수학 사이에 이와 같은 '친화성'을 어떻게 이해할 것인가? 우리가 물리학에서 실험과 이 문제가 결합된 그 결속을 고려하면 이 문제의 다소 사변적인 성격은 사라진다. 실험물리학에서 성공한다는 것은 또한 '함수화'를 가능하게 한다는 것이다. 과연 성공이 의미하는 바는 연구된 현상이 실질적으로 '변동화' 된다는 것이다. 이 변동화는 변수들, 다시 말해 독립적이면서(각각의 변수는 그것의 규정과 양립할 수 있는 모든 가치를 **선험적으로** 지닐 수 있다) 유기적으로 연결된(각각의 가치는 다른 모든 변수들의 가치에 의존한다) 변수들로 규정되는 것이다. 이 변수들 가운데 어떤 것들은 조작 가능성들에 부합할 것이고, 다른 것들은 이로부터 결과되는 것에 부합할 것이다. 따라서 현상은 이 변수들을 유기적으로 연결하는 하나의 함수에 의해 나타내질 수 있다. 그리하여 일반적으로 인정되고 있는 것은 이와 같은 함수화가 동일성과 변화를 동시에 드러낸다는 점에서 설명의 가치가 있다는 점이다.

이것은 '함수화' 가 일반화될 수도 있으며, **원인**의 개념을 형이상학적 골동품들을 파는 가게로 보내 버릴 수 있다는 것을 말하는가? 또 경험적으로 합당한 중립적 작용은 형이상학적 개념을 제거했어도 된다는 것을 말하는가? 물론 데이터 전체는 '이것은 저것의 함수' 라는 결론에 실제로 도달할 수 있다. 그러나 이때 데이터들은 다양한 함수들과 언제나 양립할 수 있다는 점에서 방법론적 문제들이 제기된다. 하나의 함수를 관찰된 데이터들에 입각해 확인하려 할 때마다 제기되는 것은 데이터들의 '하위 결정(sous-détermination)' 이라는 커다란 문제이다. 달리 말하면, 함수를 통한 표상은 관찰된 것에 대한 많은 가능한 해석들 가운데 다만 하나에 부합한다는 것이다.

그러나 함수의 개념이 일반화할 수 있는 것처럼 보인다면 아마 그 이유는 그것이 우리의 서술 속에 자리잡고 있는 또 다른 개념, 즉 '역할' 의 개념에 외관상 과학적 의미를 부여해 주기 때문이다. 하지만 각각의 행위자가 하는 역할들이 변화하고 간섭할 수 있을 때에만 흥미가 있는 서술과는 달리, 함수는 그것의 변수들에 안정적이고 확실하게 규정된 역할을 부여한다. 그렇기 때문에 실제로 함수 개념의 일반화는 원인 개념에의 의존보다 훨씬 더 많은 전제들을 간직하고 있다. 이 의존은 환원 불가능한 다의성의 이점이 있다. 하나의 사물은 어떤 사람의 행동의 '원인' 이라 말해질 수 있으리라. 이 인물이 이 경우 그 사물에 부여하는 역할이 행동을 설명한다는 점에서 말이다. 반면에 이 행동을 그 사물의 함수로서 이야기한다는 것은 인물과 계기가 괄호 속에 넣어질 수 있다는 것을 함축한다.

그러나 어떤 경우들에 있어서 함수의 개념은 매우 합당한 문제들을 제기한다. '생물학적 함수(기능)들' 이 그런 것인데, 이것들은 인공 지능적 혹은 생화학적인 모델들에 의해 명백히 밝혀질 수 있다. 따라서 각각의 요소에 하나의 줄거리 속에 있는 행위자의 역할이 부여된다. 어떤 참여자는 다른 참여자의 생산을 '제지하고,' 이 다른 참여자의 부재는 무언가를 '가동시킨다.' 함수의 우위는 우리가 엄밀하게 말해서 효소나 단백질을 '계수(인자) x' '계수(인자) n' 이라고 명명하는 데 그칠 정도이다. 이것들의 존재는 하나의 함수(기능)를 활성화시키거나 제지한다. 그러나 이러한 함수(기능)들은 실험물리학의 그것들과 동일시될 수 없다. 왜냐하면 생물학에서 함수(기능)가 무엇보다 지칭하는 바는 유기체에게 하나의 표준, 나아가 가치라는 것이기 때문이다. 그것은 이 유기체가 전체적으로 유지하는 데 성공하는 방식과, 병리현상 발생의 경우 일반적으로 자신의 적합성을 상실하는 방식을 기술한다.

역사적 서술이 생명체들 · 민족들 혹은 인간들 가운데 그 어떤 것들을 문제삼든 이 서술에서도 역시 당연히 우리는 함수(기능)들을 확립할 수 있지만 함수적(기능적) 관계들은 덜 안정적이다. 사실 그것들은 다윈적 진화의 오랜 작용에 의해 선별되고 안정화된 것이 아니다. 역사적 '인자들' ——계급 관계 · 습관 · 교육 방식 · 일의 분할 등——의 작용은 끊임없이 변화를 겪게 되어 있다. 그런 만큼 '함수' 의 개념은 두 항 사이의 분명하지 않은 관계라는 취약한 의미로만 사용될 수 있다. 물론 이 관계는 설명해 주지만 그것이 계속해서 유지되는 정도에서만 설명해 준다.

(혼성) 포럼(Forum (hybride))

혼성 포럼이라는 개념은 최근에 나온 것이며, 몇몇 국가들(특히 덴마크)에서는 다소 안정되고, 다른 나라들에서는 실험적인 제창들, 다시 말해 시민들이 자신들과 관계가 없는 것에 끼어들 수 있게 해주는 그런 제창들 전체를 가리킨다.[48] 아니 보다 정확히 말하면 당연히 시민들과 관계가 있는 것이다. 왜냐하면 이 제창들은 집단의 미래를 문제삼는 상황들을 나타내기 때문이다. 따라서 시민들은 모든 입장 표명에 필요한 전문적 자질이 결여되어 있다는 구실로 이와 같은 상황들을 관리하는 일을 **전문가**들에게 더 이상 맡겨서는 안 되는 것이다.

혼성 포럼의 가장 고전적 형태는 '시민 협의회'이다. 이 협의회에서는 여러 사회 문화계들을 대표하는 자원자들 가운데 추첨으로 선발된 사람들이 대립중인 참석 당사자들의 이야기를 청취하고 질문을 한 뒤 논쟁이 되는 문제에 대답하도록 되어 있다. 참석자들은 또한 '공유 장소'(어떤 거리, 강과 그 유역 등)의 사용자들일 수 있으며, 이들은 자신들의 상호간 이견들을 서로 청취하고 인정하려 하며 필요한 경우 분명하고 정연한 제안에 이르고자 한다. 아니면 그들은 개발 정비 계획(도로 · 비행장 · 쓰레기 처리장 · 핵폐기물 매장)과 관련된 지역의 주

---

48) 미셸 칼롱 · 피에르 라스쿰 및 야니크 바르트, 《불확실한 방식으로 행동한다는 것. 기술적 민주주의에 대한 시론》, 쇠이유, '라 쿨뢰르 데 지데' 총서, 2001.

민들일 수 있다.

정치적 혁신으로서 혼성 포럼은 과학자들과 엔지니어들과 같은 전문가들의 양성 방식에 심층적으로 영향을 미치지 않을 수 없을 것이다. 고전적인 양성에서는 아무것도 이런 포럼들이 연출하는 논쟁 유형에 그들을 적합하게 만들지 않는다. 그보다 그들에게 주어지는 것은 자신들의 입장의 정당성을 결코 의심해 보지 않은 채 어떤 반박들을 경멸적으로 다루거나 무시하는 습관이다. 혼성 포럼들은 정치적 · 행정적 권력들보다 심층적인 변모를 함축한다. 왜냐하면 이제부터 중요한 것은 결정의 질을 반대 평가들의 존재와 연결시키는 것이기 때문이다. 이 반대 평가들이 신생 집단들에 의해 지지되었든 생성되었든 말이다. 따라서 혼성 포럼들은 권력의 보유자들이 떠오르는 집단들을 받아들이고 지지하지 않을 수 없게 만들 수 있을 민주주의 한 버전을 실어오고 있다. 이 집단들이 그들 보유자들의 삶을 복잡하게 되어 있지만 말이다.[49]

그러나 이런 측면은 가능성에 불과하다. 이 가능성을 옹호하기 위해서는 물론 '혼성 포럼' 이라는 표현의 유행과 성공을 너무 신뢰하지 않아야 한다. 유행하는 모든 표현이 그렇듯이, 이 표현은 다양한 반전들, 그것으로부터 모든 흥미를 없애 버릴 위험이 있는 그런 반전들의 대상이 된다. 한쪽의 극단에서는 일부 경제학자들이 전형적인 혼성 포럼은 시장이라는 점을 주장하기 위해, '혼성' 이란 용어를 독점한다. 이 용어는 사람들이 서로 다른 인간들이 결집하고 참가자들의 이질성에 기대를 건다는 것을 의미한다. 관할을 잘해야 된다는 것을 내세워

49) 안 코펠, 《마약을 문명화시킬 수 있을까? 마약 퇴치 운동에서 위험의 축소로》, 라 데쿠베르트, 2002.

세계은행은 정부를 상대하는 것이 아니라, 한 상황의 상이한 **스테이크호울더들**(skateholders; 이해 당사자들)의 일반 이익을 표현하게 되어 있는 혼성 포럼을 상대하겠다고 요구하기 시작한다. 이것이 '딱딱한' 것처럼 나타나는 모든 것을 쇼트시키고, 보이지 않는 손의 메커니즘('최적의 타협'은 이기주의적인 이해 관계들로부터 나타날 것이다)을 정치적 결정에까지 확대하는 훌륭한 방식이다. 다른 한쪽의 극단에서 기업계나 직업 집단들은 혼성 포럼을 어떤 계략으로, 다시 말해 대표적인 인물들을 호출해 그들 기업계나 직업 집단들과 관련이 있는 문제를 연출하기 위한 계략으로 간주한다. 그들은 입장들의 개진이 있고 나면 이들 인물들에게 분명하게 설명된 견해를 요구하게 되고, 그들의 계획을 위해 확실하게 다가온 선전을 확보하게 된다. 이 두 극단 사이에 하나의 포럼이 민주적인 협의의 한 단면이나 나아가 패러디만을 제공하는 많은 수단들이 있다.

이처럼 위협적인 성공에 직면하여 몇몇 구속 요소들을 분명히 밝힐 필요성이 있다. 이 구속 요소들은 만족스럽지 못할 경우 혼성 포럼의 개념이 지닌 의미 자체를 파괴하는 것들이다.[50] 한편으로 자료들을 모아서 협의회나 포럼 때 제기된 문제들을 공식화하는 전문가 유형의 문제가 제기된다. 모든 관심이 시민들을 대표하는 표본에 집중되지만 이 시민들이 전문가들, 다시 말해 본질적인 면에서 일치하는 전문가들을 상대하는 시민 협의회들이 존재한다. 이런 의미에서 기획은 '교수법'의 형태이다. 사람들은 이미 내려진 결정을 받아들이게 하며, 약간의 외관적 손질을 해 그것을 조절하는 데 만족한다. 따라서 일차적인 구속 요소는 정보가 제공되고 분명하고 상이한 입장들을 실질적으로

---

50) 브뤼노 라투르, 《자연의 정책들》, 라 데쿠베르트, 1999.

제시하는 것과 관련된다. 이 요소는 집단들, 다시 말해 "여러분이 원하는 곳에 하십시오, 그러나 우리 지역에서는 안 됩니다"(나의 근처에서는 안 된다는 님비의 징후)라고 '투덜' 대거나 말할 수 있을 뿐 아니라 다른 사람들이 거부하거나 소홀히 하는 상황의 측면들에 속하는 입장을 방어할 수 있는 집단들의 출현 메커니즘들의 중요성을 함축한다.

다른 한편으로 주역들을 끌어모으는 문제는 실질적으로 개방되어야 하고, 그것도 적절한 모든 차원들에서 개방되어야 한다. 공권력의 경우 다만 몇몇 방식들만 논의되도록 문제의 '범위를 한정' 하고 싶은 유혹이 크다. 혹은 주역들이 그들과 관련이 없는 것에는 끼어들지 않고, 그들 자신의 이익을 방어하게끔 부추기고 싶은 유혹이 크다. 그리하여 유전자 변형 생물체의 경우를 보면, 시민들이 식생활의 질에 관심을 보이는 것이 받아들여지게 되지만, 그들의 일은 먼 나라들의 토지 경제에 유전자 변형 생물체가 미치는 결과에 대해 탐구하는 것이 아니다. 반대로 혼성 포럼은 지식인들을 (경멸적으로) 규정하는 데 소용되는 행동을 다른 방식으로 활성화시켜야 한다. 드레퓌스 사건 때 그들과 관련이 없는 일에 끼어드는 방법을 배웠던 지식인들처럼 말이다.

마지막으로 회합 자체가 엄격한 절차에 부합해야 한다. 절차법의 승리를 말하자는 것이 아니다(절차가 존중되었다면 결정은 유효하다). 이 절차는 다분히 실험적이다. 그리고 그것은 상호적 수련과 본질적으로 실용적인 창안이 필요한 작업과 밀접한 관계가 있다. 실제 그것은 회합의 통상적 형태들과 차이를 만들어 내야 한다. '선의' 를 지닌 사람들을 끌어모아 각자에게 '자신의 의사를 표현할 수 있는 자유' 를 부여하게 되어 있는 집회들에서 가장 '강한 자들' (염치없고 집요한 수다쟁이들이나, 오만한 자들)은 대립하는 반면에, 다른 사람들에게 토론은 피곤하고 무력하다는 일반적 감정에 빠져든다. 입장들이 본래적 의미에서 성공적으로 개진되도록 하는 것, 이것이 포럼의 도전이다.

이와 같은 구속 요소들에 의해 규정된 혼성 포럼은 정치적인 중요성뿐 아니라 인류학적인 중요성을 지닌 기획이다. 그것은 공포에 사로잡힐 수 있으며 안심하기를 기다리는 군서적 군중, 정치적 삶을 지배하는 군중(특히 프랑스에서 그렇다. 체르노빌의 먹구름은 프랑스 국경을 넘지 않을 수도 있었다)의 이미지와 싸울 수 있다는 내기를 한다. 혼성 포럼은 극적으로 만든다(dramatiser)는 말이 상황의 상이한 요소들에 의해 수행되는 이질적이고 나아가 갈등적인 역할들을 전개한다는 뜻을 지닌다는 의미에서, 곧 기술적인 의미에서 문제들의 '극화'를 노린다. 그것은 모순들이 항상 극복될 수 없는 것은 아니며, 일반 이익을 대변하기 위한 중재인을 항상 찾아야 한다는 내기를 한다. 그것은 극화가 쟁점이 되는 문제에 대한 입장과 주역들을 변모시킬 수 있다는 내기를 한다. 이런 의미에서 혼성 포럼은 아프리카 사회들에 특유한 '집회'에서 작용하는 테크닉들을 활성화시킨다. 이 집회에서 각각의 참여자는 세계의 한 이치를 정당하게 대변하지만, 어느 누구도 이 이치가 어디로 통하는지도 어떻게 통하는지도 알지 못한다.

광인(Fou)

문학 작품들 속에서 흔히 미친 과학자는 지하실에서 절대적인 무기나 장수의 영약을 만들어 내는 고립된 천재로 나타난다. 분명 이런 소설적 이미지는 사실과 다르다. 물론 자신들이 새롭고 혁명적인 지식을 제안했는데, 독단적이거나 질투심 강한 동료들에게 부당하게 무시당하거나 학대받았다고 확신한 채 고립된 과학자들이 존재한다. 그러나 그들을 '미친 과학자'로 만드는 것은 '이해받지 못한 천재'의 끔찍한 운명이 아니라 바로 이러한 확신이다. 정당하거나 부당한 이런저런 이유로 해서 그들의 제안은 동료들에 의해 무시되었거나 자격 미달인 것으로 취급되었으며, 그들의 업적은 **인용**되지 않았고, 아무도 그 이유를 그들에게 설명하는 수고를 하지 않았으며, 아무도 그들에게 대항하는 논지를 구축하는 수단을 취하지도 않았다. 과학자가 전형적인 '광인이 된다는 것'은 이와 같은 거절에 직면하여 실패나 무력감의 감정이 모두에 대항하는 것이 옳다는 확신으로 넘어가는 것을 말한다. 여기서 '광기'는 기술적 의미에서, 다시 말해 그것이 공동체로부터 배제된다는 의미에서 광기이다. 그런데 이 광기의 희생자인 과학자는 일반적으로 밀어붙이기 쪽으로 내달리며, 이와 같은 밀어붙이기는 동료들이 보기에 그가 진정 상대할 수 없는 존재라고 확인해준다. 그리하여 그가 그들에 대항하여 여론이나 미디어에 과감하게 호소하는 경우, 그들이 볼 때 받아들일 수 없는 사례의 절정에 이르게 된다. 그는 바로 공동체가 받아들이지 않은 가설로부터 비롯되는 연구를 계속하면서 더욱더 '광기'에 빠진다.

선별과 배제의 과정, 다시 말해 받아들일 수 있는 것과 없는 것 사이의 선별 과정은 오늘날 그 어느 때보다 전적으로 익명적이며, 실제로 사람을 미치게 만드는 무언가를 함축한다. 그런 만큼 그것은 돌이킬 수 없다. 문외한이 과학자에게 왜 동료들 가운데 어떤 사람의 논지가 진지하게 받아들여지지 않는지 묻는다면, 그는 과학자가 사실상 대답을 할 수가 없는 경우가 흔히 있기 때문에 그만큼 더 격렬한 매정한 거절에 직면한다. 그가 다만 알 수 있는 것은 "모든 사람이 알고 있는" 것이고, 그것이 **신뢰**할 수도 믿을 만하지도 않다는 것이다. 더 고약한 점은 그런 질문 자체가 예의에 어긋나는 것으로 느껴진다는 것이다. 각자가 집단적 판단을 개인적으로 정당화할 수 없는 그 무능력은 동료들의 순응주의에 관련해 이단자의 논지들을 확인해 줄 수 있다는 점에서 말이다.

그러나 과학계에서 가치가 부여되는 다른 유형의 '광기'가 있다. 그리하여 최초의 실험적인 원자폭탄이 터지던 순간에 불안의 전율이 로스 알라모스에 모인 과학자들을 훑고 지나갔다는 이야기가 전해진다. 그와 같은 집중된 에너지가 지구에 방출되려 한 것은 처음 있는 일이었다. 지상의 대기는 아직 알려지지 않는 어떤 메커니즘의 효과에 의해 타오를 것인가? 전하는 바에 따르면, 대과학자 페르미는 이것을 배제할 수 없다는 것을 인정했으나, 실험은 너무 훌륭해 시도되지 않을 수 없었다고 단언했다……. 자신의 신념을 집요하게 지키는 과학자의 광기보다 훨씬 더 위험한 이런 광기는 연구자를 공동체로부터 배척하지 않고, 반대로 용감하고 비전 있는 영웅의 이미지를 빛나게 한다.

사기(Fraude)

과학에서 사기는 나쁜 행동일 뿐 아니라 과학적 연구의 기능을 위험에 빠뜨리는 심각한 위협이다. 과학적 연구는 동료의 주장, 그가 제시하는 논거의 힘, 그의 숨겨진 약점들과 관계된 비판적인 주의력을 요구한다. 그러나 그것은 불신을 전제하지는 않는다. 대개의 경우 동료가 측정했고 관찰했다고 주장하는 것이 의심받지 않으며, 그가 이로부터 끌어낼 수 있다고 생각하는 결과물들만이 의심받는다. 그렇지 않을 경우, 동일하다는 것을 받아들이기 전에 그것을 '반박하는' 모든 실험을 제시해야 할 것이고, 그렇게 되면 과학의 힘을 만들어 주는 집단적 기능은 단죄될 것이다.

스티브 샤핀은 과학자들이 정직해야 한다는 의무를 '진리의 사회사'의 중심에 놓는다.[51] 사실에 대한 영국인의 준거는 17세기에 신사들의 일이었고, 신사가 볼 때 다른 사람을 거짓말한다고 비난하는 것은 그에게 돌이킬 수 없는 모욕을 가하는 것이다. 프랑스에서 전형적인 실험 보고는 같은 시기에 관찰을 증언했던 사람들(집달리나 공증인, 혹은 소외된 귀족)의 이름들을 나타나게 만들었다. 반면에 갈릴레오의 글들은 그가 실행한 실험들과 관련해 매우 경이로울 정도로 생

---

51) 스티브 샤핀, 《진리의 사회사. 20세기 영국에서 정중함과 과학》, 시카고대학출판부, 1994.

략적 문제로 남아 있어 알렉산드르 코이레는 그가 어떠한 실험도 시도하지 않았다고 의심할 정도였다. 다른 한편으로 필트다운인이나 'N 광선'과 같은 거창한 속임수들은 역사에 자국을 남겼다. 표절이나 부당하게 요구된 우선권의 문제는 과학계에서 또 다른 중심적 관심사항이다. 라이프니츠에 대한 뉴턴, 라부아지에에 대한 프리스틀리의 사례들은 유명하다. 그리고 이 문제는 그 어느 때보다 시사성을 띠고 있다. 그것은 저널들이 더욱더 많아지고 인터넷이 정보들의 보급, 보다 덜 엄격하게 통제된 보급을 허용하고 있기 때문에 그만큼 더 첨예한 문제이다.

그러나 특히 일부 경쟁적인 학문들에서 오늘날 의도적으로 **신사**의 관습과 단절하는 사기꾼들이 눈에 띄는 것은 현대의 사태이다. 점점 더 연구자들의 일상 업무는 의심의 낙인이 찍혔고, '사기를 쫓는 사냥꾼'의 과거 및 현대의 취향이 나타났다. 연구 노트들은 더 이상 실험들을 추적하는 도구인 것만 아니다. 그것들은 의심될 경우 요구되어 검토될 수 있다는 것을 예견하는 방식으로 유지되어야 한다. 사람들은 그것들의 성실성을 보장하기 위해 더 이상 집달리나 공증인에 도움을 청하지 않고, 실험 자료들의 배분의 수긍성을 검증하고 의심되는 비정상적인 것들을 확인하기 위해 마련된 통계적 방법들에 호소한다. 자료들의 통계적 검토가 낳은 가장 유명한 희생자들 가운데 하나는 영국의 알려진 심리학자 키릴 버트였다. 그가 태어날 때부터 헤어진 두 쌍둥이의 유사성을 입증하게 해주는 데이터들을 발견했음이 죽은 지 얼마 안 되어 입증되었다. 그러나 통계적 조사 또한 보여 준 것은 멘델이 완두콩을 갖고 한 작업 혹은 특히 전자(電子)에 관한 밀리컨의 작업과 같은 저명한 작업들은 너무 훌륭했기 때문에 정직할 수가 없었다. 사기를 쫓는 데 있어서 절정은 1990년대에 가십거리를 제공했던 유명한 볼티모어 사건이었다. 노벨 의학상을 탄 미국인 면역학자 데이비드 볼티모어는 1986년 한 동료에 의해 사기 행위로 고발되었던 동료 여성 학자인 이매니쉬 캐리의 업적을 지지했다고 고발되었다. 두 사기 추적자들의 지지를 받았던 이 고발자는 과학적 청렴성의 이름으로 **기관**에 대항해 홀로 싸우는 여성 영웅의 지위로 언론에 의해 격상되었다. 이 사건은 의회로 옮아갔다. 처음으로 과학자들은 정치인들 앞에서 자신들의 방법들을 방어하도록 촉구받았고, 피고자의 실험 일지는 형사 경찰의 방법에 따라 다루어졌다. 10년이 지난 후, 이매니쉬 캐리의 무죄가 인정되었다.

볼티모어 사건은 희생자들만을 만들어 냈고, 결론은 도덕적인 데가 전혀 없었다. 다만 이 사건은 내부 고발자들(비상벨을 울리는 자들)에게 생활을 더욱 어렵게 만들었고, 자신들의 일에 일반인들의 간섭에 직면하여 과학자들의 두려움을 강화할 위험이 있었다. 왜냐하면 그것은 이제 그들이 동료의 업적에 대해 반박하지도 않고 그를 신뢰한다고 비난받을 수 있음과 실험 일지가 경찰 조사의 대상이 될 수 있음을 보여 주고 있기 때문이다.

이런 종류의 사건은 과학자들이 더 이상 **신사**가 아니라 **경쟁** 상태에 있는 연구자, 다시 말해 산업과 건강 분야들에서 중요한 파급 효과를 일으킬 수 있는 업적을 낳는 연구자가 된 세계에서 그들의 불안정한 상황을 나타낸다. 어떠한 과학자도 과거의 라부아지에 · 멘델 · 밀리컨, 그리고 많은 다른 사람들이 자신들의 결과물들을 '조정하고,' 논리를 벗어난다고 판단되는 측정들을 제거한 뒤 가장 '설득력 있는' 것들만을 간직했다고 해서 그들을 '협잡꾼'으로 간주하지 않을 것이다. 중요한 것은 그들이 성실했고, 결과물들에 대한 신뢰성을 확신했다는 점이다. 보다 잘 설득시키기 위해 데이터들이 '청소되는' 것도 이해될 수 있다. 그러나 이와 같은 자유는 아마 과거에 속한다 할 것이다. 과학자들은 수가 너무 많아졌고, 경쟁은 지나치게 가혹하고, 출간의 압력은 너무 강하며, (특히 사진) 조작의 가능성들은 너무 크고, (특히 생물의학 분과 학문들에서) 쟁점들은 너무 중요하다. 오늘날 해결되지 않은 모든 문제는 지금까지 과학자들이 마땅히 그들 서로에게 가져야 했던 신뢰를 어떤 새로운 규제로 대체할 수 있는지 아는 것이다.

천재(Génie)

위대한 과학자가 되기 위해선 천재성이 있어야 하는가? 뉴턴 · 라부아지에 · 아인슈타인 등을 기술하는, 과학자들의 전기가 지닌 풍요로운 전통은 다만 강력한 천재들만이 창조적일 수 있거나 위대한 발견을 할 수 있다고 믿게 만든다. 화학자 빌헬름 오스트발트는 정신적 반응의 속도에 따라 구분된 두 유형을 통해 천재의 과학적 이론을 개발하려고까지 했다.[52] 험프리 데이비를 원형으로 하는 낭만주의적 천재는 다혈질이고, 화를 잘 내며, 극도로 신속하다. 그는 업적의 독창성, 상상적인 힘, 그리고 동시대인들에 대한 커다란 영향력을 통해 구분된다. 열-일의 등가 원리를 발견한 자들 가운데 한 사람인 로버트 마이어가 그 원형인 고전주의적 천재는 느리고 차분하다. 그는 단 1가지 아이디어에 몰두하는 인간으로 자기 주변 사람들에 대해 별 영향력을 미치지 못한다.

천재의 테마는 흔히 과학적 작업의 일종의 분할이라는 관념과 연결되어 있다. 한쪽에는 역사에 흔적을 남기고 이름을 후대에 전하는 혁신적이거나 혁명적인 천재들이 있고, 다른 한쪽에는 '정상 과학'의 익명적 집단, 다시 말해 증거의 무명 노동자 무리가 있다. 이들도 역사를 만들지만 '위대한 역사' 속에는 결코 들어가지 못한다. 왜냐하

52) 빌헬름 오스트발트, 《위대한 인간들》, 프랑스어 번역판, 플라마리옹, 1912.

면 그들은 영웅들의 재능을 갖고 있지 않기 때문이다. 이와 같은 생각은——일반 대중뿐 아니라 과학계에서도——사람들의 정신 구조 속에 동화되어 있다. 게다가 알려지지 않은 아인슈타인 같은 자들을 어떻게 찾아내고, 잠재적인 뉴턴과 다윈 같은 자들 식별해 낼 수 있느냐의 문제는 진지하게 제기되어 왔다. 장 페랭*이 발견의 궁전을 생각한 것은 국민 속에 잠자고 있는 패러데이 같은 자들을 그들 자신에게 드러내 주기 위해서이다.

그러나 과학자 천재는 최근의 존재이다. 그는 19세기에 통속화된 과학문학 속에 꽃피었던 낭만주의적 테마이다. 그 이전에 과학적 활동은 기껏해야 기하학적 정신에 덧붙여진 약간의 섬세한 정신을 요구하는 매우 겸손하고 방법적인 성직자의 작업으로 다분히 기술되었었다. 그래서 천재의 작품으로서의 과학이란 관념은 오랫동안 반박들을 야기했다. 가장 유명한 반박은 칸트가 《판단력 비판》에서 한 것이다. 과학에는 천재가 없고, 다만 강력한 '두뇌들'만이 있다는 것이다. 왜냐하면 과학적 **창안**은 예술적 창조와는 반대로 법칙들을 따르는 활동이기 때문이다. 우리는 호메로스를 외울 수 있다. 그러나 우리는 그처럼 시를 쓸 수는 없다. 예술가의 창조적 천재성은 모방할 수 없는 난해한 활동인 반면에 과학적 창조는 모방될 수 있고 배워질 수 있다. 과학은 공유할 수 있는 지식이고 각자는 모두 수련을 통해 획득할 수 있기 때문에 천재의 작품이 아니라 진보의 작품이다. 뉴턴과 다른 위대한 인물들의 매개를 통해서 인류는 완벽해진다. 따라서 천재의 부정은 인간의 완벽 및 과학의 시간을 조건짓는다. 반면에 예술은 천재성을 부여받은 일부 개인들을 **통한** 자연의 계속적인 창조이다.

---

* 장 페랭(Jean Perrin, 1870-1947)은 프랑스의 물리학자.

또 다른 사람들은 천재를 부인하지는 않지만, 과학적 발견들이 한 시대의 지식 상태에 매우 종속적이기 때문에 뉴턴이나 아인슈타인 같은 천재 없이도 이루어질 수 있었을 것이라고 주장한다. 베토벤은 요람에서 죽었을 수도 있었고, 인류는 그의 교향곡들을 갖지 못했을 수도 있다. 반면에 뉴턴이라는 유아가 살아남지 않았다 할지라도 분명 다른 사람이 만유인력의 법칙을 발견했을 것이다. 이것이 대략적으로 오귀스트 콩트가 내세운 주장이었다. 물론 미술에서처럼 과학에서도 천재들이 존재한다. 그러나 그들은 역사의 흐름을 근본적으로 변화시키지 못한다. "인간 정신은 과학과 예술의 발전에서 가장 지적인 힘들보다 우월한 결정된 전진을 따라간다. 이 지적 힘들은 말하자면 적절한 시간에 계속적인 발견들을 낳기 위한 도구들로서만 나타난다." 천재는 역사의 전진을 가속화시킬 수밖에 없고, 이러한 가속화는 그가 너무 긍정적 정신을 갖추어서는 안 된다는 것을 전제한다. 괴팍해야 하며, 익명의 노동자 무리에 의해 인정받도록 하기 위해 과감하게 나아가야 한다.

따라서 과학에서 천재의 주장은 19세기 이래로 시간에 대한 이론을 암시한다. 데카르트 같은 자들, 뉴턴 같은 자들, 라부아지에 같은 자들은 과장했고, 일반화와 가설에서 너무 멀리 있었지만 후대는 과학을 교정하고 조정하여 정도(正道)로 갖다 놓는다. 과학은 보완적인 2개의 속도가 있다. 하나는 급격하게 튀어오르는 속도이고, 다른 하나는 부지런한 일의 속도이다. 그런데 때때로 이 시간들은 일치하지 않는다. 불행한 선구자들, 고독한 천재들이 있는 것이다. 그들은 '시대를 너무 앞서갔기' 때문에 동시대인들에 의해 인정받지 못했고, 심지어 우롱당했고 멸시받았다. 연구 템포의 이와 같은 구별은 20세기에 발견의 맥락, 다시 말해 문화와 대립 상태에 있는 풍부한 맥락과 정당화의 검소하고 금욕적인 맥락 사이의 구별 속에 반향을 만난다. 정당화의 맥락은 발견에 가치를 부여하는 법칙들을 보여 주며, 때로는 부지불식간에 천재가 진정으로 성취한 것을 명백하게 밝혀 준다.

과학적 천재에 대한 역사적 변형들에도 불구하고 그의 특징들 가운데 하나는 여전히 한결같다. 천재는 언제나 남성이라는 점이다. 물론 여자들도 이 영웅적 역사에 나타나지만 그녀들은 과학자 남편의 천재성을 억압하거나, 아니면 반대로 이 천재성을 찬양하고 작업하는 데 도와 줌으써(예컨대 마리 안 라부아지에) 그것을 꽃피우게 한다. 이 같은 법칙을 확인시켜 주는 특별한 예외인 마리 퀴리조차도 남편인 이론가의 빛나는 아이디어들을 활용하는 수수한 여성 실험가로 오랫동안 소개되었다.

전쟁(Guerre)

수십 명의 과학자들 · 엔지니어들 · 기술자들이 뉴멕시코의 사막에 집결해 틀어박힌 채 머지않아 활용될 핵폭탄을 제조하는 작업을 즐겁게 수행하고 있다. 이것이 바로 전쟁 상태에 있는 과학의 틀에 박힌 모습이다. 이 이미지는 매혹적이다. 왜냐하면 그것은 강력한 대조를 이용하고 있다. 가장 **순수한** 물리학이 전쟁에 동원되며, 연구자들은 지성과 창조성을 인류 절멸의 가능성에서 그 절정에 다다르는 살해 기술에 이용하고, 더욱 고약한 것은 그들이 그런 일에서 즐거움을 느낀다는 것…… 이것이 로버트 오펜하이머가 **귀납적으로** '죄악의 경험' 으로 지칭했던 것이다. 그리하여 맨해튼 계획은 흔히 과학의 긴 삶에서 과학계에 의식의 위기를 야기했던 예외적 사건, 장애로 제시된다.

그러나 이 에피소드의 극화와 그것에 부여되는 외상적인 중요성은 과학적 연구와 전쟁 기술 사이의 보다 지속적이고 구조적인 관계를 숨기는 장막이 될 수도 있을 것이다.

사실 제2차 세계대전에서 동원은 사용된 수단들의 폭에 의해서만 예외적일 뿐이다. 과학자들이 무기를 제조하기 위해 열정적으로 일한 것은 처음이 아니다. 그들은 서구 과학의 초창기 때부터 그런 일을 했다. 예컨대 아르키메데스는 시라쿠사에서, 레오나르도 다 빈치는 토스카나에서 일했다. 또 프랑스에서는 과학자들이 끔찍한 전쟁 기계들을 만들기 위해 쉬지 않고 일했다……. 군주들의 후원을 받았던 과학자들은 또한 개인적인 자격으로 활동하기도 했지만, 프랑스 혁명은 과학자 공동체 전체를 동원했다. 수학자들 · 물리학자들 · 천문학자들 그리고 화학자들은 위험에 처한 조국을 구하기 위한 위업을 이루었다. 대포와 화약을 제조하고, 전장을 감시하기 위해 수소 기구(氣球) 등을 만들었던 것이다. 과학자 공동체와 군인들 사이에 혁명력 2년에 있었던 이와 같은 동맹 관계는 프랑스 과학 체계에 심층적으로 영향을 미쳤으며, 가장 주목할 만한 자국은 파리이공과대학이다. 대량적이고 때때로 자발적인 동원은 제1차 세계대전의 특징이며, 필력의 전쟁으로 배가되었다. 1914년 10월부터 동맹군 쪽과 연합군 쪽의 과학자들은 각기 애국적인 슬로건들에 대항해 평화적인 국제 과학에 대한 습관적인 수사적 표현들을 교환했다. 잔인하다고 비난받은 자국 병사들을 옹호하는 독일 과학자들 93명이 서명한 문명 세계에의 호소는 증오와 인종차별주의로 가득한 프랑스의 반격을 야기시켰다. 이와 같은 선전전은 독가스 · 포탄 · 수중 음파탐지기를 제조하기 위한 보다 구체적인 행동의 서막을 열었다. 새로운 무기들과 대체 혹은 대용 무기들의 대량 생산 문제를 제기하여 해결했던 것은 제2차 세계대전이라기보다는 제1차 세계대전이다.[53] 뿐만 아니라 이 전쟁은 일부 과학자들의 경우 의식의 위기를 야기했고, 이 위기는 과학자들의 책임과 평화주의적인 참여에 호소하는 것으로 마감되었다. 그리하여 폴 랑즈뱅은 양차 대전 사이에 군인들과의 지속적인 협력과 호전적인 행동을 화해시켰다.

과학과 군사 기술 사이의 동맹은 여전히 더욱 심화되고 있다. 평화

---

53) 올리비에 르픽, 《대(大)화학전 1914-1918》, '이스투아르' 총서, PUF, 1998.

시에조차도 과학자들은 전쟁을 준비하고 있다. 미셸 세르가 강조했듯이, 죽음 통치(thanatocratie)는 과학적 진보의 역동적 운동에서 주요한 원동력이다. 그리하여 대포 및 요새 기술은 수학 발전에 주요한 역할을 했다. 또 지도 제작법과 측지학(測地學), 그리고 보다 최근에는 통계학 · 확률론 · 컴퓨터는 군사적 목적들을 위해 발전되었다.[54]

과학과 전쟁의 동맹은 과학적 연구의 기대되는 기술적 이익에만 근거하는 것이 아니다. 그것은 기획들의 조직과 관리라는 차원에서 보다 내밀한 관계로 표현된다. 자연 · 생명 그리고 사회를 다루는 과학들은 영속적인 동원 상태에 있다. 마치 아무리 작은 순간이이라도 낭비하면 전투에서 패배할 수 있기라도 한 것처럼 말이다. 맨해튼 계획이 패러다임적이라 한다면 우선 그것이 반세기 전부터 과학 정책을 위한 모델의 구실을 했기 때문이다. 이 정책에는 대규모 예산, 계획들을 바탕으로 한 연구 그리고 학제간 팀들이 뒤따랐으며, 과학자들과 엔지니어들의 뒤섞이게 되었다.[55]

그리하여 과학은 전쟁 문화의 성격을 전적으로 띠었기 때문에 혼합적인 세계를 이루고, 여기서 인지적 프로젝트로부터 비롯되는 것과 전쟁 프로젝트로부터 비롯되는 것을 식별하기가 때로는 어렵게 된다. 사실 인지적 관점에서 볼 때 과학자들이 조정한 수학적 도구들, 개념적 혹은 기술적 그 도구들이 행동을 '합리화하는' 데 그만큼 효율적인 이유는 이 행동의 목적이 단순하고 매우 명료하기 때문이다. 전쟁은 모든 것을 단순화시키는 대단한 실체이며, 과학에 '좋은 문제들'을 발생시킨다.

---

54) 미셸 세르, 《번역, 헤르메스 III》, 미뉘, 1974, p.104.

55) 《연구》지(특별호), 〈과학과 전쟁〉, 2002년 4월.

이와 같은 문제들의 질은 레이건 대통령 당시에 추진된 '별들의 전쟁'에 미국의 과학연구소들의 참여 사실이 증언하고 있다. 이 계획에 연관된 풍부한 재정 지원을 받았다고 비난받은 일부 과학자들은 레이건의 목표들이 비현실적이었으며, 따라서 어떠한 윤리적 문제도 제기하지 않았으나 극히 흥미로운 다양한 문제들을 제시했다고 답변했다.

계층 체계(Hiérarchie)

과학의 계층 체계는 엄격한 실증주의를 언제나 환기시킨다. 오귀스트 콩트가 확립한 계층 체계——수학 · 천문학 · 물리학 · 화학 · 생물학 · 사회학——는 비판받기 위해서만 환기된다. 사람들은 몇몇 연구 영역들(예컨대 천체물리학)을 삭제하려는 그의 의지를 조롱하고, 이와 같은 계층 체계에 의해 추론된 위신과 고매함의 등급에 대해 분노한다. 그러나 콩트의 계획을 복원하려 하지 않으면서 상기해야 할 점은 그의 계층 체계가 다른 과학들에 대한 수학의 어떠한 지배도 함축하지 않았으며, 가장 고귀한 과학들이 계층 체계의 하위 부문에 위치했고, 특히 그의 시도가 어떤 '우월한' 과학이 '열등한' 과학을 축소시키거나 병합하려는 시도를 저지하려는 목적이 있었다는 것이다.

콩트가 제안했던 것과는 반대로, 과학의 계층 체계는 오늘날 지식의 군사적 조직화라는 성격을 띠고 있다. 흔히 하나의 과학은 '계층적으로 열등한' 다른 하나의 과학이 점유하는 영역을 황무지 상태에 있는 땅, 다시 말해 그것을 진정으로 과학적으로 만들어 줄 것을 기다리는 그런 분야로 규정한다. 그것은 '열등한' 영역들의 표상, 그것들을 병합시키거나 자신의 법칙에 예속시키게 해주는 그런 표상을 구축한다. 그리하여 때때로 물리학자들은 화학이 요리법에 속하거나 그것이 지닌 명료성을 물리학의 원리들로부터 확보한 활동, 일종의 우표 수집 같은 활동이라고 표명했다. 자크 모노가 박테리아에게 진실

일 것은 코끼리에게도 진실이며, 나아가 박테리아는 '생명의 비밀'을 전해 주었다고 표명했을 때, 그는 정복의 미래를 예고했다. 코끼리가 '보다 복잡하기는 하지만 박테리아와 같다'고 할 때, 그것은 어떠한 지적인 혁신도 강제하지 않을 것이며, 따라서 모든 것은 분자생물학으로 환원될 수 있다는 것이다. 장 피에르 샹괴*가 '뉴런 인간'이 인간과학들의 미래를 구성한다고 알렸을 때, 혹은 부부간의 충실 · 동성애 · 정신분열 등이 유전적으로 결정되어 있다고 알리는 논문들이 매일같이 나왔을 때도 마찬가지이다.

성공한 환원에 관한 커다란 이야기들을 보면, 그것들은 역사의 재구축을 거쳐 가고 있다. 예컨대 양자물리학은 화학적 구조성들의 열쇠를 건네주었던 바 자율적으로 전개되었다고 주장된다. 사람들이 망각하고 있는 것은 물리학자들과 화학자들이 화학적 구조성들과 양자의 기술 사이의 그 '다리'를 구축하는 데 밀접하게 협력했다는 사실이다.[56] 양자화학은 (약간은 수소 원자에 고유한 추론을 중단했던) 양자물리학으로부터 도출되지 않았다. 그것은 화학과 양자 원리들로부터 동시에 비롯되는 구속 요소들에 입각해 절충적으로 성립되었다. 1931년에 하이젠베르크가 지적했듯이, 원자가의 (양자적) 이론은 하나의 공동 실습으로부터 비롯된다. 그것은 양자역학을 따르지 않고, 화학자들의 실험적 지식들에 적합한 버전으로 이 역학을 전개시킨다. 따라서 양자적 원자와 다양한 화학적 회합들 사이의 다리를 구축하는

---

* Jean-Pierre Changeux(1936~)는 프랑스의 신경생리학자로서 콜레주 드 프랑스 교수.

56) 베르나데트 방소드 뱅상 및 이자벨 스탕저, 《화학의 역사》(1993), 라 데쿠베르트/포슈.

데 성공했던 물리학자들과 화학자들 사이에 적극적이고 의도적이며 창안적이고 때로는 갈등적인 공동 적응은 풍요로운 결과를 낳는 협동의 사례로서 찬양될 수 있는 아름다운 이야기이다. 그러나 일단 다리가 구축되자마자 계층 체계가 작용했다. 침투한 영역의 '출신자들'의 협력이 뭐 대수란 말인가. 구축자들의 상속자들은 그들의 교훈을 배웠고, 원자들과 그 결합들의 다양성도 '보다 복잡하기는 하지만 수소 원자와 동일한 것'이다.

따라서 과학의 계층 체계는 각각의 과학이 '보다 우월한' 과학의 원리들을 반박하지 않으려고 주의를 기울이면서 조용하게 '자신의 대상'과 '방법들'을 확보하는 그런 카스트 제도가 아니다. 그것은 수사적일 뿐 아니라 매우 구체적인 조작 영역이다. 모든 환원 작업은 정복된 사람들이 아니라 정복자들에 속하겠다고 단호히 결심한 '뛰어나고 야심 있는' 젊은 연구자들과 재정 지원의 확보를 통해 분명히 드러난다. 그리고 필요한 경우, 환원 계획 자체가 경험적 '데이터들'의 우회적 처리로 이끈다. 예컨대 정신분열이 '문화 교류적' 장애, 다시 말해 생물학적 결정 인자들에 속하는 장애이다라는 점을 지시할 수 있을 모든 것에 특권이 부여될 것이다. 반대로 대부분의 정신적 장애들이 '생태적 지위'와 불가분의 관계에 있고, 시간에 따라 나타나거나 사라진다는 사실은 경멸적인 암시 의미를 지닌다.[57] 그것들은 우리가 알다시피 모든 과학이 뛰어넘어야 하는 외관의 질서에 속하는 '흉내'처럼 사실상 규정된다.

---

57) 이안 해킹, 《미친 여행자들》(1998), 프랑스어 번역판, 레 장페셰르 드 팡세 앙롱, 2002.

역사(Histoire)

과학 자체와 비교해 과학사의 위상은 어떤 것인가? 과학은 그것의 과거를 묻어 버리거나, 아니면 적어도 끊임없이 새로운 것들에 의해 이 과거를 덮어 버리는 것 같다. 근본적으로는 어떤 과학에서 자신을 수련하고 연구 실무에 필요한 기량을 획득하는 데는 역사가 필요치 않다. 이것은 과거에 대한 무관심을 의미하는 것이 아니다. 과학자들은 어떤 주제에 대한 논문이나 검토의 서론에서 기꺼이 역사에 의존한다. 그러나 이 경우는 머나먼 선구자들로 지시된 과거의 한두 학자들에 대한 정확한 참조이다. 기나긴 모험에서 토지 이용처럼 임의적으로 선별되고, 전적으로 추상적이며, 시대의 지식이 처한 맥락과 문화적 · 사회적 환경으로부터 분리된 이와 같은 역사적 암시가 있고 나면, '그러나 ……을 기다려야 한다' 는 말로 이어진다. 일반적으로 1950년대는 현재의 과학자들이 지닌 생생한 기억의 문턱을 나타낸다.

역사에 대한 이와 같은 경망스러운 태도는 기념행사에 대한 극도의 관심과 짝을 이루는데, 이는 전혀 다른 것이다. 이때 분과 학문을 창시한 위대한 순간들은 환기되고 정식으로 찬양된다. 산소의 발견, DNA의 발견 등의 순간들 말이다. 다양한 과학 공동체들은 **학술대회**에 모여서 창시자에게 경의를 표하는데, 이와 같은 의례는 한 과학의 생명에서 공동체의 유대나 정체성의 재규정으로서 중요한 역할을 한다.

마찬가지로 과학 개론서들도 창설 신화들을 유지한다. 역사적 질서는 지식에 직접적으로 수월하게 접근하도록 해주지 않는다는 구실로 19세기에 과학 교육에서 역사가 공식적으로 추방되었다. 그러나 법칙들을 발견자의 이름을 따 부르는 습관이 간직되었고, 짤막한 컷들——나아가 세대를 거쳐 전해 온 전설들——의 도움을 받아 몇몇 발견의 에피소드들이 환기된다. 이와 같은 오락거리들은 때때로 흥미있고, 자주 교훈적인 이야기를 전해 주지만, 이런 이야기는 이룩된 그대로의 과학의 참모습과는 언제나 관계가 없다. 토마스 쿤은 하나의 '과학적 혁명'이 있은 후 개론서들에서 역사의 재기술을 《1984년》에서 조지 오웰이 기술하는 역사와 비교까지 했다.

그렇게 일화로 환원(축소)된 역사는 생각하기에 진정 좋지 않고, 나아가 무언가 위험한 것처럼 제쳐진다. 일부 과학자들은 역사를 'X'로 분류하자고 제안했다. 왜냐하면 재구축들로부터 벗어난 역사는 연구에 필요한 확신들을 흔들 수 있고, 몽유병자의 확신을 가지고 작업해야 하는 연구자를 '깨울' 수도 있기 때문이다. 그러나 삭제해야 할 것으로 판단되는 역사 유형의 전복적인 잠재성은 그렇게 무서운 것이 아니다. 왜냐하면 그것은 지식의 내용이라는 '내적 역사'와 나머지 모든 것의 '외적 역사' 사이의 분할, 혹은 발견의 '전후 상황'——이 상황은 일화 · 심리 · 사상사에 속함——과 '정당화의 전후 상황'——이것은 합리적 (재)구축을 수행한다——사이의 분할 같은 구분 조작들을 통해 완화되어 왔기 때문이다. 이러한 커다란 분할들은 과학의 정화된 이미지를 전달한다. 과학자들로 하여금 자신들이 일하는 세계에 대해 생각할 준비를 전혀 시키지 않고, 그 세계의 불순한 성격을 다만 참도록(받아들이고, 고발하고, 한탄하고, 이용하도록) 조금도 준비시키지 않는 그런 과학의 이미지 말이다.

아마 우리는 역사 없는 과학을 만들 수 있을지 모른다. 그러나 우리가 현재 수행하고 있는 과학들을 생각하기 위해서는 역사는 필수 불가결하다. 그것이 여과되고 우회되며 잘려지지 않을 때, 버려진 흔적들로 이루어진 폭넓은 스펙트럼을 전개한다. 물론 어떤 연구 방향들은 오류들이나 궁지들로 드러났지만 모든 길들은 의심할 수 없는 풍요로움의 유산을 구성한다. 그리고 오류들과 실패들의 역사는――너무도 자주 무시되었지만――연구자들에게 영감을 강하게 불러일으킬 수 있다. 또한 역사는 연구자들의 비판 정신, 다시 말해 그들의 유일한 지평인 패러다임 속에 흔히 졸고 있는 그 비판 정신에 활력을 불어넣는 뛰어난 수단을 제공한다는 점에서 혁신의 원천이 될 수 있다. 그리하여 역사는 오늘날 고전적이라 불리는 합리적 역학의 토대를 무너뜨리기 위해 19세기 말엽에 에른스트 마흐와 그를 뒤따른 다른 인물들에 의해 이용되었다. 따라서 역사는 둥그런 형태의 도그마와 사유에 해독제이기 때문에, 좋은 과학을 하는 데 없어서는 안 되는 것으로 인정되어야 할 것이다……. 다소의 무규율이란 대가를 치르더라도 말이다…!

가설(Hypothèse)

가설은 모든 시대의 인식론적 경찰들이 특히 좋아하는 목표물이다. 가설의 수를 제한하거나(오컴의 면도날), 그것의 중요성을 관찰 가능한 것들의 예견으로 축소시키거나(콩트), 혹은 풍요로운 결실을 낳고 효율적이며 생산적인 가설들만을 받아들이자는 것은 언제나 문제가 되었다. 콩트는 가설을 '필수적인 논리적 인공물'로, 일단 구축이 완결되면 사라져야 하는 발판으로 취급한다. 과학에서 가설은 산업화된 나라들로 들어오는 이민자처럼 용인된다. 왜냐하면 그것 없이는 일이 진행될 수 없기 때문이다. 사람들은 가설을 제한하고, 통제하고, 작용시키고자 하며, 그것이 더 이상 생산적이지 않을 때는 폐기시키고자 한다. 그리고 그것의 기여를 최소화하기 위한 모든 조치가 취해진다.

그러나 각각의 주장 아래는 하나 혹은 여러 개의 가설이 버티고 있다. 흔히 하나의 가설은 많은 다른 가설들을 숨기고 있다. 아마 그것들에 보다 많은 가시성을 부여하고, 그것들을 감추거나 소외시키는 대신에 명명백백하게 드러내는 것이 좋으리라. 그때 진정한 논쟁이 시작될 수 있을 것이다.

불확실성(Incertitude)

사람들은 습관적으로 불확실성보다는 확실성을 과학에 결부시킨다. **실험**을 통과하고 실험 과정을 견뎌낸 모든 것은 확실한 것으로 간주될 수 있다. 그러나 이 점은 과학적 지식 활동의 아주 작은 부분만을 나타낸다. 또 그것이 망각하게 해서는 안 되는 것은 과학이 여러 지식 체계들 사이에서 항해하고, 확실성은 극점들 가운데 하나에 불과하다는 사실이다.

지식의 모든 기획이 지닌 역설은 고대 그리스 시대 때부터 소피스트들에 의해 주목되었고 소크라테스에 의해 《메논》에서 논의되었는데, 우리가 그 정체를 절대적으로 모르는 사물을 추구할 수 없다는 것이다. 우리가 이 사물과 우연히 마주칠 때 그것이 무엇인지 이미 알지 못한다면 그것을 알아볼 수 없을 것이다. 다시 말하면 연구 활동은 기본적으로 중간에, 똑같이 이 활동을 배제하는 두 극단 사이에 위치한다는 것이다. "우리가 우리 자신이 알고 있음을 알고 있다"고 하자, 그리고 우리는 알려진 지식을 소지하고 있다면 그것을 더 이상 추구할 필요가 없다. "우리가 우리 자신이 모르고 있다는 것을 모르고 있다"고 하자, 그러면 우리는 무지 속에 있는 것이고, 무지는 무한할 것이며 무한한 상태로 남을 것이다. 지식의 이익, 과학의 증가가 어떠하든간에 무지는 한없고 측정 불가능한 채로 남는다.

모든 확실성은 반성적인 의식적 지식과 무한한 무지 사이에 있는 중간에서 작용하는 정도의 문제라 한다면, 불확실성도 마찬가지이다. 사실 확실성처럼 불확실성도 근본적으로 지식의 모든 기획과 결부되어 있다. 특히 위험 관리의 잘 통제된 영역으로부터 불확실성을 구분짓는 것은 모든 지식이 잠겨 있는 무지에 대한 의식이다.[58] 확률에 근거한 위험은 지식에 속한다. 제한된 지식이긴 하지만 지식인 것이다. 위험을 평가하기 위해서 사람들은 생각할 수 있는 시나리오들의 목록이 마감되고 끝나는 것을 가정한다. 또 사건들을 알고 있고 사건들이 발생하는 데 요구되는 조건들(원인과 결과의 연쇄고리)을 알고 있다고 가정한다. 그리하여 그것들의 발생 확률이 결정된다. 반면에 불확실성은 우리가 가능한 모든 시나리오들의 리스트를 모른다(미래의 세대들은 무엇을 할 것인가?)는 것을 알고 있다는 사실로부터 비롯된다. 우리는 우리 자신들이 사건들이 발생하는 데 요구되는 모든 조건들을 모르고 있다는 점과 어떤 사건들은 그것들이 발생한 사후에만 '예견할 수' 있게 된다는 점을 알고 있다. 불확실성은 **경험에 의해서**만 제거된다. 아마 그것은 불확실한 위협을 피하기 위한 적절한 예방 조치들이 취해졌다 할지라도 결코 제거되지 못할 것이다. 따라서 지식의 결함과 연결된 불확실성은 아마 지혜의 수련을 고무시킨다 할 것이다.

58) 미셸 칼롱 · 피에르 라스쿰 · 야니크 바르트, 《불확실한 방식으로 행동한다는 것. 기술적 민주주의에 대한 시론》, 쇠이유, '라 쿨뢰르 데 지데' 총서, 2001.

징후(Indice)

징후를 식별한다는 것은 침묵하는 흔적에 추측적인 의미를 부여한다는 것이다. 따라서 이 흔적은 연구된 것을 '말하게 만들기' 위해 의도적으로 배치된 측정 혹은 관찰 **장치**들을 통해 획득된 기재 사항과는 다르다. 그렇기 때문에 징후들에 입각한 지식의 구축은 현장 실무를 지칭한다. 우선 이 현장은 실험실의 방식으로 지식의 목적들을 위해 구상되는 것이 아니다.

수렵으로부터 선원이나 경찰, 고고학자나 고생물학자를 거쳐 장인에 이르기까지 징후들에 호소하는 지식들은 다양하다. 사람들이 어떤 조사자에 대해 '뛰어난 사냥개'라고 말하는 것은 우연이 아니다. 왜냐하면 어떠한 동물도 입증하는 것에 관심이 없다 할지라도, 먹이를 통해 비의도적 방식으로 남겨진 냄새에 인도되어 발자취를 거슬러 올라가는 개는 사냥꾼이나 추적자와 마찬가지로 징후들을 사용하기 때문이다. 카를로 갱즈부르는 셜록 홈즈를 프로이트와 똑같이 징후적 패러다임의 대가로 간주했다. 프로이트의 사례 연구들은 진정한 탐정소설처럼 읽혀진다.[59] 게다가 프로이트 자신도 자신의 업무를 고고학자의 업무와 비교했다.

---

59) 카를로 갱즈부르, 〈흔적. 징후적 패러다임의 뿌리〉, in 《신화 · 상징 · 흔적》, 플라마리옹, 〈신과학 총서〉, 1989, p. 139-180.

그러나 프로이트의 정신분석의 경우는 또한 경계(警戒)처럼 나타난다. 증거의 실무처럼 징후 업무는 위험 부담이 있다. 사실 모든 것은 징후가 될 수 있고, 확신을 부추길 수 있다. 아니면 징후가 될 수 있으면서 침묵하는 흔적으로 간주되는 것은 사실상 연구자를 함정에 빠뜨리기 위해 고의적으로 배치된 것일 수 있다. 움베르토 에코는 이러한 위험을 징후적 방법에 관한 두 소설, 혹은 이야기에서 연출하고 있다. 《장미의 이름》에서 옥스퍼드의 물리학자 수도사이자 진정한 중세의 셜록 홈즈인 바스커빌은 범죄자에 의해 함정에 빠진다. 이 범죄자는 최초 징후들이 야기했던 추측들을 이해한 후, 이와 같은 (가짜) 발자취를 강화할 수 있는 방식으로 죄를 연쇄적으로 계속 저지른다. 《푸코의 추》에서는 결국 해야 할 경주들의 중세의 목록에 불과했던 것이 비밀 단체의 존재를 드러내 주는 징후로 간주되고, 구성은 새로운 징후들이 계속되면서 (이 단체가 존재토록 될 때까지) 끊임없이 충실해진다. 과학사에는 영광스러운 강박 관념들을 불러일으킨 가짜 자취들과 속임수들(예컨대 필트다운인)이 산재해 있으며, 이것들의 효율성은 날조된 흔적이 희생자가 확립하고자 노력했던 것을 매우 분명하게 확인해 주었다는 데 있었다.

흔히 언급되는 것이지만 징후적 방법은 '추론' 보다는 '직관' 에 의거한다. 사실을 말하자면 두 능력은 대립되는 것이 결코 아니고 서로를 보완한다. 추론에 기인한 것으로 생각된 많은 지식들이 외관상 어울리지 않는 '데이터들' 전체가 이제 막 통합되었다는 것을 가리키는 **에우레카**, 즉 '나는 이해했다' 로 시작되었으며, 많은 **에우레카**들은 추론의 긴 시리즈들을 끌어내어 그것들의 유기적 관계를 탐구케 한다. 한편으로 탐정 소설들은 그것들이 창조하는 수사관들, 모두가 '뛰어난' 그 천재성들은 다른 수사관들의 다양한 스타일들 속에서 직관과 이성의 이러한 쟁점들을 예시해 주고 있다.

그러나 직관은 추론 이상으로 어떤 인격체를 특별히 눈에 띄게 만들 수 있다. 각 단계는 모두가 '근거가 있다'는 합의를 강제하게 되는 방식으로 단계 자체를 설명하는 바, 추론의 당사자들은 이상적으로 상호 교환될 수 있다(기계마저도 추론할 수 있다). 반면에 직관들은 경험 · 흥미 · 통찰력 · 인내 혹은 끈기를 갖춘 특이한 존재들로 귀결된다는 점에서 다양하다. 이들 존재들은 다른 사람들이 무질서나 기묘한 것들 혹은 '특별한 게 아무것도 없는 것' 만을 인식하는 곳에서 무언가를 '볼' 줄 안다.

'징후적 패러다임'은 증거의 패라다임보다 연구자들에게 보다 많은 인격을 요구하는 것 같은데, 그것 자체는 과학의 '청춘기'를 나타내는 징후일 수 있을까? 모든 과학은 '유년기'에 징후적이고 '성숙기'에는 증명적이라 할 수 있는가? 백과전서의 시대에 '화학'이란 항목을 쓴 가브리엘 프랑수아 브넬은 '느낌을 통해 판단하는 그 능력'을 획득한 '훌륭한 화학자'가 되는 데는 일생이 필요했다고 평했다. 이 능력은 "노동자의 경우 눈썰미라 불리는 것인데, 그는 그것을 테마를 다루는 습관으로부터 얻는다." 수련 화학자는 빛깔이나 농도의 가벼운 변화들, 다시 말해 모두가 진행중인 반응의 전진을 나타내는 징후들인 그 변화들을 식별할 수는 없으므로 작업을 성공적으로 수행할 수 없다. 노련한 화학자는 '거칠고 감각적인 징후들'에 의해 인도될 줄 안다. 이 징후들은 충분하기만 하다면, 척도나 다른 측정 기구의 도움을 받은 '인위적인 계량들'보다 언제나 더 낫다. 수십 년이 지난 후 화학자는 척도뿐 아니라 보다 풍요로운 일단의 표준적인 기구들을 갖추게 될 것이다. 이것들은 그로 하여금 실험의 '상세한 기록'을 출간하게 해주며, 이 기록은 '아무에게나' 기술된 실험들을 다시

할 수 있게 해준다.[60] 물론 '좋은' 화학자들과 모든 실험에 실패하는 '나쁜' 화학자들이 항상 있는 것이지만, 이러한 차이는 부차적이 되었다.

그러나 화학의 이와 같은 괄목할 만한 변모는 이 과학의 개념들과 이론을 심층적으로 재규정했다고 보여지는 인지적 혁신에 관련된 것이 아니라, 다분히 실무에서의 변화에 관련된다. '순수한' 시약들만이 실험실에 들어간다. 그것들은 통제된 합성을 통해 흔히 공업적으로 생산되며, 따라서 확실하게 결정된 정체성이 부여되어 있고 재생가능성을 목표로 하는 반응에 참여 '하도록 만들어진' 것이다. 그러니까 화학은 징후적 방법을 제거하는 경향이 있는 과학적 성숙 과정을 보여 준다기보다는 과학과 **기술**(技術) 사이의 관계를 보여 준다. 반쯤 정제된 물질을 다듬는 장인적 기술로부터 산업적 기술에 이르기까지 화학의 변모는 규정의 힘을 우선시하게 만든다. 그리하여 재생 가능성과 표준화라는 절대적 필요성에 부합하는 것만이 실험실에 들어간다.

뿐만 아니라 이와 같은 예는 일반화할 수 있는 것이 아니며 어떠한 경우에도 과학을 생각하기 위한 모델 역할을 할 수 없다. 스티븐 J. 굴드는 진화론적 생물학에서 '징후적 패러다임'이 그것이 지닌 위험들 및 풍요로움과 더불어 수용되어야 한다고 옹호하지만, 향수를 가져서는 안 되고 역사적 서술을 넘어서려고 해서는 안 된다는 것이다.[61] 기술 및 기구의 발전과 지속적으로 공생한 덕분에 징후들은 증

---

60) 베르나르데트 방소드 뱅상 및 이자벨 스탕저, 《화학의 역사》(1993), 라 데쿠베르트/포슈.

61) 스티븐 J. 굴드, 《삶은 아름답다》(1989), 프랑스어 번역판, 쇠이유, '푸앵 시앙스' 총서.

가될 수 있고 세련될 수 있지만 징후들로 남는다. 왜냐하면 제기된 문제는 실험실이 허용하는 정의들을 가능하게 하지 않는 상황에 속하기 때문이다.

산업(Industrie)

1980년대에 물리학 분야의 노벨상 2개가 IBM에서 일하는 연구자들에게 돌아갔다. 하나는 주사 터널링 현미경(Scanning Tunneling Microscope)을 발명한 게르트 비니히와 하인리히 로러에게 돌아갔다. 다른 하나는 고온 초전도성에 대한 업적으로 베르트노르츠와 뮐러에게 돌아갔다. 이러한 최고의 보상은 기업 연구의 활력을 나타내고 20세기말에 과학적 이익과 기업적 이익 사이의 얽힘을 드러내 준다.

기업의 연구는 19세기말에 나타난다. 그 이전에도 생산 현장들에 몇몇 연구소들이 있었지만 그것들은 일상적 시험과 분석을 하기 위한 것이었다. 또한 대학과 기업 사이의 연계도 있었다. 대학연구소들은 기업에서 필요로 하는 숙련된 반복적 작업을 할 수 있는 학생들을 양성했다. 맥스웰의 시대에 케임브리지에 있던 카벤디쉬연구소는 전자기학에 대한 근본적 연구를 위해서뿐 아니라 전기 계량의 표준들을 규정하기 위해 일했다. 그러나 1880년대부터 일부 기업들은 기업연구소들을 만들었고, 새로운 상품들을 시장에 내놓기 위해 막대한 자금을 투자했다. 연구를 통한 혁신에 대한 내기는 위험 부담이 있었고, 식민지 제국 건설의 일부를 이루었으며, 유럽 국가들 사이의 산업적이고 상업적인 경쟁, 만국박람회를 통해 격화되었던 그 경쟁의 일부를 이루었다. 독일의 화학 기업들인 바이에르사와 바스프사(Badische Anilin und Soda Fabrik)는 실패할 경우 도산할 정도로 합성식용색소의 연구에 많은 투자했다. 20년의 악착같은 작업을 한 결과 이 회사들은 프랑스와 영국 기업들을 압도함으로써, 그리고 단기간 내에 자연색소들을 사라지게 함으로써 승리했다.[62]

이러한 눈부신 성공은 색소 시장에서 거의 독점적 지위를 독일에 부여했지만, 또한 대학과 기업 사이의 밀접한 연계도 정착시켰다. 이와 같은 연구소들이 대학 교수들에 의해 이끌어졌을 뿐 아니라——바스프사에서 일했고, 합성 인디고(쪽빛)의 특허를 얻게 해준 아돌프 폰 바이어는 뮌헨의 교수였으며, 1905년에 노벨 화학상을 받았다——대학 출신의 학위 소지자들을 고용함으로써 실무로 방향지어진 교육을 조장했다. 독일의 체계는 많은 나라들, 특히 미국의 아메리카전기회사와 벨전화연구소에서 모델처럼 기능했다.[63]

기업의 연구는 원래 과학적 연구와 기업 연구의 상호적 풍요로움을 다양한 방식으로 보여 준 매우 특수한 두 분야——순수화학과 전기——에서 발전되었으며, 그 다음에 다른 분야들로 확대되었다. 그것은 오늘날 거대 다국적 회사들에서 통상적이 되었다. 이 회사들이 화학 제품 · 전화 · 유리 제품 · 철강 제품 · 콘크리트 제품 · 자동차 · 컴퓨터 등을 생산하고 있는데, 연구에 예산의 상당 부분을 배정하고 있다. 연구는 직접적인 적용이 구상되지 않을 때조차도 경쟁에서 본질적인 주요 수단으로 간주된다. 그렇기 때문에 1960-1970년에 기업들은 (고체 · 전자공학 · 생물학에 대한) 근본적 연구 전략을 실행했는

62) 루츠 F. 하버, 《19세기의 화학 산업. 유럽과 미국에서 응용화학의 경제적 측면 연구》, 클라렌던 프레스, 1958.

63) 토머스 휴스, 《힘의 네트워크. 서구 사회에서 전기 공급(1880-1930)》, 존스 홉킨스대학출판부, 1983.

데, 그 목표는 즉각적인 수익성을 초월해 다분히 생산의 다양화 혹은 심지어 영예를 노렸다. 그러나 이와 같은 거창한 노력은 경제적 상황 변화에 달려 있다. 그리하여 1980년대와 1990년대에는 많은 기업연구소들이 인력과 연구 야심을 줄이고 계약에 의한 대학에서의 연구나 논문들을 재정 지원하는 방향의 투자를 선호했다. 대학은 그들에게 벽이 없는 일종의 연구소를 이룬다.

공적인 연구와 마찬가지로 기업의 카리스마적인 리더들이 있는 팀별로 기능한다. 그것은 프로그램의 기간 (기업 연구소에서 장기적 프로그램은 3년에서 6년이다), 결과의 처리(출간보다는 특허), 그리고 마지막으로 연구자들의 평가 시스템이 **동료들**이 아니라 기업 지도자들에 달려 있다는 점에 의해 아카데믹한 연구와 본질적으로 구분된다. 그러나 상아탑과 기업의 두 논리는 대개의 경우 상호 교차한다——이는 연구자들의 출신 혹은 그들의 유동성으로 인한 것인데, 이로부터 기업의 일부 연구자들의 혼합적 정체성이 비롯된다. 논리와 소속의 교차는 오늘날 공적 연구 기관들과 기업들의 직장 문화에 의해서 똑같이 권장되고 있다.

상아탑의 연구와 기업 사이의 현재의 공생은 매혹시키면서도 불안을 야기한다. 독일과 그리고 보다 최근에는 일본이 부러운 모델의 역할만큼이나 다른 것들을 돋보이게 하는 것의 역할을 했다. 순수과학과 응용과학의 전통적 구분은 결코 안정적인 적이 없었으며, 오늘날의 경향은 경계가 지워지는 쪽으로 가고 있다. 그리하여 목적들 사이의 조화로운 수렴이라는 관념은 과학적 정책들에 의해 진작되고 있고, 연구 전체를 재조직하게 만드는 고정점 역할을 하고 있지만 진정한 정치적 논쟁으로 넘어가지는 않고 있다.[64] 지식 생산의 새로운 체제가 과학 발전의 일반적 모델로 추진되고 있다. 그러나 매우 특수한 분야들에서 성공했고, 특히 첨예한 자본주의적 경쟁의 정치적 · 경제적 · 산업적 맥락 속에서 기능하는 하나의 공식을 확대해야 할 정당성에 대해서 공개적으로 탐구하는 노력은 없었다.

64) 마이클 기번스 · 카미유 리모주 · 헬가 노와트니 외, 《지식의 새로운 조직. 현대 사회에서 과학적 연구의 원동력》, 세이즈 퍼블릭케이션즈, 1994.

기구(Instruments)

과학적 기구들은 오랫동안 과학사가들과 과학철학자들보다는 골동품상들과 수집가들의 관심을 끌어 왔다. 과학 연구가 개념들과 이론에 집중되어 있었던 동안에는 기구들은 연구의 단순한 보조물들로, 보고 조작하며 분쇄하기 위한 기관들의 연장물로 간주되었다. 물론 이 보조물들은 증거들을 관리하는 데 있어서 귀중하지만, 그것들을 지배하는 담론에 관련해 전적으로 중립적이다.

피에르 뒤엠은 하나의 아포리아(논리적 궁지)에 대한 철학자들의 관심을 끌어들인 최초의 인물이다. 기구들이 제공하는 데이터들은 전혀 중립적이지 않으며, 그것들의 의미 작용은 언제나 하나 혹은 여러 개의 물리적 이론들을 함축한다.[65] 따라서 기구들이 그것들의 기능 작용 속에 이미 이론들을 집어넣고 있다면, 어떻게 그것들은 이 이론들을 진지하게 테스트하고, 시험할 수 있을 것인가? 한편 가스통 바슐라르는 기구들을 '물질화된 이론들'로 제시하게 되고, 현상들의 생산에서 기술적 작업의 존재를 강조하기 위해 '현상 기술(phénoménotechnique)'에 대해 언급하게 된다. 그러나 그는 계속해서 이론에 우선권을 부여한다. 그는 개념들이나 이론들로 '관념화된 기구들'의 반대적 가능성을 결코 생각하지 못한다. 그러나 우리는 저울과 같은 예들을 만날

65) 피에르 뒤엠, 《물리학 이론, 쟁점과 구조》(1906), 1981년 브랭사에서 재출간됨.

수 있을 것이다. 그것은 라부아지에와 그의 동시대인들에게 추상적 개념, 증거의 방법(결산), 나아가 자연 일반의 해석 방법이 된다. 그러나 '관념화된 기구' 의 개념은 아마 바슐라르를 그의 '부정의 철학' 으로부터 벗어나게 했을 수도 있었을 것이다. 기구가 우선적으로 새로운 긍정적 가능성들로 기술된다는 점에서 말이다.

모리스 뒤마의 기술사(技術史)는 과학적 연구에 대해 침묵하는 그 행위자들, 다시 말해 장인들, 기구나 생산물의 제조자들, 이 기구들을 조작하고 수선하는 기술자들에 대한 관심을 일깨웠다.[66] 최근 20여 년 동안, 과학적 행위에 대한 고찰은 기구들을 연구의 전면에 갖다 놓았다. 따라서 기구들은 이제 구체화된 이론들이 아니라, 과학·지식·수완으로 된 전체를 동원하는 진정한 기술적(技術的) 대상들로 기술된다. 그것들은 고도의 자격을 갖춘 장인들의 경험을 함축한다. 이 장인들은 상아탑 세계들과 밀접한 협력 속에서 일했지만, 그들의 전문성을 항상 인정받은 것은 아니다. 예컨대 18세기에 미터법의 단위들을 규정하기 위해 사용된 측량 기구들의 제조가 요구한 정밀함와 신뢰성의 정도는 진정한 기술적인 업적을 함축한다. 마찬가지로 19세기에 기구들의 표준화는 전기공학의 비약적 발전에서와 마찬가지로 천문학적·지질학적 작업에서도 결과들을 비교하게 해주는 데 있어서 본질적 단계였는데, 보다 튼튼하고, 사용하기 쉬우며, 조작자들에게 자격을 보다 덜 요구하는 기구들의 제작을 거쳐 간다.

오늘날 실험실에 가득한 안정되고, 정상화되었으며, 특허를 받은 기구들은 논쟁의 분위기 속에서 조립된 실험 **장치**와 강한 대조를 제공한다. 이 장치는 그것이 허용하는 해석들의 신뢰성을 가치 있게 만

66) 모리스 뒤마, 《17세기와 18세기에 과학적 기구들과 그 제조자들》, PUF, 1953.

들어야 한다. 그러나 연구소의 기구들은 그 나름의 증거들을 이루었고, 따라서 탐구 도구들로 사용된 장치들로부터 흔히 비롯된다. 따라서 물리학자 에른스트 러더포드는 방사선의 방사들을 확인하자마자 상이한 요소들의 원자들에 충격을 가하고, 그것들의 구조를 탐색하기 위한 도구들인 '원천들'로 방사선 물체들을 변모시켰다. 그러나 장치와는 반대로 기구는 사용자에게 호소한다. 따라서 그것은 이동할 수 있어야 하고, 신뢰 있게 작동할 수 있어야 하며, 인정되고 합의된 공식적 기준들에 따라 표준화될 수 있어야 한다. 그것은 브뤼노 라투르가 '검은 상자'라 부르는 것에 부합한다. 이 상자는 법적으로는 언제나 열릴 수 있으나 그것의 열기는 극도로 위험이 따르는 '충격'을 구성한다. 왜냐하면 반대자는 이의가 제기된 기구를 신뢰하고 만족해하는 사용자들의 전체와 대립할 것이기 때문이다.

기구들의 질만큼이나 조작자들의 교육도 중요하다. 물론 표준화된 기구는 현상들의 감각적 읽기, 장인이나 노련한 연구자의 눈썰미, 혹은 예술가의 손의 권위를 조금씩 끌어내렸다. 그러나 기구들의 사용은 지속적으로 육체에 대한 교육을 거쳐 간다. 반복적인 훈련, 시도와 실수들, 피할 수 없는 작은 편차들을 해석하기 위한 실습, 신호와 잡음의 구별 등과 같은 교육을 받는 것이다. 이와 같은 수련은 특히 실무를 통해 현장에서 이루어진다. 왜냐하면 그것은 대개의 경우 묵계적이기 때문이다.

기구에 대한 연구의 몇몇 자취들을 이처럼 간단하게 살펴보기만 해도 이런 종류의 연구가 얼마나 과학적 활동을 잘 밝혀 주는지 알 수 있다.[67] 오늘날 기구들에 대한 관심은 점점 더 두드러지고 있다. 고강도 에너지 물리학에 커다란 기구들의 도입이 야기한 전체적 문제들에 대해선 언급하지 않는다 할지라도, 우리는 과학적 기구들이 일종의 독자성을 정복하고 있는 중이라고 주장할 수 있다. 그것들은 어떤 문제에 봉사하는 것이 결코 아니라 하나의 연구 영역에 스타일과 리듬을 강제하고, 템포를 부여할 수 있는 진화의 고유한 리듬을 획득하고 있다. 기구는 대개의 경우 물리학 실험실에서 나온 것이지만, 다른 분과 학문들의 실천 행위와 따라서 프로필을 점점 더 만들어 주고 있다. 왜냐하면 그것은 연구 프로그램들, 협력들을 암시하기 때문인데, 이 협력들의――신중하지만――첫번째 이유는 기계의 획득을 정당화하고 감가상각하는 것이다. 그리하여 그것은 새로운 지평의 연구로 열려지는 관념인 천재의 위대한 모습을 과거지사로 돌려보낼 뿐 아니라, 어쩌면 과학과 상상력의 관계마저도 과거지사로 돌려보내고 있는 것 같다. 따라서 새로운 신경물리학적 이미지들은 많은 대답들을 주고 있기 때문에 문제들을 상상하는 것이 더 이상 필요하지 않은 것 같다. 기구는 그 자체로 분명 문제가 아니지만, 기구적 가능성들의 확산은 혁신의 자족적인 원천의 역할을 할 수 있고, 따라서 순응적이지 않는 발상들이 구상되는 틈들을 일소해 버릴 수 있다.

---

67) 예컨대 조앙 푸지모라 · 아델 클라르크(책임 편집), 《과학의 물질성. 생명과학에서 기량과 기구들》(1992), 레 장페셰르 드 팡세 앙 롱, 1996.

의도(Intentions)

우리가 의도(intentions)라 부르는 것은 전형적으로 '왜'의 영역에 속한다. 그러나 이 왜는 목적성이 있는 행동들이나 목표들에 호소할 수 있는 문제들 전체와 구분해야 하는 매우 특별한 것이다. 어느 누구도 뛰어오르는 고양이의 목표는 생쥐를 잡는 것이라거나, 자동 제어적 장치는 예컨대 안정된 온도를 유지하는 게 그 목적이라는 점을 부인하지 못할 것이다. 물론 전자의 경우는 다만 '목적론적 법칙으로' 해석될 수 있을 것이다. 왜냐하면 자연 도태는 궁극적 설명이며, '모든 것이 마치' 생명체가 자신의 생존을 보장하는 목적들 전체에 의해 지배되는 '것처럼 진행된다'는 점을 설명하기 때문이다. 물론 후자의 경우는 인간 기획자로 귀결될 것이다. 그러나 이같은 요약은 정당하다. 왜냐하면 우리는 고양이의 뛰어오름이나 자동 제어 장치에 궁극 목적을 부여할 수 있기 때문이다. 반면에 그것들에 어떤 의도를 부여한다는 것은 자동적으로 애니미즘이라는 비난을 야기할 것이다. 의도는 엄밀하게 인간 주체에 한정되어 왔다.

의도적 의미의 부여의 문제는 '우리'와 '다른 사람들' 사이의 경계 설정의 기준으로 간주될 수조차 있다. '우리'는 의도가 오직 인간으로 귀결된다는 것을 알고 있는 데 비해, 미신에 넘어간 '다른 사람들'은 도처에서 의도들, 그들에게 향해진 기호들, 무언가 의미하지 않을 수 없는 돌발사들을 본다.

그리하여 누군가 맨발로 걸으면서 상처가 났는데 생명이 위태로울 정도까지 감염되고 만다면, 우리에게 이야기는 '어떻게'의 연속으로 요약될 것이다. 유일한 '왜'는 경우에 따라서, 그가 제때에 치료를 받지 않은 이유와 관련된다. 그러나 발, 날카로운 조약돌, 그리고 세균의 침입 사이에 이루어진 만남은 설명을 요구하지 않는다. 그것은 불상사이다. "하지만 박사님, 왜 그게 하필이면 나한테 일어난 것입니까?"라는 질문에 대한 답은 둘 다 맹목적인 것으로 여겨지는 우연 혹은 운명을 원용하는 것이다.

우리는 그 이상을 요구하는 사람들, 다시 말해 누가 자신들에게 주문을 걸 수 있었는지 추적하거나 자신들이 어떤 신을 모독했는지 추적하는 사람들을 미신적이라 판단할 수 있다. 그러나 우리 자신이 우리가 의도적 설명에 대립시키는 우연에 대해 최소한 호기심 많은 태도를 보인다. 우리는 어떤 확률과 실제적인 경우가 매번 만날 때마다 끊임없이 우연을 원용한다(이 네거리는 위험하다. 1년에 평균 10건의 사고가 난다. 그게 우연히 너에게 일어나야 했다니……). 그러나 어떤 직위에 (동일한 자격인데) 누가 충원될 것인가, 혹은 어떤 학생들이 금년에 우수한 성적을 거둘 것인가(출생의 우연과 관련된 불평등을 상쇄하는 흥미로운 교육적 시험에서)를 우리가 추첨으로 결정할 수도 있다는 발상은 난감하게 할 것이고, 나아가 아연케 할 것이다. 일어나는 일은 정의(正意)의 의도, 각자가 그 자신의 장점들에 따라 평가되어야 한다는 그 의도를 나타내야 한다.

따라서 우리는 다른 문화적 전통들이 해독하려는 의도로 생각하는 것을 맹목적인 적나라한 우연으로 돌려보낸다. 그러나 우리는 이 우연이 함축하는 전횡에 대항해 우리를 보호해 줄 통제 및 평가 심급들을 증가시킬 각오를 하고, 우연에 대항해 싸우며, 그것의 결과를 최소화하고자 시도한다. 맹목적 우연을 생각했던 스토아학파 철학자들과는 반대로, 하지만 운명을 사랑하는 방법, 즉 **운명의 사랑**(amor fati)을 배우도록 하기 위해, 우리의 지식은 그것이 허용하는 척도 및 판단 방식들을 통해 우리로 하여금 의도를 전횡, 다시 말해 우리가 현실에 부여하면서도 동시에 증오하는 그 전횡과 대립되는 것으로 구성하도록 요청한다.

인터넷(Internet)

인터넷의 기원은 모든 공격에 대비한 망, 다시 말해 중심이 없는 튼튼한 망을 구축한다는 군사적 계획이었다. 그렇게 하여 인터넷은 실질적으로 분권화된 방식으로 기능하는 과학 공동체들에 의해 받아들여졌다. 그러나 그것의 놀라운 대중적 성공, 특히 유통되는 엄청난 양의 정보들은 질의 통제라는 일반적 문제를 제기하고, 과학 공동체들의 전통적 기능 작용에 잠재적인 위협을 구성한다. 수용할 만한 연구 결과들을 **출간**하는 데 있어서 **동료**들이 그것들을 검열하지 않는다면, 어떤 진술들의 유효성은 더 이상 보장될 수 없다. 인터넷은 과학자와 사이비 과학자의 경계를 뒤죽박죽으로 만들기 위해 오는 것일까?

이와 같은 상황은 인쇄술이 도래한 상황에 비교될 수 있다. 수많은 정보들이 유통되었지만 그것들의 진위가 확인될 수 없었다. 저서들이 재복사되고, 약탈되었으며, 표절되었고, 토막났으며, 왜곡되었다. 누구를 신뢰할 것인가? 무엇을 믿을 것인가? 근대 과학을 규정하는 아카데믹한 통제의 규칙들, 지금도 유효한 그 규칙들이 제정된 것은 바로 17세기 인쇄물의 인플레이션의 부수적 결과였다.

물론 인터넷상에 유통되는 정보들이 인쇄된 텍스트들로서 확인되고 인증되기 위한 수단들이 설치될 수 있다. 그러나 현재의 상황은 매우 역설적이다. 동료들의 판단에 종속된 과학 저널들이 유포하는 신뢰성 있는 정보들을 인터넷을 통해 접근하는 것은 상대적으로 제한되어 있다. 왜냐하면 유료라는 점 때문이다(또한 인터넷이 시설에서 빈곤한 나라들의 연구자들로 하여금 국제적인 연구 활동에 참여하게 해준다고 주장하는 것은 다소 환상이다). 반면에 자유롭게 접근할 수 있는 통제되지 않는 정보들은 넘쳐난다. 그것들은 최상(문제들을 제기하고, 과학자들이 부차적이라고 판단하거나 별로 누설하고 싶지 않은 정보들을 생산하는 소수적인 목소리들)으로부터 최악(예컨대 센세이션을 일으키는 발견을 했다는 거짓 발표)까지 다양하다.

장차에 올 품질의 라벨이 어떠하든, 귀신을 병 속에 가둔다는 것은 아마 불가능할 일일 터이다. 최상을 위해서든 최악을 위해서든 새로운 유형의 일반 대중이 나타나고 있는 중이다. 이들은 학교에서부터 공적인 논쟁에 이르기까지 오늘날 과학과 여론의 관계를 관리하는 교육적 체제를 전복시키는 수단을 갖게 될 것이다.

요컨대 인터넷이 오늘날의 문제들에 기적적인 해법을 가져다 주지는 못하지만 매우 흥미로운 미지수를 구성하고 있다. 인쇄술과 비교를 한 것은 너무 성급하게 판단하지 않도록 조심하기 위해서이다. 인터넷의 결과는 아직 미결정된 미래에 속한다.

창안(Invention)

통상적으로 창안(invention)은 무조건적 픽션을 지칭한다. 사람들은 약속을 지키지 못한 데 대한 변명이나 어린아이를 즐겁게 하기 위한 이야기를 '꾸며낸다(invente).' 그러나 고고학에서 사람들은 고고학자들이 전설과 **징후**를 통해 희망을 품었던 곳에서 파낸 어떤 보물이나 귀중한 유물의 발견에 대해서 '발굴(invention)' 이란 말을 한다. 끝으로 창안은 인간이 불을 발명한(inventé) 시기인 태고 이래로 온갖 종류의 기술적 · 양식적(stylistiques) · 논증적 · 예술적 새로움들을 지시한다……. 요컨대 창안은 도처에 있다. 과학에서 그것은 대립되는 가치들로 된 이중적 내포 체제에 따라 기능 작용의 특수성을 제시한다. 긍정적 의미에서 창안이라는 용어는 새로운 중요한 문제들이 나타나게 만드는 **장치**의 개발에 적용될 수 있다. 예를 들면 러더포드는 정화된 라듐 표본을 '원천' 으로 사용함으로써, 다시 말해 방출된 방사선 방사를 비방사선 물체들에 '충격을 가하기' 위한 '방사체들' 로 변모시킴으로써 실험적인 장치를 창안했다. 그러나 또한 창안은 과학적 진술의 실증성에 대립되는 음화일 수 있다——우리는 뉴턴의 유명한 hypotheses non fingo를 '나는 가설을 꾸며내지 않는다' 로 표현할 수 있다.

다른 한편 창안은 발견(découverte)이라는 개념과 엄정하게 구분된다. 발견은 발견된 것과 발견자가 그것에 대해 말하는 것 사이의 최소한 비슷한 일치를 함축한다. 우리는 커다란 베일을 걷듯이 발견을 하는 것이다. 누군가 콜럼버스가 아메리카를 '발견했다' 기보다는 '발굴했다' 고 말한다면, 이는 스페인의 연안에서 서쪽으로 떠났을 때 만났던 그 땅, 다시 말해 이윽고 그것에 대한 급증하는 담론들에서 차이를 낼 수 없는 그 땅의 말없는 성격을 의도적으로 강조하기 위한 것이다.[68] 발굴(창안)이라는 용어는 발견된 것에 대한 해석이 전적으로 발굴자(창안자: inventeur)에 귀속된다는 사실을 강조한다. 그렇기 때문에 창안만이 지적 소유권 제도에, 특히 **특허**권에 들어갈 수 있다.

또한 이 용어는 설명 작용을 지칭하기 위해 보다 약한 의미로 사용될 수 있는데, 이 작용은 그것이 동원하는 문제들과 행위를 변모시킨다. 그리하여 창안은 기대되었던 것, 즉 인도로 가는 새로운 길이 찾아지지 못한 사실을 명백히 밝혀 주는 '아메리카' 라는 이름과 관련된다고 말해질 수 있을 것이다. 이 경우 창안은 어떤 차이가 있었다는 것을 말해 주지만 그렇다고 그것의 중요성을 도출하게 해주지는 않는다.

이런 의미에서 우리는 자연이 그리스인들의 창안물이라고 말할 수 있다.[69] 중국인들은 우리가 '자연(nature)' 이라 부르는 것을 지칭하기 위한 낱말이 없었다. 이에 대해 놀랄 필요는 없다. 돌 · 계절 · 낙지 · 산 · 고양이 · 지진을 포함하는 이질적인 전체를 동일한 단어로 지칭한단 말인가? 자연이란 개념의 창안은 일차적인 목적이 배제라 할 수 있을 설명에 부합한다. 이 개념은 인간 사회와 관련된 문제들을 배제

---

68) 어거스틴 브래니건(1981), 프랑스어 번역판, 《과학적 발견들의 사회적 토대》, PUF, 1996.

69) 제프리 로이드, 〈자연의 창안〉, 《그리스 과학에서 방법과 문제》, 케임브리지대학출판부, 1991, p.417-434.

하게 해줄 뿐 아니라, 신화적이고 마법적인 지식들을 배제하게 해준다. 이 지식들은 다소 불안한 초자연적인 존재들의 효력을 함축하거나, 먼 나라들에서 온 여행자들의 내세우는 비상한 이야기들과 소문에 의한 이상한 일화들을 함축한다. '자연'의 창안은 사전의 긴장을 분명히 배가시키는 명백한 차이를 만든다. 그렇지 않다면 자연이란 낱말은 '인정되지' 못했을 것이다. 그러나 이 차이는 긴장을 동원하게 해준다. 그리하여 한편으로 관찰하고 탐구하기 위한 적절한 수단들을 확보하고 있는 자들의 질문들에 규칙성들과 돌발적 사건들을 제공하는 자연과, 다른 한편으로 속기 쉬운 자들, 순진한 자들, 그리고 무법자들에게만 관심을 끄는 신화적인 피조물들, 시시한 이야기들, 귀신들, 마법적 작용들 사이에 분할선이 만들어진다. 따라서 창안의 성공은 이 분할이 구성한 사건이 망각되었는데도 분할선이 유지되어 왔다는 점이다.

이러한 의미에서 우리는 '근대 과학의 창안'에 대해서 이야기할 수 있다. 갈릴레오는 총체적 지식을 향해 개별적인 것을 초월하려는 모든 진술과 관련해 중세에 태어난 회의주의 형태를 다시 다룬다(보편 논쟁, 명목론). 이 회의주의에 따르면, 일반적이고 추상적인 모든 진술은 그것이 지시하는 대상으로 귀결되는 것이 아니라 그것의 주창자로 귀결된다는 것이다. 그는 유명한 《신과학과의 대화》에서 이 회의주의를 동원하여 무거운 물체들에 관한 자신의 진술들과의 차이를 두드러지게 한다. 여러 저자들이 주장한 수많은 허구들과는 반대로, 이 진술들은 그것들이 아무리 인간적이라 할지라도 그 자신으로부터 비롯된 것은 아무것도 없으며, 모든 게 무거운 물체들로부터 비롯된다는 것이다. 그리하여 과학적 진술들과 다른 모든 진술들 사이에 분할선이 설정되었다. 이것이 '근대 과학의 창안'이라는 사건의 가공할 특이성이다. 이 근대 과학은 그것을 돋보이게 하는 하나의 회의주의, 과학자들로 하여금 예술 · 철학 · 윤리학 · 정치학 등 과학적이 아닌 모든 것을 '같은 부류' 취급하도록 해주는 그런 회의주의를 선전하기 때문이다.[70]

70) 이자벨 스탕저, 《근대 과학의 창안》(1993), 플라마리옹, '샹' 총서.

연구소(Laboratoire)

오늘날 우리는 어디에서나 연구소(실험실: laboratoire)를 만난다. 학구적인 혹은 기업적인 연구소들, 의학적인 분석 실험실, 공적인 통제 연구실, 과학수사연구소 등이 그런 것들이다. 어떤 자료를 채취하는 데 그치는 측정 기구들(여러분 아파트 벽에 걸려 있는 온도계, 여러분 자동차 안에 있는 회전계, 가이거 계수기 등)과는 반대로, 연구소는 변모의 장소이다. 무언가가 연구소에 보내져 처리되고 변모된다. 그리하여 다른 운명의 무언가가 나오고, 다양한 용도의 산물이 나온다. 따라서 연구소는 우리가 그 안에서 만나는 기구들 전체로 환원되지 않는다. 그것은 행동과 전문적 자질을 포함하는 실천적 환경을 구성하며, 이 환경은 기구들에 목적화된, 다시 말해 확실하게 규정된 목적들을 지닌 의미를 부여한다.

연구소는 연금술사들의 창안물이다. 그것은 어원적으로 말해 사람들이 고생하면서 물질을 가공하는 공간이다. 열을 가하고, 증류하며, 담그고, 용해하며, 정제하고, 정련하며, 정수를 추출해 내는 것 등이 연금술사들이 무언가——금이나 치료제 등——를 생산하기 위해 매달렸던 다양한 작업들 가운데 일부이다. 이와 같은 작업들은, 필요하고 완만한 숙성의 관념과 결합된 시간에 긍정적인 역할을 부여했다. 그것들은 비법들에 대한 입문을 요구했고, 실험자에게 기나긴 경험을 요구했다. 뿐만 아니라 어떤 사람들에게 그것들은 정신적인 정화를 요구했다. 따라서 실험실은 기도실과 유사했다.

그러나 연구소라는 용어의 근대적 의미는 다분히 **통제**와 회계로 귀결되는 다른 유형들의 실천을 중심으로 엮어졌다. 정화는 이제 전(前) 단계에 위치하고 의무적으로 선결해야 할 과제이다. 왜냐하면 연구소에 들어오는 것은 이미 그 정체가 확인되어야 하기 때문이다. 이와 같은 근대적 의미는 라부아지에가 연소(燃素)(불의 물질)의 지위를 끌어내려 **소멸된** 개념들 쪽으로 옮겨 놓고자 할 때 그의 논증에 의해 극적으로 예시된다. 그는 반응적 울타리 안으로 진입하는 것과 이 울타리로부터 빠져나오는 것을 정확히 계산하여 그 결산으로부터 연소가 반응에 개입하지 않는다는 결론을 내린다. **저울**은 실험 장치의 본질적인 부분으로서 대표적인 계산 기구가 된다. 그것은 그 어떤 침입자도 작업 무대 안으로 스며들지 않았다는 것과, 그 어떤 것도 은밀하게 이 무대로부터 빠져나가지 않았다는 것을 확인해 준다.

다른 견해에 따르면, 시간은 근대적 연구소에서 고유한 역할이 없다. 물론 일부 작업들은 시간이 걸리지만, 그런 작업들을 단축시킬 수 있는 것은 무엇이든 환영받는다. 특히 변모의 시간을 대체하는 것은 변모들의 망이다. 근대적 연구소는 망을 통해서만 기능한다.[71] 그것은 정제된 제품들을 제공하는 기업적 혹은 학구적 연구소들을 전단계로서 필요로 하고, 없을 경우 무력하게 만드는 표준화된 기구들을 제작하는 기업들을 필요로 한다. 그것은 제품들과 절차들을 교환하고, 결과들을 비교하고 재생하고 안정화시키기 위한 연구소들, 나란히——때로는 경쟁 상태에서——작업하는 그런 연구소들을 필요로

---

71) 예컨대 베르나데트 방소드 뱅상 및 이자벨 스탕저, 《화학의 역사》(1993), 라 데쿠베르트/포슈.

한다. 그것은 생산된 정보들을 출간하게 되는 잡지들로 환원될 수 있고, 이 정보들에 관심을 갖고 인용하게 될 독자들로 환원될 수 있는 후속 단계를 필요로 한다. 그러나 또한 연구소는 하위 단계에서 기업적 망들과 접속될 수 있다. 이 망들은 연구소가 그 원형을 개발했던 것을 사용하거나 대량으로 생산할 것이다. 나아가 분명히 해야 할 점은 연구소와 공장 사이에서 모든 것(혹은 거의 모든 것)이 이루어지고 재창안되어야 한다는 것이다. 왜냐하면 기준과 제어를 지키는 표준화된 대량 생산의 계통 및 구속 요인들이 작업들의 성격 자체를 바꾸는 경우가 아주 빈번하기 때문이다.

따라서 우리는 연구소——모든 것이 통제되는 폐쇄되고 정화된 장소——의 힘을 만들어 주는 것이 또한 연구소로부터 나오는 창안들의 취약성을 만들어 주는 것이라는 점을 알게 된다. 이 창안들이 혁신이 되기 위해서는 엔지니어에서 금융가에 이르기까지, 법률가로부터 시장 전문까지 새로운 주역들을 끌어들이는 새로운 요구 사항들을 만족시켜야 한다. 반면에 연구소의 또 다른 분명한 한계는 고정된 것인데, 19세기 초엽부터 그 윤곽이 드러났다. 현장에서 일하는 지질학자들과 박물학자들의 필요품들을 위해 제작자들은 기본적인 몇몇 기구들과 시약들을 포함한 휴대용 실험실들을 시장에 내놓기 시작했다. 이어서 '실험-도구통들'은 농업과 산업에 확산된다. 브뤼노 라투르는 실험실의 보급이 파스퇴르 혁명에서 얼마나 중요했는지를 보여 주었다.[72] '세균들'은 우유 생산자들, 맥주 양조업자들, 의사들, 부지불식간에 세균들과 관련이 있는 일을 했던 모든 사람들이 그것들을 통

72) 브뤼노 라투르, 《파스퇴르 : 세균들의 전쟁과 평화》, 《비환원 *Irréductions*》이 첨가됨(1984), 라 데쿠베르트/포슈에서 재출간.

제할 수 있는 수단이 있을 때에 비로소 실질적으로 길들여지거나 정복된다. 그리하여 우유 가공 공장들, 양조장들, 양잠소들은 침입자들이 침투할 수 없는 통제된 장소들이 된다. 실험실 장비를 갖춘 후, 농업자들, 의사들, 그리고 기업가들은 그것을 숙달되게 사용하기 위해서 실험의 동작을 배워야 한다. 실험실의 숙달된 행동은 오늘날에도 새로운 '도구들'과 더불어 확대되고 있다. 임신 테스트, 피 속의 알코올 함유량 측정 테스트, 나아가 마약의 질 테스트 등이 그런 것들이다.

근대적 연구소와 증거는 시험연구소나 개량연구소라 할지라도 굳게 결합되어 있다. 왜냐하면 그곳에서 행해지는 작업들은 그것들이 역량을 발휘한(증거를 제시한) 한 역사의 산물이기 때문이다. 이러한 측면은 과학에서 증거가 그 자체로 목적이 아니라 우선적으로 다른 것을 위한 조건이라는 사실을 잘 나타낸다. 이 다른 것의 가능성은 증거의 확실성들에 종속되어 있다기보다는 증거를 조건지었던 **재생** 작업들의 신뢰성에 종속되어 있다. 그러나 연구소와 증거의 관계는 다른 면모를 지니고 있다. 즉 실험적 증거를 관리하는 데 지불해야 할 대가는 투입되고 산출되는 모든 것의 여과와 정화이다. 그렇기 때문에 연구소의 작업이 세계를 향해서 이동하고 있을 때, 그것은 연구소들을 기능할 수 있게 하는 데 없어서는 안 되는 정화 작업을 확산시킴으로써 세계를 변모시킨다.

끝으로 연구소가 증거의 무대라 한다면, 그것은 분명하게 정체가 확인된 역할을 지닌 배우들을 요구하며, 이 배우들과의 힘의 안정적 관계가 확립될 수 있어야 한다. 문제를 제기하는 실험자와 이 문제에 대답하기 위해 등장하는 '대상'이 있기 때문이다. 시간 · 인내 · 숙성, 요컨대 거의 연금술적인 일련의 작업들을 요구하는 어떤 구축을 위한 자리는 없다. 그렇기 때문에 근대적 의미의 연구소는 과학적 기획이 혼란만큼이나 예속이나 수련도 가능할 수 있는 동물이나 인간 존재들과 관계될 때, 이 기획과 역설적인 관계를 유지한다. 그리하여 이 경우 힘의 관계는 단순한 **인공물**들을 생산한다고 항상 의심받을 수 있다.

법칙(Loi)

자연은 법칙들이 있고, 그것들을 발견하는 것은 인간의 일이라는 생각은 오래된 관념이다. 이 법칙들을 기술하는 방식에 관한 망설임도 오래된 것이다. 현실은 이 법칙들에 예속되어 있는가——이 경우 입법자는 누구인가?——혹은 그것들은 사물들 사이의 내재적 관계로부터 비롯되는가?

자연에 순응해야 한다, 다시 말해 자연을 정복하기 위해서는 자연 자체가 따르는 법칙들을 따라야 한다는 근대적 관념으로 말하면, 그것은 한편으로 창조자-입법자로서의 하느님이라는 신학에 의해, 다른 한편으로 창조물과 기계적 작품, 예컨대 괘종시계 사이의 유사성에 의해 특징지어진 역사적 결합과 분리될 수 없다. 18세기에 괘종시계나 태엽시계라는 그 걸작들의 생산은 시계 제조자 신이라는 이미 오래된 은유에 왕관을 씌우러 온다. 인간 시계 제조자는 운동을 관리하는 법칙들을 통해서 마침내 그 이름에 걸맞는 '시간-관리자들(garde-temps)'을 생산할 수 있었다.

자연 법칙들과 신학 사이의 관계는 유럽에서 태어난 과학(이 과학은 사유가 내재성의 사유를 선택한 중국인들을 웃게 만들었다)을 특이하게 해준다. 그것은 다양한 운명들을 경험한다. 라플라스는 신의 가설을 필요로 하지 않았지만, 기원의 신에 관한 사색은 우주의 최초 순간들에 관한 일부 전문가들에게 회귀하였다. 그러나 일반적으로 볼 때, 법칙의 개념은 '세속화' 됨으로써 취약해져 비판을 당할 수 있게 되었다. 예컨대 에른스트 마흐에게 법칙들은 물리학에 의해 공식화된 것이며, 자연의 법칙들이 아니다. 그것들은 추상적으로, 따라서 경제적으로 방대한 기술적 · 장인적 그리고 실험적 지식들 전체를 압축하기 때문이다. 에밀 메이에르송 같은 다른 철학자들은 마흐 · 푸앵카레 · 뒤엠 같은 자들의 '회의주의' 에 분개한 물리학자들의 편을 들었다. 메이에르송이 보기에 법칙은 당연히 무엇보다도 인간의 산물이지만, 경제학처럼 공리적인 원리에 환원될 수 없는 성공을 표현한다. 현상의 다양성을 넘어서 이 다양성을 설명할 수 있는 불변의 실체(힘들, 에너지, 원자들 등)가 원용될 수 있을 때 만족되는 것은 물리학자, 그리고 사실상 모든 인간의 형이상학적 열정이다. 이것이 함축하는 바는 단순한 규칙성들을 나타내는 법칙들(광학 법칙들, 열의 확산 법칙들)이 원인들의 힘을 지시하는 법칙들과 동일한 위상을 갖는 게 전혀 아니라는 것이다. 규칙성들은 언제나 그것들의 원인을 기다리고 있기 때문이다.

시장의 법칙들(이 법칙들에 저항하는 것은 만유인력에 저항하는 것만큼이나 무익하다)이 충분히 환기하고 있듯이, 법칙의 개념은 부당한 주장들과 소통할 수 있다. 그렇기 때문에 그것의 실용적 사용 기준을 제안하는 것은 무용하지 않다. 따라서 관찰할 수 있는 규칙성들이나 **모델들**과는 달리 법칙은 그것에 제동을 건다고 보여지는 것에 대한 문제를 제기한다고 말할 수 있을 것이다. 그리하여 공기보다 무거운 새들이 난다는 사실은 "그것들은 무거운 물체들의 일반적 운명, 즉 떨어지는 것을 벗어나기 위해 어떻게 하는가?"라는 질문을 제기한다. 마찬가지로 발생학자들은 배자(胚子)가 어떻게 자연 발생적으로 분화할 수 있으며, 그렇게 하여 열역학 시스템들이 유일 형태의 상태로 진화하지 않을 수 없게 만드는 일반 법칙에 외관상 제동을 거는지 자문했다. 두 경우 대답은 그것들이 '불복종한다'는 것이 아니라, 법칙의 유효성이 어떤 조건들(앞의 경우 단순한 마찰로 환원된 공기의 역할, 뒤의 경우 균형 상태나 균형에 가까운 정상(定常) 상태에 도달할 가능성)에 종속되어 있을 수 있다는 것이다. 이 조건들의 눈에 띄는 위반은 그 의미 작용을 보다 잘 이해하게 해주었다.

이런 의미에서 우리가 말할 수 있는 것은 법칙이 중요한 개념이라는 점이다. 왜냐하면 통계적 혹은 관찰 가능한 단순한 규칙성이 아니고자 하는 포부를 통해서 그것은 그것을 벗어난다고 보여지는 것에 대한 문제를 만들어 내기 때문이다……. 또한 이 문제의 해결을 법칙의 승리로 과장하고 찬양해서는 안 된다. 왜냐하면 창조자 신과 이 신의 이미지를 따라 만들어진 것으로 생각된 인간이 논증의 무대에서 사라진 이래로, 어떠한 정연한 사상도 법칙들을 따르는 자연의 관념과, 이 자연에 속하면서 그 법칙들을 발견하는 인간들을 결코 화해시킬 수 없었다.

자판기(Machine à café)

자판기는 우리가 과학자들의 자서전적 이야기들을 믿는다면, 모든 연구소에서 전략적 장소이거나 연구의 중심점이다. 그것은 분과 학문들 혹은 상이한 분야들에 속하는 연구자들의 만남을 야기함으로써 때로는 **발견들** 혹은 예기치 않은 협력들을 시동시키는 풍부한 아이디어들이나 정보들의 교차를 조장한다. 요컨대 과학적 연구의 프로그램화되고 칸막이된 잔잔한 세계에서 자판기는 사건을 만들 수 있는 마법적 음료를 전달한다.

교재(Manuels)

과학을 직업으로 하지 않는 모든 사람들에게, 수업에 대한 몇몇 추억과 연결된 학교 교재는 책들이나 대중 잡지들과 함께 과학 세계에 접근하는 유일한 길을 구성한다. 그러나 그것은 과학적 활동에 대한 어떤 비전을 전달하는가?

교재들에 나오는 과학은 현재 이루어지고 있는 과학과는 매우 동떨어져 있다. 특히 교재는 단 하나의 실험이나 단 하나의 추론으로부터 논리적으로 비롯되는 일반적 진술들을 설명한다. 그것은 그것이 제기하는 문제들에 확실한 대답들을 가져다 주지만, 이 문제들은 그와 같은 대답들을 산출한 연구자들이 해결하려고 시도했던 문제들과 항상 관련이 있는 것은 아니다. 끝으로 교재는 확립되고 인정된 지식들만을 제시하며, 과학적 사실들과 이론들이 구축되고 안정화되는 과정들에 대해서는 어떠한 관념도 제시하지 않는다.

이로부터 두 유형의 과학적 저술 사이의 대조가 비롯된다. 한쪽에는 성립 과정중에 있는 과학에 참여하는 연구 **출간물**들이 있으며, 다른 한쪽에는 성립된 과학을 전달하는 교재들이 있다. 한쪽에는 창조성이 있고, 다른 한쪽에는 독단론과 보수주의가 있다. 과학의 이 두 측면이 드러내는 대조가 매우 크기 때문에 일부 과학자들은 교재들을 신랄하게 비판한다. 예컨대 폴 랑주뱅은 교재들을 '불쾌하다' 고 판단하고 '과학의 놀라운 교리 문답' 으로 취급한다. 그러나 그것들이 필수 불가결하고 귀중한 이유는 그것들이 가르치고 훈련시키는 소명을 받고 있기 때문이다.

가스통 바슐라르는 하나의 인식론을 구축하기 이전에 그 자신이 물리학 선생이었는데, 교재들이 지닌 보수적이고 법전화된 측면을 인정했다. "물리학 책들은 반세기 전부터 서로를 열심히 베꼈는데, 우리 아이들에게 매우 사회화되고 매우 부동화된 과학을 제공하고 있다. 이 과학은 대학 선발시험의 프로그램이 매우 신기하게 영속된 덕분에 **자연적인** 것으로 간주되는 상태에 이르고 있다." 교재들에 소개되는 과학은 엄격하게 통제된 것이지만, 과학에 접근하고자 하는 사람에게 처방된 행동을 충실하게 표현하고 있다. "처음 몇 페이지를 넘기자마자 더 이상 상식이 언급되지 않는다. 또한 결코 독자의 질문들도 통하지 않는다. 친구로서의 독자는 보통 다음과 같은 혹독한 경고로 대체된다. 학생, 조심해! 이 책은 그 자체의 질문들을 제기한다. 책은 명령한다."[73]

이번에는 토마스 쿤이 교재들을 '정상 과학'에 관해 훈련시키는 데 무서운 효율성을 지닌 도구들로 제시한다. 그것들이 과학적 혁명들의 존재에 대한 의심을 야기할 때까지 이 혁명들을 은폐하거나 숨기는 것은 그것들의 기능 때문이다. 그것들은 과학적 **공동체**에서 관례적 입문의 성분들이자 수련의 도구들인 것이다. 이와 관련해 연습은 특히 중요하다. 왜냐하면 그것은 일반적 진술들에 대해 작동적 의미를 부여하고, 학생에게 어떻게 그것들을 개별적 상황들에 연결시키는지 가르쳐 주기 때문이다. 참신한 퍼즐들에 달려들어 해결하려고 하기

---

73) 가스통 바슐라르, 《과학적 정신의 형성 : 객관적 지식에 대한 정신분석 소고》(1938), 브랭, 재출간, 1972, p.24.

전에 고전적 퍼즐들을 해결하는 방법을 잘 배워야 한다! 연습은 진정한 '훈련'의 위상을 지니고 있으며, 그것이 학생들에게 주입하는 실천적 지식은 어떤 과학의 일반적 진술들에 호소하는 독학자들의 경우와 차이가 있다. 이들은 마치 이 진술들의 의미 작용을 그것들 자체로부터 얻어내는 것처럼 그것들에 호소한다.

쿤의 경우처럼 표준화시키는 작용을 하든, 바슐라르의 경우처럼 규범적인 것으로 작용하든, 교재는 바로 보존자라는 점에서 과학의 생명에 없어서는 안 되는 도구이다. 그것은 유일하게 창조적인 연구 문학에 필요한 보완물이다. 장르들의 이와 같은 구분은 교재들에 어떠한 창안의 힘도 부인하는 것이다. 물론 사람들은 상트페테르부르크의 대학 교수였던 드미트리 I. 멘델레예프가 주기율표를 구축한 것은 《화학의 원리》를 집필하면서라는 사실을 환기하고자 하겠지만, 이는 법칙을 확인하는 예외이다.

그러나 이 유명한 예는 교재들에 대한 다른 시선을 전달할 수 있으리라. 교재를 집필하는 일은 다음과 같은 2중의 도전에 응하는 창조적 행위이다. 한편으로 그것은 하나의 분과 학문 혹은 연구 영역을 일관되고 충실하게 설명하는 것이다. 다른 한편으로 그것은 기지의 것에서 미지의 것으로 이동하는 교육적 전진을 마련하는 것이다. 이 두 절대적 필요성을 결합하기 위해 특별한 담론 형태를 창안해야 한다. 물론 이 담론 형태는 현재 이루어지고 있는 과학과는 관계가 없지만, 반드시 권위적이거나 독단적인 것이 될 필요는 없다. 전체적 성격의 연구는 새로운 가설들을 낳고, 접근들을 시사한다. 현재 이루어지고 있는 과학에 대한 거리 자체를 통해 교재의 집필은 종합의 노력을 기울이지 않을 수 없는 바, 전문화된 연구자들에게 새로운 연구 실마리들을 불러일으킬 수 있으며, 하나의 분과 학문을 인격화시키는 저자의 작품이 최소화 될 수 있다. 중등 교육의 교재들에서조차도 저자는 공식적 프로그램들이 강제하는 구속과 타협함으로써, 또 자신의 인식론적 선택들이나 교육적 재치들을 드러냄으로써 자신의 인격을 뚜렷이 드러낸다.

또한 교재의 집필은 학생들의 수련에 부여하고자 하는 방향들을 통해서 분과 학문의 정체성에 관한 심도 있는 문제들을 야기하는 계기가 될 수 있다. 리누스 폴링이 1939년에 출간한 《화학 본드의 성격》 혹은 이론 물리학에서 리처드 파인먼의 책들은 그들의 분과 학문의 역사에 족적을 남기는 혁신으로 간주된다. 또 최근 몇십 년 동안 우리는 과학자들 · 철학자들 · 역사학자들이 학생들로 하여금 과학적 지식들에 대한 교양적으로 계몽된 접근을 하게 해주겠다는 야심을 드러내면서 서로 협력하여 만들어 낸 교재들이 나오는 것을 보았다. 따라서 교육적 요구 사항들과 구속 요인들은 과학을 심층적으로 갱신시킬 수 있다.

순교자(Martyr)

자신들의 신념을 지키거나 자신들의 업적을 계속 추구하기 위해 수많은 고통을 겪는 순교자 과학자들의 꼬리표는 대부분 아카데미의 조사(弔辭) 속에서 형성되었다. 사실 퐁트넬에 의해 시작되어 18세기와 19세기에 성립된 그 전통은 성인들의 삶에 대한 수사학에서 영감을 얻고 있다.[74] 구원(진리의 추구)과 영원한 삶(사후의 영광)이라는 테마들을 세속적 버전으로 수용함으로써 그것은 세속 권력과 과학자의 정신적 삶 사이의 이원성을 이용하고 있다. 그것들의 대립을 연출함으로써, 과학자가 자신의 과학을 위해 죽지 않을 때조차도 순교자의 초상이 만들어진다. 예를 들면 라부아지에는 화학자였기 때문이 아니라 징세 청부인이었기 때문에 공포 정치의 희생물이 되었는데, 진리 추구의 희생자인 것처럼 그려졌다. "그들에게 이 인물을 처형하는 데는 한순간밖에 필요하지 않았지만, 아마 그와 같은 사람을 다시 만들어 내는 데는 1백 년도 모자랄 것이다." 이 말은 라그랑주가 한 것인데, '냉혹한 짐승'의 희생물이라는 이미지와 더불어 힘의 짧은 시간과 이성이 전개하는 모험의 긴 시간 사이에 대조를 구축한다. 과학자는 '시대의 밖에' 있다. 그는 다른 시간 속에 살며 후대를 위해 일한다.

---

74) 찰스 B. 폴, 《과학과 불멸성. 파리과학아카데미의 조사(弔辭)(1699-1791)》, 캘리포니아대학출판부, 1980.

그러나 교권과 세속 권력 사이의 충돌은 가장 유명한 꼬리표, 즉 종교 재판의 순교자인 갈릴레오의 꼬리표에는 적용되지 않는다. 이 딱지는 19세기에 통속 문학에서 광범위하게 보급되었다. 순교자 성인들과는 반대로 갈릴레오는 세속적 권력이 아니라 교권과 대결했다. 그는 수많은 고통을 참은 것이 아니고, 코페르니쿠스의 가설에 대한 자신의 '믿음'을 결국 단념하고 말았다. 그러나 사람들은 갈릴레오를 순교자로 만드는 데 성공했지만, 증인이라는 어원적 의미에서 성공했다. 그는 과학적 기획이 연루시킬 수 있는 위험들을 증언했던 것이다.

이 위험은 많은 경우에 물리적·신체적 위험이다. 한 혜성의 통과를 관찰하기 위해, 혹은 지구를 측정하기 위해, 혹은 다소간의 정밀도를 정복하기 위해, 혹은 몇몇 표본을 가지고 돌아오기 위해 즐겁게 떠났던 얼마나 많은 천문학자들과 지질학자들, 얼마나 많은 박물학자들이 되돌아오지 않았던가. 어떤 인물들은 망각되었지만, 그들을 동반하다가 함께 사라진 안내자들·짐꾼들·하인들·병사들·요리사들은 더욱더 잊혀졌다. 사람들은 퀴리 부부와 그들의 실험실 동료들이 방사능의 위험 앞에서 드러낸 경망함에 대해 많은 논평을 했다. 그러나 이 경망함은 공사장에서 헬멧을 쓸 필요가 없다고 판단하는 노동자들의 경망함과 마찬가지로 놀랄 게 못된다.

육체적인 위험들이 과학적 작업에 특수한 것은 아닐지라도, 아마 사회적-지적 위험들은 보다 특별하다 할 것이다. 아무것에도 이르지 못하는 실험·실패·오류에 다다를 위험이 있다는 것, 논쟁에서 패배할 위험이 있다는 것은 진정으로 창조적이 되기 위한, 새로운 아이디어들을 제시하기 위한 조건이다. 이 경우 가장 무서운 위험은 **동료들**로부터 온다. 순교자들로 자처하는 사람들이 보통 원용하는 적은 정착한 과학자들의 보수주의, 공식적 과학의 독단론이다. 위대한 역사의 영웅, 경우에 따라 노벨상을 타는 영웅이 되든가, 아니면——상상적 혹은 잠재적——순교자가 되든가 하는 것이다.

그러나 과학적 논쟁들은 예법을 존중한다. 그것들은 전쟁이나 십자군보다는 역할의 게임과 유사한데, 이는 게임의 아름다움과 흥미를 만들어 주는 것에 대한 파트너들의 합의를 전제하기 때문이다. 과학자가 나쁜 패배자가 아니라면, 다시 말해 자신의 패배를 인정할 줄 안다면, 그는——특히 그의 제안들이 우선적으로 그럴듯하다고 인정되었을 경우——일반적으로 자신의 신뢰도, 평판도 잃지 않는다. 따라서 모든 것을 고려할 때, 과학적 논쟁들은 다른 싸움들보다는 덜 위험하며 덜 대담하다. 이런 측면은 포퍼가 "아메바와는 달리 아인슈타인은 자신의 아이디어들을 그를 대신하여 죽게 할 수 있다"고 쓸 때 표현하는 것이다.

측정(Mesure)

측정할 수 있는, 양적인, 정밀한, 확실한과 같은 그 모든 형용사들은 과학자와 변함없이 연결된 성층을 형성한다. 물론 측정은 과학에서 본질적이다. 하지만 이는 그것이 그 자체로 과학적 방식이라는 사실을 말하는 것이 아니다. 헤로도토스에 따르면, 기하학의 기원은 토지의 측정으로 결부되지 않을 수 없다.[75] 매년 나일 강의 범람으로 인해 소유지들의 경계가 사라진 후, 왕국의 공무원인 측량원은 각자에게 속하는 경작된 면적을 재분배해야 했다. 물론 이는 전설이지만, 그것이 보여 주는 바는 측정이 원래 혼란이 있은 후 사회적 질서를 재확립하는 수단이고, 각자에게 속하는 것을 줌으로써 재산을 배분하거나 정확한 비율에 따라 세금을 거둠으로써 갈등을 없애는 수단이라는 점이다. 그렇기 때문에 아리스토텔레스는 측정을 사회 정의의 열쇠로 삼았다. 우리가 기준이라 부르는 척도, 모두가 받아들이는 공동의 척도가 없으면 사회도 없다. 따라서 매우 역설적인 점은 사람들이 통계 · 계량기 · 지침판 등과 더불어 일상적 사회 생활에 침투한 과학적 몸짓처럼 측정에 대해 이야기한다는 것이다. 모든 종류의 대상들에 측정의 확대는 사회에 대한 과학의 끊임없는 지배를 증언하는 것이 아니라, 그보다는 갈등을 피하거나 관계를 안정화시키려는 노력을

75) 미셸 세르, 《기하학의 기원》, 플라마리옹, 1993.

증언한다.

18세기에 측정 영역의 확장은 더할 수 없이 다양한 분야들에 미쳤다. 시간, 공간(지구 자오선의 측정이 수반됨), 산들의 고도, 기후 변화, 근육의 수축, 크리스털의 각도, 인구, 삼림, 정신병 등 모든 것이 목록, 일람표, 통계의 대상이 되었다. 측정은 우선 무엇보다도 자연 자원처럼 사회의 통제와 관리의 도구이다. 사람들은 아무것이나 그리고 온갖 목적을 위해 측정할 수 있다.

헤겔은 과학과 관련해 일단 영감이 떠오르자, 측정되는 것에 대해 맹목적인 '외적 측정'과 '내적' 측정이 구성하는 사건을 구분하자고 제안했다. 이 사건은 어떤 현상으로 하여금 마침내 말하게 하고, 그것을 어떻게 측정하는 것이 적절한지 그것에 대해 배우게 한다. 그리하여 19세기 초반에 '노동'의 개념은 마찰이 없는 이상적인 기계적 운동일 경우 '내적 측정'이었는데, '기계적 화폐'의 위상으로 격상된다. 이 기계적 화폐는 그것을 사용하는 수단들(힘든 인간적 노력이나 기계의 작동)과 독립적으로 규정된 것이다.[76] 노동은 외적 측정이 된다.

외적 측정은 맹목적일 뿐 아니라 경우에 따라서는 무지를 감출 수 있다. 예컨대 건강의 통계적 개선과 분자 사이의 연관을 확인하는 임상적 테스트가 그런 경우이다. 측정은 가짜로 나서는 것들을 제거하는 데 유용하다. 하지만 오늘날 자주 그런 경우가 있듯이, 그것은 이 분자의 정복이 건강 개선의 원인이라는 사실의 증거로 내세워질 수는 없을 것이다. 모든 측정들이 동일한 가치를 지니는 것은 아니다.

모든 종류의 목적들에 측정의 적용은 명확성에 대한 숭배를 수반했다. 18세기에는 일련의 기구들——기압계 · 온도계 · 고온계 · 액체

76) 프랑수아 바탱, 《노동. 경제와 물리학. 1780-1830》, PUF, '철학' 총서, 1993.

비중계 등——이 완벽해진 덕분에 측정의 정밀함은 50년 사이에 계수 10이 되었다. 그것은 미터법의 모험을 통해 판단한다면, 심지어 국가적 위신과 관련된 정치적 쟁점이 되었다. 지구 자오선에서 출발한 4백만 분의 1의 삼각측량을 통해서 측정에서 몇 초의 각도를 얻기 위해서 국민 의회는 혁명 전쟁이 한창중인데 프랑스 도로를 통해 들랑브르와 메생이라는 두 과학자를 파견했다. 그리하여 정밀함은 그 자체로 일종의 목적이 되는 것 같았고, 과학과 양적 측정 사이의 혼란을 조장했다.

그러나 측정하는 일은 우선적으로 어떤 항들의 관계를 설정하는 것이고, 비례를 확립하는 것이다(katalogon). 이와 같은 관계나 비율은 반드시 숫자화된 방식으로 표현되는 것은 아니다. 양은 측정의 본질이 아니다. 우리는 **질들**을 측정할 수 있을 뿐 아니라 순전히 질적인 측정치들을 얻을 수 있다. 예를 들면 18세기의 화학자들은 물질 A가 화합물 BC로부터 B를 이동시킬 수 있는 가능성에 따라, A가 B에 대해 지니는 다소 커다란 친화성을 제공하는 '관계표'를 구상했다. 이와 같은 질적인 측정들을 '선(先)과학적'으로 취급하는 것은 그것들이 1세기 이상 동안 화학 반응의 결과에 대한 매우 효율적인 예측 도구를 제공했다는 사실을 망각하는 것이다.

양적인 측정 영역에서조차 정밀함이 항상 본질적인 것은 아니다. 우리는 다른 분야에서와 마찬가지로 과학에서도 근사치에 만족할 수 있고, 또 만족하지 않으면 안 된다. 과도한 정밀함은 바슐라르가 강조하듯이 아마추어리즘의 표시이다. 측정의 오류들을 제어하는 기술들로서 근사치 기술들의 창안은 그 자체로 매우 흥미진진한 역사이다. 바슐라르는 이렇게 말했다. "근사적 지식의 역사와 과학의 역사와의 관계는 민족들의 역사와 왕들의 역사의 관계와 같다."[77] 좀더 멀리 나가 보자. 우리가 국지적으로 획득된 측정 결과들을 비교하고자 한다면, 측정들을 서로를 통해 통제하기 위해 신속하게 되풀이하고자 한다면 매우 완벽하고 매우 예민한 기구들을 가지고 작업하는 것을 단념하고, 조립하고 다루는 데 보다 단순하고 보다 쉬운 기구들을 채택하는 게 좋다. 요컨대 정밀함과 표준화 사이에서 선택을 해야 한다. 그리고 각각의 측정 유형을 위해 측정의 전후 맥락과 목적에 따라 이런 요구 사항들 사이에서 협상을 해야 한다.

바슐라르는 공식화에 대한 취향을 드러내면서 측정의 문제를 다음과 같은 유익한 계율로 요약하고 있다. "측정을 하기 위해서 숙고해야 하지 숙고하기 위해 측정해서는 안 된다."[78]

---

77) 가스통 바슐라르, 《근사적 지식에 대한 시론》(1928), 브랭, 재출간.

78) 가스통 바슐라르, 《과학적 정신의 형성》(1938), 브랭, 1972, p. 213.

형이상학(Métaphysique)

과학자들의 통상적 언어에서 '형이상학적' 이란 말은 '불분명한' 혹은 '공상적' 이라는 말과 다소간 동의어이다. 무상한 사색에 속하고 견고한 사실들이나 실험적 증거들에 확고하게 근거하지 않는 모든 것은 형이상학적이다. 형이상학적 진술이 반드시 틀린 것은 아니지만, 그것은 독단적이다. 그리하여 예컨대 과학 교재들은 데모크리토스·에피쿠로스·루크레티우스의 원자들이 형이상학적인 반면에, 물리학과 화학의 원자들은 과학적이라고 단언한다.

이와 같은 견해는 분명 실증주의의 유산이다. 오귀스트 콩트가 볼 때, 실증적 시대 이전의 단계인 형이상학적 시대는 추상적 추론에 의해, 그리고 현상들의 내밀한 본성과 원인들에 대한 탐구에 의해 특징지어지는데, 이 탐구에 대한 대답은 추상적 실체들의 창조를 통해 이루어진다. 예컨대 열의 생산은 연소(燃素)나 열소(熱素)의 방출로 설명된다. 자기적 현상들은 자기적 유체의 존재로 설명된다. 화학 반응은 신비한 선택 친화력의 작용을 통해 설명된다. 형이상학적 설명은 비록 환상적이라 할지라도 심층적으로 합리적이다. 그것은 원인의 필요에 부합한다. 그런 만큼 형이상학을 제거하는 유일한 수단은 **원인**들의 탐구를 '단념하고' 현상들의 법칙의 진술에 만족하는 것이다. 그런데 콩트는 형이상학적 정신이 신학적인 설명들의 힘을 무너뜨리기 위한 '용매' 로서 자기 시대에 매우 유용했다는 점을 인정한다. 형이상학이 고유한 일관성은 없다 할지라도, 그것은 비판적 가치를 지니며 실증적 과학을 위한 영역을 준비한다. 그러나 그것은 넘어서야 할 것이고, 보다 정확히 말하면 과학적이 되기 위해 추방해야 하는 것이다. 그것도 왜, 즉 설명하려는 의지를 없애는 일종의 자기 절단이나 단념의 대가를 치르고, 과학을 현상들의 기술과 예견으로 환원시키는 대가를 치르고 말이다.

과학자들이 단념할 준비가 된 것을 우리가 검토하는 순간부터 상황은 복잡해진다. 우리는 콩트가 인용한 개념들이 모두 그의 시대에 **시효가 지났음**을 알고 있다. 반면에 마흐는 원자들과 뉴턴의 시-공간을 형이상학적인 것으로 추방하려 함으로써 훨씬 더 많은 논쟁을 야기시켰다. 그리고 20세기 초반에는 물리학자들이 '현상들을 넘어' 서는 데 마침내 성공한 하나의 과학, 다시 말해 관찰할 수 있는 현실을 기술할 뿐만 아니라 설명할 수 있게 된 과학을 찬양한다.

이와 같은 성공은 어쨌든 대부분의 물리학자들이 생각했던 바를 확인시켜 줄 뿐이었다. 즉 뉴턴의 힘이 규칙적인 현상들 전체에는 관련되지 않으면서도 그것들의 규칙성을 설명한다는 것이다. 에밀 메이에르송이 경쟁적으로 강조했듯이, 설명의 의지를 없애면서 과학을 생각한다는 것은 불가능하다. 그리고 그에게 물질 및 에너지의 보존 원리들을 표현하는 진술을 지배하는 것은 다양성 속에 통일성, 상이함 속에 동일한 것, 변화 속에 불변하는 것의 끊임없는 추구이다. 이 원리들이 실험으로부터 파생되는 규칙성들과 동일시될 수 있다고 주장하는 것은 환상이다. 또 과학적 진술들이 모든 형이상학으로부터 벗어나 있다고 믿는 것도 환상이다. 비록 형이상학이 증거로 개입할 수 없고, 과학적 진술들에 다만 그럴듯함의 무게만을 부여한다 할지라도 말이다.

그렇지만 우리는 각각의 과학이 그 나름의 고유한 형이상학이 없는지 자문해 볼 수 있다. 물리학자들의 현실주의에 우리는 화학자들의 규약주의적 실용주의를 대립시킬 수 있지 않을까? 전자들은 전자를 '그 자체로' 규정할 수 없는 불가능성, 양자역학과 관련된 그 불가능성을 충격적인 드라마로 체험하고 있다. 반면에 화학자들에게 하나의 상징 · 공식 · 정의는 어떤 실천과 관련된 적절한 표상이나 모델만을 표현할 뿐이지 존재론적 가치는 없다.

그러나 또한 형이상학이라는 용어의 사용 자체가 반가운 것인지 자문할 필요는 없을 것이다. 왜냐하면 우리가 우리 자신도 알지 못한 채 형이상학자라는 관념은 그 자체로, 낡아빠진 것으로 통하는 실천인 철학에 대한 경멸을 나타내는 기호를 구성하기 때문이다.

방법(Méthode)

통상적으로 사람들은 이른바 방법에 대한 합의가 있다고 전제하면서 '과학적 방법'에 대해 이야기한다. 이와 같은 개념에는 숫자·증거·통제·엄격함·재생 가능성과 같은 용어들이 결부되어 있다. 이러한 테마군은 존중되고 있는 만큼이나 막연한 개념을 안정화시키는데 기여한다. 우리는 이 개념을 분명히 할 수 있을까?

규범적 분과 학문인(혹은 오랫동안 그랬던) 인식론은 방법의 규칙들을 제정하는 것은 자신의 책임이라고 간주했다. 다분히 그것은 방법의 이상화된 버전을 제시하고 있으며, 이 버전은 연구자들의 실질적 방법들을 진정으로 반영하지 못하고 있다. 연구자들의 방식은 실험과 이론을 낳는 가설과 같은 표준적 도식들이 생각하게 만드는 것보다 덜 매끈하고, 보다 더 뒤죽박죽이며, 더 기복이 심하고, 혼란스러우며, 기회주의적이다. 이런 이유로 인해서 그것은 훨씬 더 창조적이다. 왜냐하면 그것은 인식론자들의 담론에서는 시민권을 얻을 기회가 드문 즉흥적 발상·판단·후각·재치를 끊임없이 요구하기 때문이다.

최초의 논리 실증주의자들이었던 일부 철학자들은 정당화의 전후 상황과 발견의 전후 상황의 구분——이 구분은 여전히 라이헨바흐가 한 것으로 인정되고 있다——을 원용함으로써 과학적 방법에 대한 이와 같은 두 관점의 대조를 이용하려 했다. 그들은 어떤 학자가 실천한 실질적 방식들에 대한 연구는 과학사가들에 넘겨 주었고, 그리하여 이상적인 순수한 방법을 도출하기 위한 자유로운 영역을 확보했다. 한쪽에서는 인간적이고 너무 인간적인 비이성적 측면과 흥미들이 뒤섞인 지식, 일화적인 것을 다루고, 다른 한쪽에서는 논리 · 이성 · 인지를 다루는 것이다. 사실 과학적 행위들을 다루는 역사가들은 발견과 정당화 사이의 구분이 얼마나 환상적인지 보여 준 바 있다. 연구자들의 실질적인 방식에서 이 둘은 끊임없이 뒤섞인다. 우리는 논리적 구축의 깨끗하고 투명하며 공적인 단계들 앞에 있다고 보여지는 다소 더럽고, 다소 숨겨지거나 사적인 단계를 만나기가 쉽지 않다. 암중모색하는 탐구 방식은 설득하고 입증하기 위한 논리적 논거들의 구축에 의해 이미 방향이 잡혀 있다.

인식론이 규범적이라기보다는 더 기술적이 될 때, 그것은 개별 학문의 역사에서——보다 드물게는 현재에서——빌린 사례들의 연구에 토대한다. 그러나 이때 하나의 국지적 분야, 다시 말해 대개의 경우 물리학, 때로는 화학, 매우 드물게는 사회학과 같은 분야에서 실행되는 것이 일반적 모델로 수립되는 경향이 있는데, 이는 유린적인 결과들을 낳는다. 그리하여 물리학의 설명적 도식들은 20세기에 과학성의 모델들로 확립되었지만 아마 보다 적절했을 연구 방법들을 억압하거나 불신하는 데 이용되었을 것이다. 이와 관련해 최소한 고전적 실증주의는 보호막이 될 수도 있을 것이다. 왜냐하면 오귀스트 콩트는 각각의 과학이 그 나름의 방법들을 지니고 있다는 점을 강조하면서 국지적 인식론을 제안한 최초의 인물들 가운데 하나였기 때문이다. 이 방법들은 신중을 기하지 않고는 다른 과학들에 적용될 수 없다는 것이다. 뿐만 아니라 하나의 동일한 과학 내부에서 방법들은 진화한다. 물리학이나 생물학의 '총칭적인' 실험적 방법에 대해 이야기하는 것은 시대들에 따른, 나라들이나 심지어 제도들에 따른 논증의 실행들 혹은 유형들의 진화를 무시하는 것이다. 예를 들면 여러 연구들이 파리왕립과학아카데미와 런던왕립학회에서 실험적 방법의 실행들과 기준들 사이의 대조를 강조했다.[79)]

'과학적 방법'이라는 표현을 복수화하는 일이 이러한 다양성을 초월하려는 시도와, 과학적이지 않은 방법과 과학적 방법을 차별하게 해주는 기준이나 기준들을 확인하려는 시도를 반드시 단죄하는 것은 아니다. 카를 포퍼의 시도는 진술의 **반박** 혹은 반증 가능성의 개념을 강조하고 있는데, 기나긴 논쟁들을 야기시켰기 때문이라 할지라도 가장 영향력 있는 시도들 가운데 하나였다. 그러나 포퍼 자신이 마르크스주의와 정신분석학의 과학적 주장들을 반박하는 시도에 참여하였다. 그리하여 흔히 나타나는 일이지만, 사람들이 과학의 유일한 과학적 특수성이라는 관념을 원용할 때, 그 목적은 어떤 학설들을 불신하기 위한 것이다.

그렇다면 '과학적 방법'은 가능한 다른 접근들을 단죄하기 위해 권위 있는 논거로서 흔들어대는 물신에 불과하단 말인가? 물론 예컨대 입자물리학 · 면역학 · 인류학과 같이 다양한 분야들에서 획일적으로 실행되는 공통적 방법에 대한 다소 분명한 관념을 도출하는 것은 어렵다 할 것이다. 그러나 "과학에 고유한 방법이 있다"는 관념은 아무리 막연하다 할지라도, 아마 전적으로 공허한 것은 아닐 터이다. 왜냐하면 과학적 행위 전체는 실제로 다음과 같은 공통적인 절대적 필요성에 따르기 때문이다. 즉 실험실의 활동이 되었든, 현장 활동이

79) 잰 골린스키, 《공적 문화로서 과학. 영국에서 화학과 계몽, 1760-1820》, 케임브리지대학출판부, 1992. 크리스티앙 리코프, 《과학적 실천의 조직. 프랑스와 영국에서 실험의 담론(1630-1820)》, 라 데쿠베르트, 1996.

되었든 '보고해야(rapporter)' 한다는 것이다. 여기서 보고한다는 말은 '출간한다' 와 '관계짓는다,' 다시 말해 연구자가 몸담고 있는 과학적 분야의 관심 사항들과 연결될 수 있고 관계지어질 수 있는 지식들을 생산한다는 이중의 의미이다. 이와 같은 보고의 절대적 필요성을 주관하는 기준들을 분명히 하기는 어려운 상태이다. 왜냐하면 그것들은 상대적으로 유연하며, 논의와 재정의의 대상이 될 뿐 아니라 대개의 경우 우리가 실무에서 획득하는 암묵적 지식에 속하기 때문이다. 게다가 그것들의 모호한 성격은 우발적인 것이 전혀 아니고, 그것들이 잘 작동하는 데 필요한 조건이라 할 것이다. 그런 만큼 어떤 의미에서도 그것들은 보장의 역할을 할 수 없다. 어떤 시대에 하나의 과학적 분야가 몇몇 방법들에 의해 특징지어질 수 있다 할지라도, 과학을 하는 데 하나의 과학적 방법을 따르는 것만으로는 충분치 않다.

모델(Modèle)

모델은 법칙처럼 딱 부러진 의미가 없는 다의적 용어이다. 이론과 모델을 안정적인 방식으로 구별하는 특징들을 규정하려고 시도하는 것은 헛된 일이다. 토마스 쿤이 도입한 유명한 '패러다임' 이라는 용어 자체가 '처리 모델' 을 의미하기 때문이다. 이론이 없는 모델들이 있고, 이론으로부터 비롯된 모델들이 있지만, 이론들은 또한 모델들 속에 새겨진다……. 모델이라는 용어는 분야 전체에 침투할 수도 있다. 우리는 오로지 모델들만을 만들고 있다고 일부 과학자들은 말하리라. 그리하여 진술자의 명철성과 몇몇 동료들의 무지 사이의 대조가 주장된다.

어떤 경우들에 있어서는 이유들이 주어진다. 예컨대 하나의 모델은 이미 이론화된 상황의 단순화된 버전, 다시 말해 철저한 수학적 처리에 적합한 특권이 있는 버전을 나타낼 수 있을 것이다(예를 들면 수소원자 모델). 그것은 흥미있는 형식적 대상을 지칭할 수 있을 것이다. 또 그것은 타당한 것으로 드러나거나 실증적 분야들에서 새로운 문제들을 불러일으킬 수도 있을 수학적 속성들의 규정을 위한 터의 구실을 할 수 있을 것이다(르네 통이 제안한 '재앙' 의 상이한 모델들). 혹은 모델은 이용할 수 있는 수단들과 구속 요소들을 가지고 구축된 시각적 표상을 구성하지만, 이 표상의 성격은 다소 조작된 것이고 아마 일시적이라는 점이 인정된다(원자의 최초 모델들). 후자의 경우 모델에는 흔히 저자의 이름이 붙여진다. 그리하여 사람들은 러더퍼드의 원자나 보어의 원자에 대해 이야기한다. 일반적으로 '모델' 이라는 용어의 사용은 어떤 여지를 분명하게 드러내는데, 실험적 진술은 어떤 여지가 없는 점을 자랑한다. 모델은 이론과는 반대로 버려질 수 있고, 보완적 모델에 의해 복잡화되고 중복될 수 있지만 이와 같은 작용은 논쟁의 대상이 되지 않는다.

하나의 수학적 혹은 시각적 모델을 만드는 것은 **창안**의 즐거움과 관련되는 즐거움과 만족을 얻게 해준다. 그리고 이런 일은 당사자가 자신의 한계를 미리 인정할 때조차도 마찬가지이다. 반면에 영토의 정비, 흐름의 관리, 경제 발전과 같은 것들을 결정하는 것이 문제일 때, 우리는 모델의 매우 상이한 이용, 즉 모델을 통한 논거 제시 앞에 직면한다. 여기서 모델은 창안과 상관 관계가 있는 것이 아니라 모델을 만드는 자의 선택, 즉 고려해야 할 사항 및 어떻게의 선택과 상관 관계가 있다. 그는 비용과 결과를 평가하고 변화에 관해 예측할 것을 요구받는다. 시뮬레이션의 기술 덕분에 어떤 모델들——예컨대 핵폐기물의 매장이나 공항의 건설에 관한 것들——은 양식화된(stylisés) '세계들' 을 창조하게 해주며, 사실주의적 서술처럼 보이는, 미래에 관한 시나리오들을 생산하게 해준다. 그것들은 그 자체로 정치적 문제들을 제기한다.

모델을 통한 논거 제시는 사실 중립적 절차를 결코 구성하는 것이 아니다. 물론 모델들은 원칙상 비판에 개방되어 있지만, 하나의 모델은 흔히 복잡하고 무거우며, 분석을 할 경우 아직은 별로 확산되지 않은 전문적 능력을 요하는 '검은 상자' 를 구성한다. 뿐만 아니라 모델을 통한 논거 제시는 규범이 되었는데, 다음과 같이 비판에 반박하게 해준다. "좋습니다. 그런데 당신은 대항 모델이 있습니까?" 대항 모델에 근거하지 않는 모든 이의 제기는 배척될 위험이 크며, 이런 측면에 모든 이의 제기들이 다 동의하는 것은 아니다.

모델들을 통해 표지가 설치된 영역에 개입하는 데 어려움은 왜 어떤 대항 모델들, 예컨대 '성장 한계' 를 분명히 드러낸 모델들이 획기적이 되었는지 설명한다. 이 경우 이의 제기자들은 새로운 방식으로 경제 발전의 문제를 제기하는 모델화에 필요한 전문성 · 시간 · 돈을 결합할 수 있었다. 그러나 이런 에피소드들은 우리가 유일한 하나의 모델을 토대로 받아들인 기술적 안건들의 숫자에 비하면 드물다. 그것들이 정상적이 되기 위해서는 공권력이 세상살이를 어렵게 하는 것을 받아들여야 할 것이다. 문제를 쟁점화시키는 실질적으로 다양한 방식들을 등장시키는 모델들의 충분한 다원성이 확보되지 않는 한, 모델에 근거한 결정이 내려질 수 없다는 규칙이 제시되어야 한다. 그리하여 어떤 반박들이 모델화에 적절하지 않은 것처럼 보인다 할지라도, 현존 모델들의 한계를 강조하면서 이 반박들이 고려될 것이다.

따라서 공적인 삶에 관한 결정들에서 모델들을 이용하는 문제는 정치적인 문제이다. 그러나 그것은 또한 과학자들 및 엔지니어들의 양성과도 관련된다. 그들 가운데 '모델화' 에 매진하는 자들의 수가 점점 더 많아지고 있다. 모델이 지식의 도구로 남아 있는 한(아무것도 아닌 것보다는 낫다), 모델을 만드는 자가 '기술의 상태' 를 고려하면서 그럴듯한 모델을 그 자체의 목적으로 구축하는 작업을 당연히 생각할 수 있다. 반면에 모델이 '결정에의 도움' 으로서 구상된다면, 새로운 습관들이 모든 모델들의 한계, 모델들의 다원성, 그것들의 대조에 대한 감성을 끌어들이면서 부각된다. 이런 측면은 미래의 과학자들에 주입되는 습관들의 매우 철저한 변화를 함축한다 할 것이다. 이들 과학자들의 명철성, 다시 말해 또한 상상력은 동일한 우선 과제들,

동일한 가설들, 중요한 것과 무시될 수 있는 것을 구별하는 동일한 방식들을 공유하면서, '전문성을 갖춘 동료들'의 예상할 수 있는 유일한 반박들 쪽으로 흔히 유도된다.

중립(Neutre)

좋지도 않고 나쁘지도 않은 과학은 흔히 중립적인 것으로 규정되었다. 눈먼 기계처럼, 그것은 전적으로 **자율 상태**에 있는 **순수한** 지식들을 생산한다는 것이다. 이어서 어떤 사회나 정치 체제가 과학자들이 이룩한 창안들과 발견들을 고상한 혹은 비열한 목적들에 이용하는 것은 그것들과 관련이 없으며, 그것들의 책임을 끌어들이지 않는다는 것이다. 윤리적 가치들과 정치적 혹은 사회적 쟁점들에 무심한 채 과학은 선과 악을 넘어서 진화한다는 것이다.

이러한 주장은 과학에 대해 개시된 공격들에 직면하여 나온 성찰적 입장으로 논쟁적 상황 속에서 상당히 최근에 개발된 것이다. 19세기에 과학적 문학은 대중적이었던 만큼 학구적이기도 했는데, 과학에 수많은 미덕들을 부여했다. 즉 과학은 혜택을 베풀어 주고, 평화를 가져다 주고, 근본적으로 개화를 시켜 주는 것이었다. 과학의 발전과 인류의 진보는 동일한 것이었다. 그리하여 다소 망상에 사로잡혔던 많은 과학자들 —— 그 중에서도 마르슬랭 베르틀로 혹은 빌헬름 오스트발트 —— 은 기꺼이 '인류의 안내자'로 자처했다. 그러나 19세기 말엽의 프랑스에서 이런 종류의 태도는 문학계와 철학계로부터 격렬한 반작용을 일으켰다. 이로부터 페르디낭 브륀티에르가 과학의 파산 혹은 실패라는 주제에 대해 던진 논쟁이 비롯되었다.[80] 과학은 전통적인 도덕적 권위를 대체하고자 했고, 도덕을 이성에 토대하여 확립하고자 했다. 그것은 그것의 약속들을 지키지 못했고, 지킬 수도 없다. 왜냐하면 그것이 생산하는 것은 실용적인 처방들의 전체에 불과하기 때문이다. 그것은 결국 사회를 파멸로 이끌고, 젊은이들을 자살은 아니라 할지라도 비도덕성으로 이끈다. 가톨릭 교회는 이와 같은 공격과 연합한 반면에, 샤를 리셰와 마르슬랭 베르틀로는 공화파 당국의 지지를 업고 철저하게 반격을 가했다. 과학은 가치들이 아니라 사실들을 생산하기 때문에 약속을 한 적이 없다고 리셰는 단언했다. 따라서 애초에 과학의 중립성은 약속을 지키지 못했다는 비난에 대한 반격이다.

반대로 과학은 양차 세계대전 동안 약속을 너무 잘 지켰기 때문에 다시 비난받고 있다——아니면 최소한 비난받는다고 느낀다. 독가스, 그리고 그 다음에 원자 폭탄과 같은 새로운 무기들의 이용이 야기한 충격은 과학자들 사이에서도 다양한 입장 표명을 낳게 했다. 폴 랑주뱅 같은 사람들은 과학이 '도덕적 · 사회적 가치'를 지닌다는 점을 그 어느 때보다 강력하게 표명한다. 영국의 존 데스먼드 버날 같은 사람들은 과학의 '명예를 회복시키고,' 그것의 방향을 재정립하기 위해 노력한다. 또 아인슈타인 같은 사람들은 과학의 성전과 그것을 더럽히는 실용적 이익 사이의 차이를 신성화하고자 한다.

중립성이 허구라는 점은 과학의 일상적 활동과 역사가 쉽게 보여주고 있다. 이 허구는 **사실**들과 가치들, 이성과 **견해** 사이에 견고한 칸막이가 있다는 가정에 근거한다. 그런데 사실들에 부여된 권위도, 과학을 특히 합리적 방식에 일치시키는 동일시도 결코 중립적이지 않

---

80) 해리 폴, 〈과학의 파산에 대한 논쟁〉, **《프랑스 역사 연구》**, n° 5, 1968, p.299-327.

다. 역사적으로 볼 때 과학이 학구적인 분과 학문들로 구성됨과 동시에, 그것이 특권적으로 표현하겠다고 나섰던 **합리성**을 교회와 군주제에 저항할 수 있는 최고의 가치와 권위로 삼았다. 과학 문화는 정치적 견해들을 지니고 옹호하는 것을 금지하지 않을 뿐 아니라, 오히려 그쪽으로 유도한다. 비록 취해진 방향이 비판적 정신과 순응주의 사이에 기대되는 차이를 항상 보여 주는 것은 아니라 할지라도 말이다.

그렇다면 중립성의 이런 허구가 수행하는 기능들은 무엇인가? 왜 참여 활동을 하고 투쟁하는 연구자는, 특히 이런 참여가 그의 전문성과 관련이 있을 때, 그가 속한 공동체 내에서 불만이나 나아가 신랄한 비판을 야기시키는가? 흔히 그는 불확실하거나 아직은 취약한 자료들에 근거한다고 비난받는다. 왜냐하면 그것들은 그의 착상들의 방향으로 가고 있기 때문이다. 혹은 더 나쁜 경우이지만 그는 사실들을 조작한다고 의심받는다. 어쨌든 그에게 환기되는 점은 그가 제기하는 문제들이 '비과학적' 이며, 그가 그것들에 대해 시민으로서 관심을 가질 수 있지만 자신의 정치적 참여와 과학적 참여를 분명하게 분리하도록 주의해야 한다는 것이다. 호전적 과학자들에게 흔히 쏟아지는 또 다른 비난은 그들이 과학적 공동체 전체를 간접적으로 끌어들인다는 것이다. "일반 대중은 우리를 신뢰할 수 있을지 더 이상 모르게 될 것이다".

이와 같은 비난들은 그것들이 수렴시키는 다양한 유형의 불안을 통해 흥미를 준다. 우선적으로 볼 때, 중요한 것과 관련해 신뢰할 수 있는 유일한 중재자인 분과 학문적 질서를 위험에 빠뜨릴 수 있는 갈등, 즉 충실들의 갈등이라는 위협이 있다. 참여적 연구자가 분과 학문이 고려의 대상으로 취급하지 않았던 어떤 상황의 여러 측면들에 중요성을 부여하게 되면, 흔들릴 수 있는 것은 판단의 전체적 안전판이며, 과학자들의 조직은 이런 종류의 문제에 대결하기 위한 도구들을 그들에게 갖추어 주지 못한다. 그들은 **동료들**과의 합의를 통해서 위험을 무릅쓰기보다는, 지금까지 부차적으로 판단된 측면(예컨대 오염 문제들)을 고려하라고 그들에게 요구하는 법제도를 보다 기꺼이 따를 것이다. 일부 참여 과학자들은 큰 희생을 치르고 이 점을 배웠다. 그들은 그들이 제기한 '나쁜 문제들' 때문에 자신들의 평판과 경력이 깨지는 것을 보았던 것이다. 다른 한편으로 위와 같은 비난들은 과학이 일반 대중에게 요구하는 신뢰에서 중립의 허구가 수행하는 전략적 역할을 보여 준다. 중립성은 신뢰성의 보장인 것 같다. 끝으로 단 한 사람의 말이 일반 대중 앞에 전체 과학 공동체의 신뢰성을 끌어들인다는 발상은 과학자들의 상호 의존성, 일종의 유기적 관계를 시사한다. 이와 같은 종속성은 "누군가……를 제안한다(un tel propose)"라는 양태가 '모두가 알다시피(on sait)'라는 비인칭으로 이동해야 하는 과학적 진술의 위상을 잘 표현해 준다. 그러나 그것은 여기서 반대로 기능한다. 왜냐하면 그것은 목표로 하는 성공에 대해 어떤 정설을 채택하기 위한 개인적인 견해를 말해서는 안 되는 의무가 되기 때문이다. 물론 개인적 의견이 정설과 일치하지 않거나 전능하고 혜택을 베푼다는 과학의 이미지를 강화하러 오지 않는 한 말이다.

아마 과학의 진술이 결코 중립적이 아니다라는 확언으로부터 출발해야 할 것이다. 다시 말해 중립을 과학과 견해를 구분하는 조작자로 만드는 것을 중지해야 할 것이다. 연구자들의 손 안에 있을 때 하나의 진술은 우선 흥미있으며 신뢰할 만하다는 것은 그것이 시험을 거치기 때문이다. 그리하여 그것이 연구소에서 '나와' 세계에 영향을 미치는 것은 세계를 변화시키기 위해서이다. 사실 그것은 그것이 '적용되기' 위해 필요한 조건들이 산출되고 안정화되었을 때 비로소 이 세계에서 중대한 영향을 미칠 수 있다. 그런데 바로 이와 같은 변모에 입각해 사유하는 것이 중요하다. 다시 말해 우리가 어떤 세계 안에서 살고자 하는지 자문해야 한다.

명명법(Nomenclature)

아담은 각각의 동물에 이름을 주었다. 〈창세기〉에서 동물들 가운데 인간의 위치를 규정하는 이와 같은 행위는 오래전부터 자연의 다양한 존재들과 관련해 과학자들에 의해 재현되었다. 꽃들과 나비들, 바위들과 버섯들, 별들이나 화합물 등 하늘과 지상의 개별 거주자는 하나의 이름이 부여되었다. 그러나 각각의 개체에 고유 명사를 부여하는 대신에 과학적 명명법들은 그것들을 하나의 총칭적 존재에 결부시킨다. 개체는 이같은 명명 행위를 통해 하나의 속과 종의 표본이 된다.

명명법의 근본적 목적은 하나의 대상에 일률적인 이름을 부여해 그것의 구성 · 기능 · 행동을 예측토록 해주는 것이다. 사용되는 이름들의 임의성을 제거함으로써 사람들은 과학에 대한 수련과 그 기억 작용, 그리고 개체들의 다양성에 대한 여러 지식들의 동화가 수월하게 되기를 기대한다. 소통한다는 것은 역시 본질적인 두번째 목표이다. 결과들을 유통시키기 위해선 공동체가 받아들여 함께 사용하는 이름이 필요하다. 명명법은 생산물들과 마찬가지로 지식들을 교환하게 해준다. 하나의 라벨을 붙임으로써 과학자나 제조자는 책임을 지며, 산물이 어떤 규정에 일치함을 보장한다. 그는 이를테면 자신의 책임을 이름에 위임한다.

이름에 그런 힘을 부여할 수 있기 위해서는 그 대가를 지불해야 한다. 우선적으로 명명법은 우리가 명명해야 할 대상을 정화시키기 위한 지적 · 기술적 수단들을 지닐 때에만 비로소 기능할 수 있다. 그것이 산출된 우발적인 상황들에서 그것을 벗어나게 할 수 있어야 한다. 18세기말에 모든 화학자들은 새로운 명명법이 필요하다는 것을 알고 있었다. 왜냐하면 화학적 테스트를 통한 정화 및 식별 활동을 한 결과 상이한 이름들이 사실은 반쯤 정화된 혼합물들, 다시 말해 그것들의 생산 방식이나 추출 장소에 아직도 결부된 그런 혼합물들에 지나지 않는다는 결론이 나왔기 때문이다. 이와 같은 구속 요소들은 제조된 인공적 대상들에도 마찬가지로 적용된다. 하나의 합성 분자를 명명하기 위해서는 생산 수단들을 표준화해야 하고, 이 분자가 반복적인 분석 테스트들을 받도록 해야 한다.

뿐만 아니라 일률적인 이름의 부여는 암묵적인 혹은 명시적인 **분류**에 근거한다. 그것은 진짜 아날로지들과 가짜 아날로지들을 구분하고, 본질적인 것에서 우연적인 것을 식별하고, 단순한 외관에서 심층적인 본성을 식별하지 않을 수 없게 만든다. 요컨대 명명한다는 것은 대상의 지식이나, 최소한 이 대상과 동일한 명명법에 포함된 다른 대상들과의 관계에 대한 지식을 전제하는 행위이다. 따라서 그것은 **발견**에 즉각적으로 뒤따르는 세례명보다는 종착점이 되어야 할 것이다. 그러나 이름은 발견의 출간을 조건짓고, 이 발견에 부여되는 중요성을 조건짓는다. 기준의 가능성들은 피그미침팬지는 침팬지의 변종으로 확인되는가 혹은 '새로운 종'으로 확인되는가에 따라 문제될 수 있다. '이름을 바꾸는 것' 역시 이목을 끄는 수단이다. 그리하여 예컨대 뇌룡(雷龍)은 더 이상 존재하지 않는다. 그것은 '아파토소르(apatosaure)'와 동일한 것이라는 사실이 알려졌을 때, 그리고 후자가 먼저 명명되었으므로 후자가 되었다……. 명명법들의 법칙은 냉혹하다…….

명명법의 도입은 폭력일 수 있다. 그렇기 때문에 1787년 화학적 명명법의 개혁자들인 기통 드 모르보 · 라부아지에 · 베르톨레 · 푸르크루아는 이론적인 해석을 은밀하게 강제하지 않는 중립적 명명법의 이상에 집착한 일부 동료들을 분격케 했다. 사실 개혁자들은 각각의 이름은 '자연의 거울' 이라는 자연적 논리에 따라 '명명하는 방법' 을 제안했다. 문제의 자연적 논리는 사실 라부아지에의 새로운 체계의 논리이며 경쟁적인 학설을 제거하게 해주었다.[81]

자연을 반영하거나 물체들의 구성을 반영하겠다는 야심은 비록 창시자들이 원했던 것만큼은 이름들이 항상 체계적이지는 않지만 화학자들 사이에서 승리했다. 왜냐하면 하나의 체계적인 이름은 길고, 세련되지 못하며, 다루기가 어렵고, 별로 우아하지 않다는 불편함을 나타내는 경우가 종종 있기 때문이다. 우리는 1세기 이상 전부터 언어 사용자들이 학명 명명자들의 체계화 의지를 준(準)체계적인 이름들의 다양화 혹은 자의적인 이름들의 재도입을 통해서 일종의 복수를 하고 있는 현상을 목격하고 있다. 때로는 발견 장소나 상황, 혹은 일화적인 연상을 환기시키는 이름이 만들어진다. 예컨대 '탄소분자구조(fullerènes)' 라는 용어는 지오라마 상영관을 지었던 건축가 버크민스터 풀러(Fuller)의 이름을 상기시킨다. 쿼크는 루이스 캐럴의 역설과 친화성을 보여 준다. 요컨대 발견자들은 언어의 유희나 때로는 유머의 유희까지 이용하면서 비밀스러운 방식으로 자신들의 주관성을 다소 재도입한다.

---

81) 모리스 P. 크로스랜드, 《화학 언어에서 역사적 연구》, 도버 퍼블리케이션즈, 1978. B. 방소드 뱅상, 〈카오스에 질서를 부여하기 위한 언어〉, 《화학사 연구지》, n° 23, 1999, p.1-10.

기준(Norme)

과학은 존재해야 하는 것을 말하는 것이 아니라 존재하는 것을 말한다. 그것은 논리학 · 법학 · 도덕과는 달리 기준(기준)들이 아니라 사실들을 확립한다. 따라서 이 항목은 어떤 부재, 즉 배제되고 배척되고 영역 밖에 있는 것을 환기시키지 않을 수 없을 것이다. 그러나 과학은 기준이라는 용어가 프랑스어에서 지닌 2가지 의미, 즉 정상상태와 규범성이라는 의미에서 기준 없이는 지낼 수 없다.

한편으로 과학은 결과들의 소통이나 대조를 할 수 있게 해주는 용어와 **측정**의 기준들 혹은 '표준들'을 필요로 한다. 물론 이런 측면은 과학 자체에만 특수한 것은 아니다. 망으로 기능하는 모든 활동――전신 · 철도 · 전기화 · 항공 통제――은 측정의 표준 및 단위의 고정을 요구한다. 마이크로소프트사가 예시하고 있듯이, 어떤 경우들에 있어서 '표준화'는 상업적 경쟁을 통해 제동이 걸리지 않는 한 지배적 위치에 있는 그룹에 의해 강제된다. 과학이 문제일 때, 대부분의 경우 기준은 공동체를 대표한다고 판단되는 집단에 의한 협상 작업으로부터, 그리고 국가의 경계를 넘어서 권위를 행사할 수 있는 제도적 범주 내에서 나타난다. 그렇기 때문에 19세기 이후부터 화학 · 전기 · 방사능 · 원거리 통신 등 각각의 영역에서 명명법의 표준들처럼 측정 단위들을 주기적으로 규정하고 밝히는 임무를 띤 일단의 국제적 기구들이 존재한다. 다소 전문화된 이 모든 기구들을 거느리는 국제 표준기구(ISO)는 모든 나라들에 통용되는 기준들을 인준하고 분야들 전체를 커버한다.

과학에서 사용되는 대부분의 기준들은 **협약**에 속한다. 측정 단위들에 부여된 이름 자체도 사적인 혹은 국가적인 이익들이 대립하는 협상 결과로 결정된다. 예컨대 마리 퀴리는 '퀴리(curie)'가 방사능의 단위가 되도록 운동을 벌였다. 이와는 대조적으로 국제적 계량법에 속하는 무게와 치수의 근본적 단위들은 협약을 넘어서 **보편적인 것**에 준거하려는 야심을 보인다. 이와 같은 야심은 혁명 당시의 프랑스의 작업이었다. 18세기에 미터법의 개발에서 목표는 나라마다 다르고, 심지어 지역마다 다른 계량 단위 체계들의 불협화음에 종지부를 찍을 뿐 아니라 모두에게 동시에 속하고 인권처럼 보편적인 원기(原器)를 규정하는 것이었다. 이로부터 지구 자오선의 측정에서 길이 단위를 파생시키려는 발상이 나왔다. 왜냐하면 각각의 인간은 자기 발 밑에 지나가는 하나의 자오선을 가지고 있기 때문이다. 물론 미터와 여타 단위들의 규정은 보다 세밀하고 정확한 측정이 가능하도록 변화했지만 언제나 자연으로부터 원기가 빌려진다.

다른 한편으로 기준들은 과학적 **공동체**들 자체의 기능 작용을 조정한다. 교육이나 수련을 통해 젊은 연구자에게 주입되는 수많은 명시적 혹은 암묵적 규칙들이 존재하며, 이것들의 존중은 집단에의 소속을 조건짓는다. 또한 이러한 기준들은 배제의 원칙으로서도 작용한다. 왜냐하면 그것들은 일부 지식 활동을 **사기**나 **가짜 과학**으로 배척하게 해주기 때문이다. 다시 한번 말하지만 이런 측면은 과학에 특유한 것은 아니며, 우리는 푸코가 정신 병원 · 감옥 · 학교 등과 관련해 보여 준 바와 같이 모든 사회적 활동에도 똑같은 말을 할 수 있을 것이다. 다른 분야에서와 마찬가지로 과학에서도 이와 같은 기준들의 정확한 성격의 문제가 제기된다. 우리가 '정상 과학'이라는 쿤의 개념에 만족한다면, 이런 기준들은 일정한 시대에 지배적인 패러다임으로부터 비롯된다. 패러다임에 의해 가능하고 생각될 수 있는 것은 정상적이다. 비정상은 패러다임에서 위기를 야기하고, **혁명**으로 이끄는 것이다. 이 혁명이 패러다임의 범주 속에 흡수되지 않는다면 말이다. 그러나 쿤의 패러다임에 의해 규정된 정상성은 과학자들의 행동과 그들이 연구하는 대상의 행동을 구속하고 만들어 내는 소(小)기준들 전체를 매우 부분적으로만 커버한다.

합의적인 정상성의 이와 같은 모습에 우리는 규범 과학, 다시 말해 조르주 캉길렘이 생명체들과 관련해 부여했던 의미에서 규범(기준)들을 영속적으로 창조하는 활동으로서 그런 규범 과학의 모습을 대립시킬 수 있다. 이 경우 비정상적인 것은 정상 상태나 중간적이고 표준적인 가치와 비교해서 결함이 있는 단순한 상태가 아니라, 규범이나 건강을 위험에 빠뜨리는 역행 가치들(contre-valeurs) 전체이다. 삶 자체가 병리적인 상태를 규정하는 '부정적 가치들'을 끊임없이 만들어 내고 있듯이, 과학자들은 불안한 이론적 혹은 실험적 가능성들을 끊임없이 창안하고 있다. 따라서 과학은 그것이 그 자체 안에서 야기하는 위협들과 위험들에 직면하는 구체적 상황 속에서 기준들을 끊임없이 창조한다. 이런 위험들은 예컨대 19세기 내내 문제가 되었던 최면술·영매, 원거리에서 끌어당기는 힘, 혹은 20세기에서 실험실의 초(超)심리학과 같은 것들이다. 과학은 그것이 통합하고(뉴턴의 힘), 길들이고(최면술이 된 동물 자기), 혹은 단죄하는(영매) 그런 가능성들을 참조하여 끊임없이 스스로를 재규정한다.

객관성(Objectivité)

흔히 객관성은 과학과 여타 지식 방식들을 구분해 주는 특별한 기준으로 제시된다. 사실 인식론적 논쟁들은 대체로 제자리걸음하고 있다. 왜냐하면 객관성의 일의적인 규정이 전제되고 있지만 사실 이 개념은 다양한 지식들의 기준들을 포함하고 있기 때문이다.

어떤 경우들을 보면 객관성은 하나의 실재론 형태와 동일시되고 있으며, 그리하여 근본적인 한계가 하이젠베르크의 다음과 같은 유명한 원칙에 의해 객관성에 강제되었음이 변함없이 상기된다. 즉 우리가 측정 기구와의 상호 작용과 독립적으로 대상을 규정할 수 없다면, 객관성은 신기루가 된다는 것이다. 이와 같은 원칙에 부여된 중요성은 양자적 차원에서 제기된 문제들을 통해 '현상들을 넘어가는' 하나의 물리학에 가해진 충격에만 관련이 있는데, 과학적 지식의 조건들에 대해서보다는 20세기 물리학이 과학적 사유에 행사한 지배에 대해서 보다 많은 것을 말하고 있다. 보다 최근에는 인간과학들, 특히 행동과학에 기울여진 관심은 객관적 규정의 야심을 가로막는 훨씬 더 곤란한 다른 장애물들을 분명히 드러냈다. 우리가 전자에 대해 갖는 관념은 전자를 변화시키지 못하는 데 비해, 우리가 어떤 사람에게 말을 거는 방식, 우리가 그를 분류하는 범주는 이 인물에 영향을 미친다는 것이다. 연구라는 사실 자체, 그것의 계획, 그것의 조직화는 상황과 관련해 자신의 정체성을 구축하는 대상에 영향을 미친다. 이와 같은 현상은 대상의 **반항**을 실험과학에 고유한 객관성의 원동력 가운데 하나로 은연중에 지시한다.

객관성에 부여된 다양한 의미들은 다양한 연구 기술들에 부합하는 기나긴 역사의 산물이다. 시대들을 따라서 이 용어의 정의는 단절이나 변환에 의해 변화한 것이 아니라, 그보다 지층들을 축적함으로써 변화한 것이다. 로렌 대스턴은 이 지칭들의 지질학을 개략적으로 그려냈다.[82] 17세기에 객관성은 외부적 현실로 귀결되었고, 이 현실은 그것을 포착하는 정신과 독립적이었다. 실재론자들과 유명론자들 사이의 스콜라철학 논쟁에서 형성된 이와 같은 개념은 이른바 존재론적이다. 왜냐하면 그것은 대립하는 두 실체적 현실을 전제하기 때문이다. 즉 외부 세계와 인식하는 정신, 혹은 데카르트의 이원론에서 연장(延長)과 사유가 그것이다. 존재론적 객관성의 체제는 이를테면 칸트에 의해 이렇게 해체된다. 즉 실재 그 자체는 현상만을 포착할 수 있는 과학을 벗어나지만, 인식 행위 자체는 대상을 규정하는 **선험적** 구조들을 사용한다는 것이다.

오늘날 보다 일반적으로 통용되는 객관성의 의미는 공평함이다. 다시 말해 그것은 인식 주체의 정서나 이해 관계에 의해 오염되지 않고 이루어진 대상의 충실한 재현이다. 스콜라 철학자들로부터 물려받은 개념과는 반대로 근대적 객관성은 주체의 소멸을 목표로 한다. 이 점을 토머스 나겔의 저서 제목 《아무데서도 아닌 시점》이 표현하고 있다. 보는 행위 자체가 시각을 전제하는데 어떻게 아무데서도 아닌 시점을 생각할 수 있는가? 마찬가지로 해러웨이는 '비교양의 교양'에

82) 로렌 대스턴, 〈객관성 그리고 관점의 탈피〉, 《과학의 사회적 연구》, n° 22(1922), p.597-618.

대해 이야기한다.[83] 소멸의 이와 같은 이상은 19세기의 과학에서 구축되었고 과학적 글쓰기의 차원에서 수동적인 비인격적 어법을 위해 '나'의 단념으로 표현되었다. 비(非)관점적인 객관성에 대한 신뢰는 대스턴에 따르면, 2가지 유형의 발전을 포함한다. 즉 인간의 눈을 대신하는 기구의 발전과 국제적인 과학적 망들의 발전이 그것이다. 전자에는 추가도 삭제도 없이 자료들을 기계적으로 등록함으로써 조작이 낳는 **인공물들**, 편차들을 제거하려는 모든 노력들이 부합한다. 이와 같은 '기계적인 객관성'은 쥘 마레가 운동 연구에서 실행한 것인데, 사진의 패러다임 속에서 구축된다. 사진은 음화를 현상하기 위해 렌즈의 광학 시스템(이것은 바로 '(대물)렌즈(objectif)'라 불린다)과 물질적 매체들 및 화학 반응들을 동원한다. 두번째 발전은 관찰이나 실험의 분명한 기준들을 설정함으로써, 기구들과 계량 단위들을 표준화함으로써 질서가 잡히는 관측소들이나 실험소들을 엮는 망들의 창조에 해당된다. 객관성의 이와 같은 형태를 이른바 '공유적'이라 하는 이유는 그것이 협동을 통해 이루어지고 연구 공동체를 전제하기 때문이다. 이 형태는 주체를 제거하지 않으며, 주체를 오류 및 부정확의 근원과 동일시함으로써 실격시킨다. 이와 상관적인 입장에서 그것은 자료들의 정복에 필요한 자격 부여를 최소한으로 축소하는 것을 목표로 한다.

위에서 환기된 다양한 견해들로부터 도출되는 것은 객관성이 주관성의 반대가 아니라, 그보다는 훨씬 더 그것의 필연적 귀결이라는 사실이다. 이 2개의 개념은 서로를 규정한다. 객관성의 고전적 개념은

---

83) 도나 J. 해러웨이, Modest_Witness@Second_Millenium. FemaleMan©_Meets_OncoMouse™, 루틀레지, 1997.

정신이나 의식으로서의 주체의 일반적 개념과 관계 속에서 구축된다. 주체와 대상은 안/밖의 관계 속에 있다. 객관성의 기계적 개념은 정서 · 감정 · 편견 혹은 야심이 실린 개별성으로서의 주체 개념과의 관계 속에서 구축된다. 인간적이고 너무 인간적이다. 이와 같은 인간적인 요소를 제거하기 위해서 상대적으로 비용이 많이 드는 많은 비인간적 작용 물질들이 동원된다. 사실 주체의 제거는 확대된 매개들에 의해 표현된다. 공유적 객관성은 공동체적 협약에의 의존이 완화시키는 특유한 개별성으로서의 주체 개념과 관련해 구축된다.

주체의 제거가 환상이라면, 이는 객관성이 공허한 형식, 즉 우상에 불과하다는 것을 함축하는가? 과학의 문화적 · 여권주의적 연구들이 강조한 바에 따르면, 객관성이라는 깃발이 하나의 관점의 지배, 혹은 다루어야 할 문제들의 선택에서뿐 아니라 문제들의 처리에서 자신의 가치들과 이익들을 강제하는 집단의 지배를 감추는 경우가 아주 흔하다는 것이다. 그렇다면 일종의 조정적 이상으로서의 객관성의 기준이 작용케 하는 것을 단념해야 하는가? 그보다는 객관성의 통상적 개념이 너무 약한 것은 그것이 실험적 성공을 지나치게 모방하는 것이기 때문이 아닐까? 강력한 객관성을 구축하는 일은 우선적으로 관점이 일반적이다라는 점과 하나의 관점에 위치하고 연결된 지식만이 존재한다라는 점을 인정하는 것이다. 다음으로 우리는 관점들을 확대하고 대조함으로써 보다 강력한 객관성을 구축할 수 있다. 따라서 촬영 렌즈를 이동시키고, 읽기의 개념들과 틀들을 분명히 하고 평가하는 것은 객관성에의 도전을 구상하는 또 다른 방식이 될 수 있으리라. 객관성을 주관성의 위협에 대립시키는 것이 아니라, 주관성이 나타내는 실증적 의무들과 그것이 강제하는 위험들을 강조함으로써 말이다.

여론(Opinion)

대체 누가 수학적 정리나 천체물리학 가설의 유효성을 보통 선거에 붙인다는 발상을 할 수 있겠는가? 이런 종류의 착상이 프랑스 혁명 시기에 몇몇 급진적 민주주의자들의 머리를 뚫고 지나갔다. 그러나 과학의 기능 작용은 그런 제안이 논의조차 되지 않고 배격될 수 있을 만큼 이미 충분히 궤도에 올랐다. 여론이 정치적 주권을 정복했던 시기에조차도 과학적 진리는 여전히 여론의 영역 밖에 있었으며, 유동적인 견해들과 독립해 있지 않을 수 없었다. 이 점은 합의된 일이다.

그렇다면 과학적 진술들을 논의하고 평가하며 유효하게 만들 수 있는 전문가들의 소집단들에 속하지 않은 모든 사람들에게 할애된 지식은 어떤 것인가? 오귀스트 콩트는 1822년에 이렇게 표명했다. "천문학 · 물리학 · 화학 · 생리학에는 의식의 자유가 없다. 우리 각자가 이와 같은 과학들에서 전문인들이 확립한 원리들을 믿지 않는다는 것은 터무니없다고 생각한다는 의미에서 말이다." 어떤 사람들에게는 지식이 있고, 다른 사람들에는 믿음이 있다. 견해는 플라톤 이후로 입증에 근거한 것이 아니라 믿음에 토대한 지식, 즉 외관의 지식으로 규정된다. 그런데 과학과 사회의 관계에 대한 현재의 기술에서는 아직도 고대의 개념이 동원되고 있다. 지식들의 사회적 배분은 학자적 엘리트와 무식하고 속기 쉬우며 변덕스러운 대중을 분리하는 단절에 의해 표시되는 것으로 흔히 기술된다.[84] 이와 같은 간략한 분할은 한편으로 우리 모두가 교육 수준에 상관없이 어떤 은신처에 거주한다는 점을 감춘다. 왜냐하면 과학의 전문화는 각자가 지식의 총체성을 토대로 완벽한 빛에 접근하는 것을 금지하기 때문이다. 다른 한편으로 이 분할은 고대의 독사(여론)가 무지가 아니라, 다분히 과학과 무지 사이의 매개자, 다시 말해 상이한 또 다른 지식이라는 점을 망각한다. 특히 아리스토텔레스가 볼 때 독사는 실천의 영역에서, 도시 국가의 삶에서 그 나름의 정당성을 찾아내고 있다. 요컨대 여론은 시민들의 미덕이다.

분명히 말하자면, 이러한 다른 지식은 매우 견고하기 때문에 과학에 문제를 제기한다. 바슐라르는 여론을 과학을 전진시키기 위해 전복해야 하고 제거해야 할 장애물로 지칭한다. "과학은 그것의 원칙과 완성에 있어서 절대적으로 여론과 대립한다. 과학이 어떤 특별한 점에서 여론을 정당화하는 일이 일어난다면, 여론에 근거를 제시하는 이유들과는 다른 이유들 때문이다. 그리하여 여론은 법적으로 언제나 틀린 것이다. 여론은 잘못 생각한다. 그것은 생각하지 않는다. 그것은 지식에서 욕구들을 나타낸다……. 우리는 여론을 토대로 아무것도 성립시킬 수 없다. 우선 여론을 파괴해야 한다."[85] '부정의 철학'에 따라다니는 논쟁적 톤은 여론적 지식의 힘을 폭로하는데, 그것도 이 힘이 수행하는 실격 작업의 힘이 지닌 철저성 자체를 통해 드러낸다. 여론은 고대의 독사와 같은 사유 형태와는 더 이상 아무 관련이 없다.

---

84) 베르나데트 방소드 뱅상, 《여론에 대항하는 과학: 반목의 역사》, 레 장페셰르 드 팡세 앙 롱, 2003.

85) 가스통 바슐라르, 《과학적 정신의 형성: 객관적 지식에 대한 정신분석 소고》(1938), 브랭사에서 재출간, 1972, p.14.

그것은 편견에 지나지 않고, 1회용 사유에 불과하다. 그것은 진리에 증서를 산출해 줄 수 없을 때부터 어떠한 정당성도 없다. 요컨대 여론은 그것의 모든 실증적 성격들을 상실하고, 자기 자신을 모르는 무지와 동일시되지 않을 수 없고, 완전히 제거되어야 한다.

따라서 과학적 정신이 사유를 다시 독점하게 된다. 일반 대중은 매스 미디어를 통해 조작할 수 있는 무정형의 군중에 불과하다. 물론 우리는 20세기가 바슐라르의 손을 들어 주었음을 언급할 수 있다. 일반 대중 속에 비이성주의가 부상하고 있음을 고발하면서 불안을 야기하는 호소에 화답한 것은 이 동일한 대중으로 하여금 암이나 다른 재앙들에 대항하는 연구에 재정 지원을 하도록 도와야 한다고 설득하는 연례적 캠페인들이었다. 그러나 사유하고 투표하는 수많은 시민들이 사유·판단이 박탈당하고, 자신들을 대신해서 사유하도록 전문가들에게 그 대가를 지불하는 것을 어떻게 받아들일 수 있겠는가? 시민의 미덕은 그렇게 쉽사리 가만히 앉아서 침묵하지 않는다. 여론은 항의한다. 환자들이나 불구자들, 농민들이나 강·도로의 연변 주민들의 단체들과 같은 여러 운동 단체들이 국지적으로 전문가들과 대화하려고 노력했다. 협의회, 혼성 포럼, 과학 카페는 과학을 공적 공간에 갖다 놓기 위해 보다 일반적으로 노력하고 있다. 과학과 여론의 차이를 없애자는 것이 아니다. 왜냐하면 이 둘 사이의 마찰은 그 자체로 발견에 도움을 주기 때문이다. 그보다 지식의 다원적 길들을 존중하는 참여 형태들을 창안해 보자는 것이다.

동료(Pairs)

과학적 명제의 유일한 판단자들은 같은 일을 하는 '동료들,' 다시 말해 그것을 시험할 수 있는 전문적이고 자격을 갖춘 동료들이다. 비록 이와 같은 주장은 세월을 따라 아주 점진적으로밖에 정착되지 않았지만, 그것은 오늘날 명백한 사실이다. 기초과학이 문제되자마자 동료들의 평결을 보다 높은 권위 기관에게 호소하려면 **미쳐야** 한다(반면에 '응용'에 관한 것과 관련해서는 많은 어떤 공격이라도 허용되는 것은 아니라 할지라도 많은 공격이 허용된다). 리센코 사건은 반세기 전부터 거짓 협박의 기능을 하는 참조 대상이고, **국가**(이 경우 스탈린 통치하의 국가)가 국가와 무관한 것에 간섭할 때 일어나는 것의 사례이다.

동료들에 의한 판단을 가장 재주 있게 변호한 자들 가운데 한 사람은 영국의 물리-화학자 마이클 폴라니였다.[86] 그의 저서는 매우 큰 영향을 미쳤으며, 오늘날에도 계속해 논거들을 제시하고 있다. 그것은 연구와 그 선택들의 가능한 **정책**과 관련해 제2차 세계대전 이전에 영국 케임브리지대학에서 시작된 논쟁 속에 들어간다. 마르크스주의 물리학자 존 데스먼드 버날이 야기한 문제는 다음과 같다. 과학이 사회적 요구들에 응하기 위해서는 그것을 어떻게 재조직해야 하는가?[87]

---

86) 마이클 폴라니, 《개인적 지식. 포스트 비판철학》, 루틀레지 및 케건 폴, 1958.

폴라니(과학자유협회 설립자)의 대답은 암묵적 지식의 개념에 매우 독창적으로 토대했다. '전문적 자질을 갖춘 동료들'은 영국인들이 **감식자**(connoisseurs)라 부르는 자이다. 그들의 판단은 '느낌'의 성격을 지닌다. 그들은 무엇이 풍요로운 결과를 가져올 것인지 아닌지를 '알아맞힌다.' 그러나 그들은 대개의 경우 자신들의 내적 신념을 명시적이고 합리적인 방식으로 설명할 수가 없다. 그들의 가치 판단을 공개적으로 드러내면서 그들로 하여금 논거를 제시하라고 강제한다면, 그들을 특이하게 만들어 주는 귀중하고 교양 있는 암묵적 지식을 상실하게 될 것이다. 반대로 과학적 공동체는 설명 요구로부터, 나아가 명쾌한 지식에만 매달리는 비판적 정신으로부터 보호받아야 한다.

과학자들의 열정 · 직관 · **믿음**이 비판적 정신과 대립된 것은 이번이 처음은 아니다. 그러나 폴라니는 이러한 주장을 정치적 분석 속에 포함시켰다.[88] 17세기에 형성된 테마, 즉 '편지 공화국'이라는 테마를 다시 검토하면서 폴라니는 과학적 공동체들 전체를 하나의 공화국으로, 다시 말해 '어떤 불확정적인 실현을 위해 정돈된 독립적인 솔선들의 연합체'로 바라본다. 이 연합체는 자신의 동료들에게만 충실할 의무를 지닌 개인들의 초국가적인 연합체이다. 과학 공화국은 어떠한 외부적 권위도, 어떠한 공적 중재도 인정하지 않는다. 폴라니가 볼 때 그것은 사실 자유로운 시장, '보이지 않는 손의 기적'에 연결된 그 시장의 이상에 부합한다. 이 기적은 경제에서 하나의 픽션에 불과하지만, 과학자들은 그것을 훌륭히 실현시키고 있다. 자유롭게 일하

---

87) 존 D. 버날, 《과학의 사회적 기능》, 루틀레지 및 케건 폴, 1939.

88) 마이클 폴라니, 〈과학 공화국 : 그것의 정치적 · 경제적 이론〉, 《미네르바》, vol. 1, 1962, p.54-73.

고 다른 사람들을 자신의 전문적 자질을 통해 최선을 다해 평가하는 각자는 전체가 최적으로 기능하도록 자신도 모르게 기여한다는 것이다. 실제로 각각의 과학자는 폴라니에 따르면 자신의 좁은 분야에서뿐 아니라 이웃 분야들에서도 '명철하다.' 그리하여 '과학'은 계획화된 관리 체계보다 훨씬 잘 전체적인 자동 조절을 보장하는 상호 평가망을 형성하는 '전문가들'의 얽힘이나 '짜임'을 통해서 점점 통일되고 있다. 따라서 이와 같은 과학 공화국의 기능 작용은 개별적인 이익과 일반적인 이익을 화해시키기 위해 **민주주의**의 어려운 협상을 면할 수 있을 정도가 되었다.

동료들에 의한 판단의 규칙은 과학자들이 시민 사회와 공권력에 대해 주장한 자율의 요구를 받치는 원동력이다. 많은 규칙들이 그렇듯이, 그것도 조작의 여지를 남기면서 구속 요소들을 강제한다. 또 과학 공동체는 이런저런 연구 프로그램을 옹호하기 위해 그것들을 잘 이용할 줄 안다. 그리하여 연구들을 시대의 우선적 테마들(에이즈, 지속적 발전 등)에 연결시켜 신뢰를 얻을 수 있도록 동료들 사이에 연구들의 '라벨화'를 인정하는 합의가 때때로 그려진다. 그리고 어떤 팀이 출자자들이나 일반 대중을 유혹하기 위한 논지들을 제시하지만 팀 멤버들과 동료들이 이 논지들의 공허함을 알고 있을 때, 규칙은 침묵이다. 과학 공화국의 시민들은 '이해 관계가 얽힌' 사회 내부에서 그런 이익 분배 메커니즘들은 '불행하게도 필요하다'는 점을 알고 있다. 그래서 그들이 제안된 연구와 의견이 맞지 않을 때조차도 그들은 '일반 대중'이 그들과 관련이 없는 것에 대해 문제들을 제기하도록 고무시키지 않을까 염려되어 자신들 가운데 한 사람이라도 공개적으로 비판하는 것을 삼간다. 침묵은 그들에게 지식과 따라서 공적 이익의 전진이라는 가장 큰 선을 위해 공권력에 대항하는 정당한 저항 수단처럼 나타난다.

설사 하나의 과학적 분과 학문과 그것이 자신의 외부로 지칭하는 것 사이의 관계가 '과학 공화국' 이 암시하는 것보다 훨씬 더 밀도 있으며, 훨씬 더 다양한 목적들을 간직하고 있다 할지라도 폴라니의 주장은 여전히 중요하다. 왜냐하면 그것은 과학의 **정치적** 문제 한가운데에 있는 소속과 충실의 문제들을 강조하기 때문이다.

패러다임(Paradigme)

과학적 실천과 관계가 있는 패러다임의 개념은 1962년 토마스 쿤에 의해 《과학적 혁명의 구조》[89]에 도입되었다. 이 용어의 기능은 하나의 전문화된 과학 집단을 전체로 유지시켜 주는 것이었는데, 그것의 의미는 '전체로 유지시켜 주는' 데 성공하지 못했다. 그것은 되풀이되고, 변질되고, 끔찍하게 쟁점화됨으로써 아마 돌이킬 수 없게 분해되었다 할 것이다.

쿤이 사용한 의미에서 볼 때 패러다임은 한 공동체의 형성, 이 공동체가 골몰하는 문제들의 유형, 제안된 해결책들이 부합해야 하는 기준들과 같이 이질적인 현상들을 연결시켜 주는 그 무엇이다. 또 그것은 암묵적이지만 대단히 중요한 능력을 전수하기 위한 **입문서**들의 주요 역할이 수반되면서 한편으로 **동료들**이 요구하고, 다른 한편으로 이 공동체의 구성원들의 재생산이 요구하는 그 무엇이다.

최초로 쏟아진 비판은 쿤이 때로는 패러다임의 한 측면을, 때로는 또 다른 측면에 준거함으로써 비롯되었다. 1970년판에 덧붙인 '후기'에서 쿤은 마거릿 마스터맨이 실행한 심층 분석[90]을 언급하면서 형이상학적(믿음 전체), 사회학적(공동체에게 판단의 기구) 혹은 인공적(연구에서 실질적으로 사용되는 기구)인 3개의 의미 계열 사이에 망

---

89) 플라마리옹사에서 '샹' 총서로 번역된 프랑스어판은 1970년에 나왔다.

설인다. 쿤은 통상적으로 구분되는 이 3개의 의미 계열 사이의 분절이 바로 그 자신의 패러다임을 특이하게 만드는 것이라는 점을 보여주는 데 어려움이 없었다. 퍼즐(프랑스어로 수수께끼(énigme)로 번역되어 있으나, 'bon problème' 혹은 casse-tête가 나을 것이다)의 개념은 여기서 중심적이다. (패러다임 아래서 기능하는) 하나의 '정상적' 과학을 실천하는 자는 자기가 몸담고 있는 공동체가 '훌륭한 문제' 혹은 퍼즐로 규정하는 문제들을 어떻게 알아볼 수 있는지 배우기 때문이다. 따라서 그는 자신이 상황의 어떤 차원들을 고려하는 게 적합한지, 성공한 해법은 무엇인지 배운다. 이 해법은 예상치 못한 경우를 제외하곤 **레퍼리**들로부터도, 동일한 패러다임을 공유하는 동료들로부터도 (다른 사람들은 '자격이 없기' 때문이다) 아무런 반박을 받지 않아야 하는 것이다. 그러나 퍼즐은 세계에 대한 어떤 비전으로도, 사회적 판단으로도 환원되지 않는다. 하나의 문제가 '훌륭하다'고 인정되는 것은 과학자가 그것을 제기하고, 다루며, 모순이 있는 경우를 제외하고는 자신이 지닌 기구들을 통해 그것을 해결할 수 있게 되기 때문이다 (유전자 변형 생물체의 전문가는 모든 유기체를 유전적으로 수정할 수 있다고 '보는' 데 그치지 않는다. 그는 기술의 상태에 따라 오늘날 구상할 수 있는 수정들이 무엇인지 알고 있다). 이와 관련해 하나의 해법이 지닌 수용 가능한 특징에 관해 공동체가 내린 판단은 많은 정보에 근거하며 요구가 매우 까다롭다.

---

90) 그의 글은 매우 흥미있지만 불행하게도 번역되지 않은 책 《비평과 지식의 성장》(임레 라카토스 및 앨런 머스그레이브 편집, 케임브리지대학 출판부, 1970)에서 발표되었다. 이 책은 1965년에 한편으로 쿤과, 다른 한편으로 포퍼와 그의 제자들을 대면시킨 학술 토론회의 결과물로 나온 것이다.

쿤은 특히 카를 포퍼와 같은 철학자들이 퍼붓는 두번째 비판을 당했다. 쿤은 한 패러다임의 힘은 그것의 매우 암묵적인 특징으로부터 비롯된다는 점을 강조했다. 그것은 하나의 공유된 분명한 것으로 기능하기 때문에 비판을 벗어난다는 것이다(하나의 퍼즐을 해결하는 데 있어서 실패할 경우, 문제시되는 것은 패러다임이 아니라 과학자이다). 그렇다면 과학은 더 이상 비판적 합리성의 효력을 보여 주지 않을 것이며, '군중심리학' (mob psychologie)의 형태가 될 수가 있을 것이다. 비판주의자들이 볼 때, 쿤이 지각의 심리학(토끼가 보이다가 갑자기 바뀌어 오리가 보이는 경우처럼)을 동원해 위험을 무릅쓴 아날로지는 특히 빈축의 대상이었다. 그러니까 과학자는 자유롭고 비판적인 정신이기는커녕 자신의 예상에 갇혀 있고, 사로잡혀 있다는 것이다. 쿤은 비판적 정신이 분명하게 존재한다고 대답한다. 물론 퍼즐들에 제안된 해법들을 평가하는 경우에 매우 전문화된 이 정신은 위기와 혁명의 시기들에서 발휘된다. 이 시기들에서 문제들은 더 이상 퍼즐들이 아니고, 동일한 상황을 다루는 양립할 수 없는 방식들을 최대한 명철하게 명확히 밝히고 테스트하는 기회들이다. 물론 한 공동체의 위기 탈출은 '현실' 을 통하든 방법론적 법칙들을 통하든 '외적 중재' 의 어떠한 가능성에도 부합하지 않는다. 그러나 쿤이 강조했듯이, 위기 해결의 방식에서 자의적인 것은 아무것도 없다. 차이가 나는 것은 퍼즐들의 생산과 해결에 있어서 경쟁적인 패러다임들의 비교된 장점들이다. 그런 만큼 이러한 기준은 '과학적 진보' 의 조건들에 일치한다.

비록 쿤이 현실에 대한 언제나 보다 나은 적응으로서의 과학적 진보에 대한 이미지를 철저하게 전복시키고 있지만, 그가 특징짓는 패러다임은 잘 구조화된 영역들에서 작업하는 과학자들 가운데서는 스캔들을 야기하지 않았다. 이들 영역에서 그들의 기본적 활동은 잘 제기된 문제들을 해결하는 데 있다. 그러나 패러다임은 떠오르는 학문들에 의해 신속하게 전유되었다. 이 학문들은 패러다임 속에서 그것들이 야심을 품은 성공의 열쇠를 보았다고 생각했던 것이다. 이 용어는 특히 일부 인문사회과학 잡지들에서 꽃피우기 시작했으나, 대개의 경우 '세계관'의 편리한 스펙트럼으로 환원되었다. 따라서 하나의 패러다임을 확보한다는 것은 연구자들을 규합하고 그들에게 동기를 부여하게 될 새로운 전체적 관점의 깃발을 흔드는 것이 되었다. 물론 쿤의 패러다임이 지닌 본질적 특징이 결핍되었다. 이 특징은 퍼즐들, 다시 말해 패러다임과 독립적으로 생각할 수 없고 해결책이 있을 수 있는 새로운 문제들을 만들어 내는 능력을 말한다.

쿤에게 더욱더 숙명적인 것은 이 개념이 **상대주의적** 과학의 사회학자들 가운데 성공했다는 점이다. 사실 패러다임은 '순전히 사회적'[91] 이 되고 말았다. 쿤이 퍼즐들의 성공적 해결에 위치시키는 까다로운 요구들을 능란하게 약화시키면서, 이 사회학자들은 자신들의 해법이 그저 공동체를 만족시키는 것이라고 간주한다. 쿤은 과학사의 기준적 에피소드들의 기술에서 패러다임의 사회적 혹은 공동체적 차원을 강조함으로써 '다른 공동체들과는 같지 않은' 하나의 공동체, 퍼즐에서 퍼즐로 진보하고 있으며 최고로 효율적인 그런 공동체를 기술하고자 했던 것이다. 그에게 중요한 것은 패러다임이 나타내는 사건의 혜택, 다시 말해 진보를 가능케 하는 진정한 '발판'의 혜택을 입은 공동체들이 어떻게 사회적으로 조직화되어 이 사건에 최대한의 중요성을 부여하는지 기술하는 일이었다. 그가 예상하지 못한 점은 일부 독자들

---

91) 데이비드 블루어, 《지식과 사회적 심상》, 루틀레지, 케건, 1976. 또한 스티브 풀러, 《토마스 쿤. 우리 시대를 위한 철학사》, 시카고대학출판부, 2000 참조.

이 볼 때, '현실' 은 아무런 차이도 나타낼 수 없이 침묵한다고 생각되는 상황에서 훌륭한 퍼즐은 동료들이 훌륭하다고 판단하는 것인 바 그와 같은 사회적 차원만이 결정적이 되리라는 것이다. 그런 만큼 그는 패러다임의 사회학화하는 해석들에 대해 끊임없이 항의했다.

어쨌든 패러다임의 (슬픈) 역사는 하나의 풍요롭고 발전적 개념이 쉽게 그것의 창안자로부터 벗어난다는 점을 보여 주고 있다. 특히 과학의 '힘' 과 성공을 만들어 주는 것이 무엇인지 확인하는 일이 문제인 경우처럼, 그가 너무도 많은 사람들의 관심을 불러일으키는 주제를 설명하고자 하는 야심을 지닐 때는 말이다.

애국자(Patriote)

"과학은 조국이 없지만, 과학자들은 조국이 있다." 파스퇴르가 언급한 이 표현은 과학적 국제주의의 모든 애매성을 말해 주고 있다. 국제적 협력이 19세기 말엽에 특히 아카데미들의 창립과 학술대회들을 통해 강화되었고 제도화된 한편, 정치적 대립과 경제적 경쟁을 초월하는 국경 없는 과학의 이데올로기가 확산된다. 게다가 이것이 일부 정치 체제들이 과학을 불신하고 그런 세계주의적 사회를 민족의 온전한 보존에 대한 위협으로 인식하는 이유이다. 그러나 동시에 과학과 **전쟁**의 전통적 제휴는 19세기에 민족 국가들의 출현과 산업적 · 식민적 강대국들 사이의 경제적 경쟁에 의해 다시 불붙었는데, 파스퇴르의 것과 같은 종류의 애국적 열정을 고무시킨다.

위험에 처한 조국을 위한 헌신과 전쟁 노력에의 적극적 참여를 통해서와 마찬가지로, 과학자들의 애국심은 흔히 적에 대한 질투심의 발현에 의해서도 표현된다. 이러한 관점에서 그것은 복수적인 태도와 결합한다. 예컨대 1870년 보불전쟁 당시에 파스퇴르는 '프러시아의 악폐'를 비난하지만, 프랑스의 패배를 프랑스 연구소들의 빈곤과 독일 연구소 창시자들의 성공 탓으로 돌린다. 때때로 증오가 지배하는 경우도 있다. 제1차 세계대전 동안 프랑스의 과학자들은 독일 과학자 93인이 내보낸 '문명 세계에의 호소'에 대해 독일 과학을 중상하는 비방의 글들을 통해 응수한다. 수학자 에밀 피카르, 화학자 피에르 뒤엠, 심리주의자 샤를 리셰는 독일의 기여를 최소화하고 나아가 소멸시키기 위해——그것도 상당한 재능을 보이며——주저하지 않고 역사를 다시 쓴다. 1918년 휴전이 된 후에도 과학계는 보이콧 조치들을 통해 전쟁 상태를 유지한다. 예컨대 독일 잡지들에 대한 정기 구독 폐지, 학술대회들의 배제와 독일어의 추방 같은 것이다.[92] 물론 아카데미들에 의해 공표된 이와 같은 강력한 조치들은 엄격하게 존중되지는 않았으며, 아인슈타인과 랑주뱅과 같은 일부 과학자들은 국제주의적인 이상에 다시 활력을 불어넣고 '세계 시민'으로서 과학자의 이미지를 심기 위해 자신들이 지닌 과학자로서의 **후광**을 이용했다. 그러나 여전히 과학적 애국심은 평화의 시기에도 계속해서 표현된다.

여기서도 또한 국가 이익의 옹호와 분과 학문의 옹호는 사이가 좋다. 고강도 에너지 물리학자들은 자신들의 연구에 대한 지원을 얻기 위해 냉전을 많이 이용했다. 오늘날에도 유전자 변형 생물체들의 이의 제기에 직면하여 일부 과학자들은 그와 같은 연구를 비난하게 되면 젊은 두뇌들이 보다 환대적인 나라들로 달아나게 되고, 그리하여 이들 나라들은 이 연구자들의 작업으로부터 비롯되는 특허들과 경제 발전의 이익을 보게 될 것이라고 응수한다(따라서 연구자들의 애국심이 어떠한 의혹에도 벗어나 있는 것은 아니다……). 보다 직접적으로 애국심은 다소 스포츠에서처럼 표현된다. 스포츠 역시 국민들 사이의 합의의 상징처럼 휘둘러지기 때문이다. 국가들의 경쟁은 과학자 팀들 사이의 경쟁을 부추기고, 노벨상의 수여는 언제나 월드컵처럼 국민적 자존심이 걸린 쟁점이다.

---

92) 브리지트 슈뢰더 구데후스, 《과학자들과 평화 : 20년대 국제 과학 공동체》, 몬트리올대학출판부, 1978.

시효 소멸(Périmé)

근대 과학의 흐름에서 모든 지식은 상대적으로 짧은 기간 동안 활기찬 생을 살아가는 것으로 합의되어 있다. 실험적 결과를 제시하는 대부분의 논문들은 상당히 신속하게 현실성을 상실한다. 왜냐하면 기계의 끊임없는 변화가 데이터들을 낡게 만들기 때문이다. 뿐만 아니라 공식화시키는 방식들을 포함해 이론적 언어들도 변화한다. 그래서 보다 멀리까지 올라갈 필요도 없이 푸앵카레나 아인슈타인의 독창적 논문을 읽는 데도 엄청난 작업이 필요하다. 그러나 이런 경우들에 있어서 사람들은 시효가 소멸한 지식에 대해 말하지 않는다. 왜냐하면 오늘날의 과학은 이들 업적을 물려받았으며, 그것들에서 받아들여야 할 것을 도출해 냈다고 인정되고 있기 때문이다. 또한 우리는 아인슈타인이 뉴턴의 물리학을 특수한 경우로 귀결시켰다고 해서 그것이 시효가 소멸되었다거나, 혹은 멘델레예프가 분류한 화학 원소들이 오늘날 서로 다른 양자의 수들에 의해 특징지어지는 원자들로 규정된다고 해서 소멸되었다고 말하지 않을 것이다. 두 경우에 있어서 지식은 그것에 분명한 한계를 부여하는 상이한 준거들에 입각해 재검토되고 해석되기는 하지만 여전히 작동적이고 유효하다. 심지어 우리는 이 두 경우에서 과학자들이 불연속성보다는 연속성을 선택했다고 말할 수 있다. 상대성은 '이미 상대주의자' 로 규정된 갈릴레오의 논지들을 다시 쓰게 만들었다.[93] 마찬가지로 연금술 · 점성학, 나아가 두개학(頭蓋

學)과 관련해 시효가 소멸된 지식이라고 말할 수 없을 것이다. 그것들이 과학의 선사 시대에 속하든, 혹은 '진짜 과학'과 동시대적인 '관념들의 역사'와 관련된다고 비난받든, 다분히 그것들은 과거의 순진함을 나타내면서 다른 것들을 돋보이게 만들어 주는 지식을 구성한다.

따라서 시효가 소멸된 지식은 그것의 대상은 사라졌지만 저자들은 실격되지 않은 지식을 지칭한다. 달리 말하면 그것의 대상은 당연히 해체되었지만 픽션이나 **인공물**로 비난받지는 않는다. 그보다 그것의 사라짐은 예기치 않은 것으로 찬양되는 어떤 진보와 일치한다. 그리하여 18세기에 중심적이었던 화학 친화력의 문제는 19세기 초창기 몇십 년 사이에 죽었다. 회고해 보면 우리가 알 수 있듯이, 그것은 화학자들이 분리하는 방법을 배운 두 문제, 즉 한편으로 화학적 관계의 문제와 다른 한편으로 반응적 균형의 문제를 뒤섞었던 것이다.[94] 마찬가지로 열소(熱素), 즉 보존되는 것으로 여겨지는 열의 물질은 18세기말부터 실험적 발전과 혁신적인 계량 활동의 중심에 있으며, 20세기 전반기에 정교한 이론적 작업의 동력이 된다.[95] 특히 그것은 열역학의 최초 진술인 카르노 순환이 창안되는 데 주요한 역할을 했다. 그리고 나서 그것은 사라졌는데, 그 이유는 열이 변모를 통해 보존되는 에너지 형태가 되었기 때문이다. 끝으로 에테르는 19세기에는 광파들이 전파되는 환경이었는데, 물리학자들이 새로운 방사들을 확인하고 물리학을 전자기학을 토대로 통합하려 함에 따라 점점 더 중요하

93) 프랑수아즈 발리바르, 《아인슈타인이 읽은 갈릴레오와 뉴턴》, PUF, '철학' 총서.

94) 이자벨 스탕저, 〈애매한 친화력 : 18세기 화학에 대한 뉴턴적 꿈〉, in 미셸 세르(책임 편집), 《과학사 요강》(1989), 라루스, 재출간, '이넥스탱소' 총서.

95) 존 하일브론, 〈1800년을 중심으로 무게 계량 불가 물질들과 여타 양적 과학〉, 《물리학과 생물학에서 역사적 연구》, 24권 부록, 제1부, 1993.

고 중심적이 되었다. 그러나 그것의 존재는 아인슈타인이 빛 속도의 상대성적 불변성을 선언했을 때 소멸했다.

이 모든 경우들에 있어서 과학자들은 '존재하지 않았던 대상'을 연구했던 인물들과 결속을 느낄 수 있다. 왜냐하면 이들 인물들의 입장에 있었다면 아마 그들 역시 그렇게 했었을 것이라는 점 때문이다. 오늘날 분명하게 인정되는 지식이 내일이면 시효가 소멸되지 않는다는 어떠한 보장도 존재하지 않는다. 그리하여 상당수의 생물학자들은 오늘날 생물학을 지배하고 있는 '유전자'의 개념이 시효가 곧 소멸할 것이라는 내기를 했다. 물론 이 개념은 '인간 게놈 읽기'라는 대단한 기획의 중심에 있다. 그것은 분자생물학·발육생물학·진화 이론의 작업들을 분절하며, 그 영향력을 심리학과 약리학으로 확대하고 있다. 그러나 분명히 말해서 이는 이용의 상황이 많은 만큼 유전자에 대한 정의도 많이 존재한다는 징후가 아닐까?

지식의 대상을 '시효 소멸'의 위상으로 돌려보내는 데는 그것을 비판하는 것만으로 충분치 않다. 그것의 포기가 결정적인 것으로 인정되는 진보를 나타내야 한다. 유전자는 아마 생물학이 갈라져 유전자의 포기를 요구하는 길로 접어들 때에 가서야 비로소 사라질 것이다. 이것은 쿤의 의미에서 생물학에서 진정한 '혁명'을 함축한다 할 것이다. 쿤의 의미에 따르면, 새로운 통합된 학설은 이전의 학설에 의해 야기된 당황스러운 점들을 끊임없이 밝혀 주러 온다. 그 어떤 것도 역사에 관한 이와 같은 다소 지나친 낙관적 버전이 반복된다는 점을 보장하지 않는다. 따라서 유전자의 개념이 유지될 수 있지만 화학 원소의 모델에 따라 유지될 확률은 매우 높다. 더 이상 작동적인 도구가 아니라 하나의 분과 학문을 성립시키는 기본 개념, 다시 말해 주요한 기능이 어떤 층위에서 현상들에 대한 연구 수준의 특수성과 정당성을 확실하게 해주는 개념으로서 말이다. 이와 같은 시나리오의 아이러니는 이런 것이다. 즉 환원주의적인 명분의 역할을 그토록 자주, 그토록 분명하게 수행했던 유전자의 개념이 분자생물학의 있을 수 있는 환원 시도들에 대항한 보호막이 될 수도 있다는 것이다.

정치(정책)(Politique)

2003년 4월 신문들의 1면을 장식했던 싸움이 한창 진행되는 가운데 프랑스 과학자들은 연구 예산의 대폭 삭감에 항의하기 위해 거리를 행진하고, 팡테옹에 죽어 버린 과학의 관(棺)을 옮김으로써 매체의 관심을 사로잡는 데 성공한다.

과학 공동체의 이와 같은 요구는 과학 정책의 가장 눈에 띄는 면모를 구성한다. 일반적으로 과학 정책은 연구 생활을 뒷받침하는 조치들 전체를 지칭한다. 젊은 연구자들을 위한 직위들의 개방, 연구 및 투자 예산 같은 조치들 말이다. 정부의 의결이 프랑스 과학을 죽게 만들 수 있다고 선언함으로써 항의자들은 자신들이 정치에 종속되어 있고, 따라서 과학의 **자율성**이 환상이라는 점을 인정한 것이다.

과학자들이 그들에게 진정으로 중요한 것이 진행되는 닫힌 장소로부터 벗어나 정치적 투쟁의 장으로 '내려오고' 관계 부처들을 휘젓고 다니기로──나아가 이 부처들의 안락의자들을 점령하기로──한 것은 결코 그들의 동업조합주의적 이익을 방어하기 위한 것이 아니라 '과학'을 방어하기 위한 것임은 물론이다. 그렇게 함으로써 그들은 과학이 전략적 이익과 공적 유용성이 있음을 원칙적으로 인정한다. 예산이 늘어날 때는 정치인들이 진보주의자이고 미래에 기대를 건다고 말해진다. 예산이 줄어들 때는 정부는 무책임하다고 비난받으며, 사람들은 이웃 나라 사람들, 예컨대 19세기말에는 독일인들에 그리고

20세기말에는 미국인들이나 일본인들에 부러운 시선을 던지며 국가적 쇠퇴의 위협이 있다고 선동한다. 그리하여 우리는 장 페랭이 1930년대에 국립과학연구센터 설립을 위해 캠페인을 벌일 때 공들여 내놓은 해묵은 좋은 논지들이 다시 나오는 것을 보게 된다. 예컨대 X선과 전자는 일상 생활이 더없이 사심 없는 연구에 덕을 보고 있는 온갖 것을 말하기 위해 호출된다. 전략적 이익의 인정과 사심 없음의 고양 사이에 존재하는 모순을 식별하는 일이 조심스럽게 회피된다. 더 나아가 그와 같이 사심 없는 추구의 합법성에 대해 제기되는 어떠한 문제도 불이익을 주려는 행동——나아가 반(反)과학적 태도의 발현——으로 간주된다.

그러나 과학적 정치를 하는 다른 많은 방법들이 있다. 그 이유는 바로 과학이 사회의 재량권에 맡겨진 수단들의 원천일 뿐 아니라, 사회집단의 근본적인 변모에 참여하기 때문이다. 핵물리학은 냉전 기간 동안 국제 관계를 집중시키고 '유리처럼 투명화' 하는 데 기여했다. 파스퇴르의 업적은 연구소를 통한 우회적 수단이 양조업자들, 가축 사육자들, 의사들 등의 직업적 관행과 관계를 변모시켰다는 의미에서 사회를 '파스퇴르 식으로 살균했다.' 바로 이런 의미에서 라투르는 파스퇴르가 "다른 수단들을 통해 정치를 했다"[96]고 말한다. 그는 배후에서 더러운 술책에 몰두한 것이 아니라 세균들을 길들임으로써 사회적 관계를 변화시켰다.

과학자들이 자연의 '지배자와 소유자' 로 자처한다는 점에서, 그들은 사회적 관계에 영향을 미친다. 왜냐하면 이 사회적 관계는 전자와

96) 브뤼노 라투르, 《파스퇴르 : 세균들의 전쟁과 평화》, 《비환원》이 첨가됨(1984), 라 데쿠베르트/포슈에서 재출간.

원자에서부터 분자와 유전자를 거쳐 대기 현상에 이르기까지 온갖 규모로 자연적 실체들을 항상 걸고 넘어가기 때문이다. 자연과학이 사회적 관계에 미치는 이와 같은 '영향력'은 오늘날 **전문가**들의 의존에 의해 표현된다. 정치적 결정과 관련해 이들 전문가들의 권위는 흔히 '논의를 벗어난' 것으로, 정치적 영역을 벗어난 것으로 흔히 제시된다. 여론의 작용 영역이 사용할 때마다 점점 줄어드는 가죽처럼 좁아지는 반면에 **민주주의**는 교육법이 된다. 왜냐하면 그것의 요체는 국민으로 하여금 이것 아니면 저것이 필요하다는 것을 받아들이게 하는 것이기 때문이다.

여기서 중요한 것은 숙명이 아니라 도전이다. 왜냐하면 이러한 표류를 막는 것은 또 다른 방식으로 과학 정책의 문제를 제기하도록 강제하기 때문이다.[97] 더 이상 과학을 위한 정치적 조치라는 의미에서가 아니라, 그보다 되도록 거주할 수 있는 공동의 세계를 건설하기 위한 훌륭한 과학적 조치라는 의미에서 말이다. 따라서 과학 정책은 과학적 연구를 관리하기 위해 취해진 결정들 전체만을 배타적으로 더 이상 지칭하는 것이 아니라 특히 공익을 목표로 하는 심의 과정을 지칭한다 할 것이다.

공익의 개념을 우선시한다는 것은 과학적 연구를 억압한다거나, 국가의 계획을 더 이상 신뢰하지 않는다는 것을 반드시 의미하지는 않는다. 그것은 과학의 운명이 매체를 통한 설득 능력이나 과학 공동체의 로비에 더 이상 의거하지 않고 다양한 행위자들과 관련된 상황들에 대한 집단적 평가 방식에 의존한다는 것을 말한다. 살아남기 위해 공개적 투쟁의 장에 때때로 '내려오지' 않을 수 없는 폐쇄된 연구자

97) 브뤼노 라투르, 《자연의 정책들》, 라 데쿠베르트, 1999.

들의 공동체라는 관념을 대체하는 것은 공개적인 논쟁 속에 연루된 연구자들이라는 관념이라 할 것이다. 그들은 사회 집단을 이루는 전적으로 별도의 구성원들로서, 국가적 쇠퇴의 위협을 들먹이면서 국제적 경쟁의 이름으로 가담한 길들을 정당화하는 게 아니라 그들이 참여하는 과학적 선택들을 책임지지 않을 수 없다 할 것이다.

따라서 결단을 내리고 과학을 '죽일' 위험이 있는 정치적 행위의 뒤를 잇는 것은 과학자들이 불확실성의 풍경 속에서 절제된 리듬으로 전진에 참여하는 행동이라 할 것이다. 과학적 문제들을 심의에 붙이는 조치는 연구의 진척을 막는 시도로 너무도 자주 비난받았는데, 현재의 과학과 관련된 대부분의 문제들이 실험과학의 확실한 성공을 가능하게 해주었던 증거 논리에 더 이상 구속되지 않는다는 사실을 나타낸다. 환경 · 기후 · 유행병의 문제들은 확률로 위험을 평가할 수 없게 만들며, 우리로 하여금 미래가 달려 있는 연쇄적 사건들에 관한 근본적인 불확실성에 직면하게 만든다. 따라서 우리는 과학-기술적 선택의 시의 적절함을 의심하는 사람들에게 이런 선택이 확실하게 규정된 위험을 낳는다는 증거를 더 이상 요구할 수 없으며, 그와 같은 선택을 지지하는 자들에게 위험이 제로라는 것을 증명하라고 요구할 수도 없다. 요체는 증거와 확률의 영역 밖에서, 판단의 훈련을 요구하는 그럴듯함의 범위 밖에서 작업하는 것이다.

이미 이것은 1970년대 독일에서 화학 제품 및 약제품의 사용에 관한 법률들을 통해 공식화된 예방 원칙의 의미를 나타낸다. 그 이후로 이 원칙은 환경에 심각하고 돌이킬 수 없는 피해를 야기할 수 있는 작용들에까지 확대되었다.[98] 이 원칙의 반대자들은 그것을 회피의 절대적 요청으로, 다시 말해 신중을 내세워 책임을 회피하려는 도피의 비겁한 조처로 간주했다. 이 원칙을 지지하는 자들은, 어떤 증거의 확립을 목표로 하지 않고 그보다는 관리해야 할 상황의 접근을 풍요롭게 해주는 지식 · 데이터 · 지표들의 수집을 목표로 하는 연구를 강화시키는 단계로 그것을 제시했다. 그리하여 가능한 시나리오를 다양화시면서 확대시켜야 할 대상은 정치적 선택이 실행되는 장이다.

그러나 과학의 이같은 정치화는 연구자들의 습관이 심층적으로 변모되는 것을 요구한다. 그들의 에토스, 다시 말해 그들의 윤리가 심층적으로 변모해야 하는 것이다. 사실 이와 같은 정치화는 오늘날 중시되는 다음과 같은 양자택일로부터 벗어나도록 강제한다. 즉 동료들만이 유일한 진정한 대화 상대자라는 것을 의미하는 자율성, 아니면 그들을 고용하는 사람들에의 예속이 그것이다. 연구자들이 배워야 할 것은 공동 세계의 건설이 그들의 지식을 요구하지만 이 지식의 의미는 그것이 다른 지식들을 만날 수 있는 능력에 결정적으로 달려 있다는 것이다.

---

98) 미셸 칼롱 · 피에르 라스쿰 및 야니크 바르트, 《불확실한 방식으로 행동한다는 것. 기술적 민주주의에 대한 시론》, 쇠이유, '라 쿨뢰르 데 지데' 총서, 2001.

노벨상(Prix Nobel)

매년 물리학 · 화학 · 의학 분야에서 노벨상의 발표는 매체들과 일반 대중의 관심을 과학계로 돌리게 한다. 다소간 익명적인 수만 명의 연구자 군중을 정당화시키기 위한 것처럼 이 3개의 노벨과학상위원회는 이윽고 전반적인 찬사를 받게 되는 '발견자들'의 몇몇 이름을 거명한다. 상을 탄 인물들이 칸 영화제의 스타들에 비해 파리한 모습을 보여 주지만, 신문들은 서둘러 몇몇 과학자들을 연구실로 찾아가 질문을 하며 어찌된 상황인지, 그리고 왜 이 행복한 선택된 자들이 그런 보상을 받을 만했는지 설명하려고 시도한다. 그런데 일반 대중은 대개의 경우 아무것도 이해하지 못하는 상태를 체념하고 받아들여야 한다. 왜냐하면 선택은 스톡홀름의 아카데미가 국제 과학 공동체에서 가장 저명한 인물들 가운데 선발된 연구자들 자신의 조직망에 자문을 구한 후 여론을 피해 이루어지기 때문이다. 중요한 것은 노벨상 수상자들의 이름의 공개가 세계적 스포츠 대회들에서 이룬 승리처럼 애국적인 긍지의 열광을 일깨운다는 점이다.

아카데미의 상들은 과학적 연구를 고무시키고, 간접적인 방식으로 재정 지원을 해주는 해묵은 전통이다. 그러나 수백 개의 다양한 상들 가운데 노벨상은 최고의 보상으로 구별되고 있다. 자기 분야의 메달로 위안을 삼으려 하는 수학자들에게 해를 끼치면서 말이다.

노벨상은 1901년에 알프레드 노벨의 유언 집행자들에 의해 제정되었다. 그것은 1명, 혹은 여러 명의 과학자들의 업적을——살아생전에——기려 수여된다.[99] 이 상은 최대한 3명이 공동으로 받을 수 있을 뿐 아니라 하나의 상은 여러 항목으로 분할될 수 있다. 상을 탄 인물들에 대한 보상은 상당한 액수의 돈만이 아니다. 그것은 또한 공적 · 사적 자금 지원들, 고문의 직위들, 명예적인 특전들에 놀라울 정도로 길을 열어 주는 황금 열쇠를 제공한다. 왜냐하면 명예들은 또 다른 명예들을 부르고, 특전들은 또 다른 특전들을 부르기 때문이다.

노벨상 제정에 새겨진 국제주의와 비정치성의 의지에도 불구하고, 다양한 위원회들이 내린 선택들은 때때로 편파적이라고 판단되었다. 선발의 부당성과 관련한 유머나 분노의 움직임, 혹은 민족주의적 자존심의 분출 움직임은 과학의 냉정하고 공정한 객관성에 대한 합의된 이미지를 주기적으로 흐리게 만들게 된다. 그러나 항의들이 있다고 해서 이 연례 행사의 권위가 변질되는 것은 아니다.

도유식(塗油式)이 거의 초자연적인 권력을 왕에게 부여했듯이, 노벨상은 어떠한 주제에 대해서도 말할 수 있는 권리와 보편적 지혜를 수상자에게 부여하는 것 같다. 그것도 죽을 때까지. 왜냐하면 노벨상을 받은 자의 영광은 늙지 않기 때문이다.

현대 사회에서 이런 행사의 힘은 **발견**이라는 것에 대한, 그리고 수많은 연구자들 가운데 하나, 혹은 두세 사람의 개인에게 이 발견의 신뢰를 부여할 수 있는 가능성에 대한 합의를 전제한다. 이미 '노벨상 후보' 라는 수식어는 한 연구자에 대해 그가 속한 공동체가 내린

---

99) 엘리자베트 크로포드, 《노벨 과학상의 제정, 1901-1905》, 블랭, 1988. 또한 《과학에서 민족주의 · 국제주의, 1888-1939, 노벨상을 받은 사람들》, 케임브리지대학출판부, 1992 참조.

가치 판단이다. 자주 사람들은 똑같이 자격이 있는 노벨상 후보들 가운데 어떤 인물을 선택하는 데 있어서 위세를 떨치는 자의성을 개탄하고, 연합이나 기관들의 권위가 수행하는 역할 혹은 운이란 요소를 강조한다. 그러나 조직망으로 작업하여 위와 같은 발견들을 가능하게 해주었던 연구자들의 집단에 어떠한 보상도 부여되지 않는 사실이 개탄되는 경우는 드물다. 개인적 보상의 개념은 과학 공동체들이 심층적으로 동화하고 공감하는 가치로 여전히 남아 있다.

진보(Progrès)

우리는 아직도 몇몇 도시들이나 마을들에서 '진보의 길' 혹은 '진보 카페'를 발견한다. 추억이 담긴 이들 장소들은 무엇을 말하고자 하는지 분명히 하기 위한 보어 명사의 필요 없이도 진보가 그 자체로 가치로서 찬양되었던 시기를 증언한다. 과연 지난 두 세기는 진보라는 추상적 실체에 다음과 같은 매우 구체적인 이미지들을 결부시켰다. 즉 증기선 · 증기기관차 · 주택의 전기화 · 자동차 · 비행기 · 텔레비전 · 우주 공간 정복 · 항생 물질 등이 그런 것들이다. 매번 만국박람회 때마다 기계 전시실들이나 에펠탑에서 진보의 연출은 과학을 진보의 환유이자 동력으로 만들어 주었다. 그것은 복지 향상과 건강을 낳을 뿐 아니라 보다 개화된 풍습들을 낳는다는 것이다. 식민화는 원시인들에게 '문명'을 가져다 주는 인류애적 기획으로 인식되지 않았던가?

지난날의 이 모든 확신들이 왜 우리에게 순진하고 거의 구시대적으로 보이는가? 대체 무슨 일이 일어났기에 진보에 대한 그 단단한 신념이 뒤흔들린 것인가? 그러나 과학과 기술은 사람들이 그것들에서 기대했던 것을 돌발적으로 생산하는 것을 멈추지 않았다. 그렇다면 일반 대중은 과학을 이해하지 못하고 그것을 불신하기 때문에 진보에 대한 믿음을 상실한 것인가? 몇몇 사람들이 그렇듯이 과학, 따라서 합리성은 위험에 처해 있으며, 그것들을 방어해야 한다고 표명해야 하는가?

이 문제는 진지하게 검토되어야 한다. 왜냐하면 과학과 진보의 동맹은 근대 과학의 기원에서부터 인준되었기 때문이다. 과학과 기술이 진보의 상징이라면, 그 이유는 과학이 진보의 세속적 모습, 구원의 시간과는 구분되는 그 모습이 17세기에 구상되었던 영역이기 때문이다. 조직화된 집단적 노력으로 지식의 양을 증대시키는 축적을 통한 진보의 개념은 이미 베이컨이 제시했다. 여기다가 보일과 데카르트를 통해 지식의 증가가 인류의 불행과 비참을 덜어 준다는 확신이 덧붙여진다. 특히 하나의 층계의 계단들을 유일한 사람처럼 기어오르는 인류에 대한 파스칼적 이미지를 통해서 이러한 전진이 누적적이고, 단일 방향이며, 인류 모두에게 이롭다는 확신이 자리잡았다.

인류에 봉사하는 과학이라는 주장은 20세기의 살육 전쟁들이 진행되는 동안 이루어진 과학과 과학자들의 동원에도 잘 저항했다. 그것은 전파와 선전의 화려한 캠페인을 벌인 후 오히려 강화되어 나타나기까지 했다. 인류가 종말을 고할 수 있다는 가능성의 관념과 원자폭탄에도 불구하고 냉전의 대립된 양 진영으로 하여금 평화를 위한 원자의 테마들과, 우주 모험에서 정복적인 인류의 신화적 이미지가 개발되는 것이 저지되지 못했다.

과학 = 진보라는 등식이 오늘날 더 이상 '사회적으로 받아들일 수 없다' 는 것은 새로운 사실 때문이 아니다. 과학적 · 기술적 진보는 해법들을 산출함과 동시에 끊임없이 문제들을 만들어 냈다. 그래서 우리는 신념의 현재와 같은 흔들림이 많은 과학자들에게 심층적인 부당함의 감정을 불러일으킬 수 있다는 사실을 이해한다. 진보라는 관념——이것은 '비(非)지속적인 발전' 으로 요약될 수 있다——에 반대해 오늘날 원용되는 문제들은 특히 경제적 · 사회적 선택들로부터 비롯된다는 점, 그리고 과학이 위험에 대비하고, 생태계를 복원하고, 에너지에서 보다 경제적이며 덜 오염적인 방법들을 개발하고, 사라진 종들을 DNA를 통해 되살리는 데 그 어느 때보다 필요하다는 점 때문에 더욱 그렇다. 뿐만 아니라 그들 상처받은 과학자들은 오염 · 오존층 파괴나 온난화와 같은 문제들이 인식될 수 있었던 것은 과학 연구소들에 설치된 통제 설비들과 시험들 덕분이 아니냐고 덧붙일 것이다. 과학이 흔히 문제와 연결되어 있지만 해결에 항상 필수적이라는 점을 인정해야 한다.

그렇다면 과학적 진보에 대한 그 회의주의는 어디서 비롯되는가? 오늘날 이의가 제기되는 것은 문제들을 해결하는 데 있어서 과학의 효율성이 아니라 과학이 그것 자체가 제기하는 문제들에만 그것의 논리에 따라, 혹은 출자자들의 요구에 따라 대처한다는 사실이다. "진보는 멈출 수 없다"는 격언은 미래에 대해 자문했던 사람들에 대한 **선험적** 단죄를 오랫동안 의미했다. '진보의 방향으로 나아가는' 발전을 의심하는 것은 비이성적이었다.

'진보의 화살' 이라는 관념은 훨씬 더 해로웠다. 그것은 탐사해야 할 수많은 가능성들, 길들에 대한 연구를 외면한다. 끊임없이 더 프로그램화되고, 더 계획화되고, 더 장비가 갖추어지는 연구의 조직화에 직면하여 개인적 모험 정신을 자극하지 않고도, 우리는 단 하나의 방향에 연구 노력을 집중하는 현상이 언제나 바람직한 것인지 자문할 수 있다. 예컨대 엄청난 투자와 수백 개의 연구소를 동원하는 목표들 가운데 하나는 보다 작은 공간에 끊임없이 더 많은 정보를 저장하기 위한 재료의 탐구이다. 끊임없이 보다 작고, 보다 강력하며, 보다 빠른 것을 향해 나아가는 것, 규소가 그 한계에 다다르고 있기 때문에 가능해야만 하는 미래의 '양자 컴퓨터' 를 꿈꾸는 것, 과학자들이 강력하게 외치는 이와 같은 야심들은 그들을 진보의 화살의 대변인으로 만들고 있다. 가능한 대안이라면 반도체 칩들의 성능들을 집중시키는 것이 아니라 다양화하고 그것들의 용도에 맞추는 일이고, 성능은 덜하지만 다양한 정보 매체들을 발전시키고 대규모 시장 영역에 속하는 일상적 사용을 위한 보다 나은 시장을 발전시키는 일일 것이다. 그러나 이러한 대안적 길들이 고려되는 경우는 드물고, 그것들을 지지하는 자들에 귀를 기울이는 경우가 별로 없다. 소형화에서의 새로운 '돌파구' 가 모든 문제들을 해결하게 될 판인데 그런 것들은 보잘것없는 개선책들이라는 것이다.

따라서 진보에의 준거는 근대 과학에게 화려한 선물, 오늘날 분명 중독성이 있는 것으로 드러날 수 있을 그런 선물이었다. 물론 과학적 연구는 새로운 상황에서 활용할 수 있는 많은 성공적 수단들을 가지고 있다. 그렇더라 하더라도 그것의 선도자들은 수사적인 변화를 넘어서, '진보' 라는 구호를 사유하지 않아도 된다는 허가장과 일치시키는 깊이 굳어진 습관을 진정으로 변화시키는 시도를 해야 할 것이다. 과학적 연구가 다양한 이익들과 확실하게 연결되어 있으며 과학적 합리성 대(對) 유치한 일반 대중이라는 전선을 끊어 버리는 것이 중요하다는 점이 수용되는 순간부터 사실상 도전은 커다란 '약진들' 이 이루어지는 기압이 낮은 대기권을 향해서 화살처럼 날아가는 대신에, 다양한 파트너들과 협상한 여러 길들 위에서 전진하는 방법을 배우는 것이다.

입증하기(Prouver)

입증하기, 혹은 ……에 대한 증거를 댄다는 것은 많은 의미를 지닌다. 물론 양 극단에는 한편으로 수학이나 논리학이, 다른 한편으로 정의(正義)가 위치한다. 전자들은 잘 정의된 전제들에서 출발해 점차로 결론에 이르게 됨으로써 연역적인 증명을 요구하며, 그리하여 무차별적으로 어떤 진술이 입증되거나 그 반대의 거짓이 입증될 수 있다. 후자는 다분히 증거와 가망성(확률)을 조화시킨다. 그리하여 증언들이나 일치된 **사실들**은 증거 능력을 지닐 수 있다. 왜냐하면 '우연에 의한' 일치(convergence)는 있을 것 같지 않다고 보기 때문이다. 그러나 거짓 증언이나 증인들의 공모를 분명히 하는 것 자체만으로는 그 어떤 것이 되었든 입증하거나 반박하기에 충분치 못하다. 물론 이 양 극단 사이에 과학적 '증거들'의 방대한 대륙이 위치한다.

대륙에 대해 분명히 말해야 한다. 왜냐하면 모든 과학들이 오늘날 증거의 절대적 요청을 따른다 할지라도, 이 과학들이 그것에 대응하는 방식은 일반적인 측면이 전혀 없다. 이와 관련해 벤베니스트와 물에 대한 기억의 역사를 상기하는 것만으로 충분하다. 벤베니스트가 높은 용해 효과에 대해 내놓은 증거 유형이 자신의 학문인 면역학이 충분하거나 필요한 것으로 규정했던 유형이라고 우겨댔을 때, 그는 진정이었을까 아닐까? 어쨌든 물의 물리-화학적 규정의 혁명적 수정을 받아들이게 하기 위해서는 그 이상이 필요했다. 각각의 분과 학문은 그 나름의 최선을 다하지만 문제의 '최선'은 이 학문의 가능성들에 단단히 종속되어 있다. 벤베니스트가 '탐지자'의 역할을 부여했던 살아 있는 세포들은 물리학 및 화학연구소의 기구들의 신뢰도를 지니지 못하고 있으며, 따라서 이들 과학을 위기에 빠지게 할 힘이 없다.

물리학에서조차 실험적 증거의 수용으로 귀결되는 과정은 평결의 단순성을 전혀 지니지 못한다. 소립자 물리학 같은 매우 정밀한 과학들에서 증거는 피터 갤리슨이 뮤(μ) 입자의 과학적 존재로의 이동과 관련해 보여 준 바와 같이, 기구들과 실험들, 높은 수준의 이론들과 특수한 모델들을 포함하는 이질적인 전체에 동시에 내려진 평결을 구성한다.[100] 이와 상관적으로 실패는 반박이 아니라 비정상이라고 언급된다. 평결은 설비의 구성 요소들 가운데 어떤 것이 문제인지 결정할 수 없는 한 정지된다. 논쟁과 같이 비정상은 검토되는 대상을 언젠가 중재자로 세울 수 있는 우발적 가능성에 대한 신뢰를 나타낸다. 그것들은 실험적 증거를 예견된 결과에 연결시켜 주는데, 이것이 학설적 싸움을 피하게 해준다.

중재는 어떻게 실행되는가? 어쨌든 과학사는 이 문제에 대해 일반적인 '인식론적' 대답을 내놓는다는 게 불가능하다는 점을 시사한다. 사실 증거는 결과들에 대한 신뢰에 종속된다. 그런데 결과들의 평가는 상황에 달려 있다. 그리하여 어떤 조치들은 신뢰할 만한 것으로 매우 신속하게 간주되고, 다른 조처들은 그렇지 않다. 어쨌든 '사실들의 평결'은 동료들의 동의를 끌어오는 평결이 아니다. 다분히 합의는 그들 가운데 어느 누구도 결과를 효율적으로 문제삼는 데 더 이상

---

100) 피터 갤리슨(1987), 프랑스어 번역판, 《실험들은 그렇게 마감된다》, 라 데쿠베르트, '텍스트 아 라퓌' 총서, 2001.

성공하지 못하거나 고집을 부리지 못한다는 사실에서 비롯된다. 그리하여 양자역학에서 감추어진 국지적 변수들에 대한 유명한 논쟁은 알랭 아스페의 실험들에 따라 종결된 것으로 간주된다. 이 실험들은 양자역학에 일치하여, 이 변수들이 존재하지 않는 것으로 결론을 내렸다. 그러나 아스페의 실험들은 다양한 결과들을 지닌 일련의 다른 실험들 이후에 이루어짐으로써 결정적인 것으로 판단될 수 있었다. 왜냐하면 물리학자들은 그것들에 가져올 만한 의미 있는 개선을 보지 못했기 때문이다. 이때부터 괜한 고집을 부렸다면 그들에 대한 신뢰를 위험하게 하는 것이 되었을 것이며, 어떠한 논거도 '악착같다' 고 보여질 수 있었던 것에 필요한 재정 지원을 출자자들에게 정당화시킬 수 없었을 것이다. 그러나 연구자들이 한가한 때에 혹은 사적인 돈으로 고집을 부리는 경우가 있다. 오늘날 냉각 융해가 그런 경우이다. 일부 사람들은 냉각 융해를 **죽지 않은** 자들의 범주로 집어넣는데, 이들은 죽은 것으로 통하지만 언제나 거기 있으며, 문제가 깨끗이 해결된 것으로 간주하는 사람들의 놀라움이나 짜증을 야기하는 유령들과 다소 유사하다.

이 경우에 우리는 중재에 대해 말할 수 있는가? 현재의 과학사회학을 선도하는 자들 가운데 몇몇 사람들에게 대답은 부정적이다. 현실은 중재를 할 능력이 없으며, 침묵하고, 무심하다. 따라서 합의는 과학자들이 그들의 기구들에 결국 부여하게 되는 신뢰로부터 비롯되고, 계속해서 의심하는 나쁜 취향을 지닌 사람들의 자격 박탈로부터 비롯된다. 이안 해킹과 같은 다른 사람들이 볼 때, 실험 **장치**가 성격이 바뀌고 새로운 장치들의 구성에 성공적으로 진입하는 순간은 결정적이다. 이때 그것은 논쟁의 '사회적 성격만을 띤' 울타리는 항상 거부해왔던 브뤼노 라투르가 '검은 상자' 라 부르는 것이 되는데, **광인** 취급을 받지 않고 이것에 과감하게 이의를 제기하기 위해서는 매우 강력한 이유들과 많은 **신뢰**가 있어야 한다. 해킹에게 이의 제기의 그 정지가 불가피하게 되는 때는 사람들이 이전에 가설적인 것으로 간주된 어떤 실험적 실체로 하여금 어떤 것들을 '만들어 내게 할' 시점이다. 하나의 실체가 '동인(動因)'이 될 때, 이를 통해 그것은 그것의 '현실성'을 '입증한다.'[101] 예컨대 전자는 존재한다. 왜냐하면 강력한 가속 장치 내에 전자들은 그것들이 징집된 이유인 작동적 역할을 할 수 있기 때문이다. 가속 장치는 전자들의 존재를 요구한다.

실험적 중재가 사용된 기구들 및 수단들과 항상 관련이 있다 할지라도, 그것은 인간들 사이의 단순한 합의로 환원될 수 없는 수훈이다. 그것이 사회적 합의로 환원된다면, 모든 과학적 분과 학문들은 입증의 절대적 요청 앞에서 동등하게 되지 않을 수 없을 것이다. 그런데 상이한 활동들――사회학자들에 소중한 **상관 관계**로부터 신경생리학적 단층 촬영에 근거한 진술들을 거쳐, 분자의 섭취와 환자들의 호전 사이에 통계적으로 관계가 있음을 입증하는 데 그치는 이중 맹검법 테스트들에 이르기까지――에서 증거의 구실을 하는 것을 조금이라도 비교하면 그 반대를 보여 준다. 어떻든간에 이런 경우들에서 사람들이 증거에 대해 말하는 것은 받아들일 수 있는 것으로 간주되는 것에 대한 방법론적 합의의 필요성을 다분히 나타낸다.

방법론적 합의에 토대한 과학들에서 '비정상'은 경험되지 않는다. 왜냐하면 방법은 그것의 대상을 예속이란 용어를 통해 규정하기 때문

---

101) 이안 해킹, 〈실험과학의 자기 변호〉, in 《실천과 문화로서 과학》, A. 피커링, 시카고대학출판부, 1992, p.29-64. 브뤼노 라투르, 《판도라의 희망》, 라 데쿠베르트, 2001.

이다. 일반적으로 그런 과학들에서 증거들은 입증된 것이 선험적으로 그럴듯하다고 간주되었을 때에만 유효하다. 따라서 그것들은 일반적으로 상당히 취약한 정보의 획득만을 가져다 줄 뿐이다. 반면에 별로 그럴듯하지 않은 현상일 경우 방법론적 합의는 붕괴된다. 자신들의 동료 심리학자들의 방식들을 열심히 이용하는 불행한 초(超)심리학자들은 훨씬 더 엄격한 방법론적 구속들까지 받아들이면서 그것들을 실험한다. 그들은 '심리학적' 효과가 없는 경우에 그렇듯이, 자신들의 기나긴 일련의 실험들의 결과가 우연의 소산이 아닐 수 있다는 것을 입증하는 데 성공한다면, 회의적인 동료들도 항복하지 않을 수 없을 것이라는 희망 속에서 산다. 그런데 이 경우 이 동료들은 적용된다면 실험심리학 전 분야를 파괴할 수 있을 비판적 정신을 폭발시킨다.

따라서 증거가 과학에서 '정상적' 규정이라는 관념은 해롭다. 한편으로 그것은 과학에서 입론 활동의 다양성을 무시하고, 다른 한편으로 불투명한 통계적 논거들을 증거로 간주하게 유도하고, 일방적으로 아무런 위험 없이 연구 대상을 종속시키는 가짜 실험적 조립들을 증거의 이름으로 정당화하도록 이끈다. 더욱 나쁜 것은 이런 관념이 "입증되지 않은 것은 존재하지 않는다"는 유형의 무책임한 이상주의로 이끌 수 있다는 것이다. 그런데 이 마지막 문제와 관련해 상황은 변화하고 있다. 사실 증거의 절대적 요청은 일부 기술적 혹은 산업적 혁신들과 관계된 있을 수 있는 위험들이 입증되지 않았다는 구실로, 이 위험들에 대한 고려를 거부하는 슬픈 결과를 낳았다. 그러나 지식의 발전뿐 아니라 공동체의 미래가 달려 있는 문제들은 아마 과학자들에게 다른 입론 방식들을 가르쳐 줄 것이고, 다른 중재 형태들에 입문시켜 줄 것이다.

의사(擬似)과학(pseudo-science)

이 용어는 참조의 기능보다는 단죄의 효과를 나타낸다. 그것은 과학의 외양을 한 지식 활동을 단죄하는 평결을 의미한다. 돌팔이들의 활동 말이다. 왜냐하면 과학이라는 칭호가 부여하는 권위를 남용하려는 의도로 그것이 부당하게 찬탈되었기 때문이다.

위에서 말한 지식 활동을 했던 사람들은 자신들의 연구가 지닌 다소 예외적인 위상을 말하기 위해 다른 전제들에 의존하고 있다. 그리하여 예컨대 프랑스의 생리학자 샤를 리셰는 1905년에 기괴한 심적 과정을 다루는 학문인 '초심리학(métapsychique)'을 확립했는데, 특히 영매들과 이 영매들이 호출할 줄 아는 유령들이 이 학문을 증언했다. 이른바 '초(超: supra)' 정상적 현상들이 이해할 수 없고, 터무니없다는 것을 인정하면서도 리셰는 그것들을 과학 속에 진입시키고자 했다. 따라서 훌륭한 실증주의자로서 그는 사실들을 작성하여 그것들을 **실험의 통제**를 받도록 시도했다. 유령들이 존재한다는 확실하고 반복 가능한 객관적 증거를 찾고자 하면서 그는 알제의 한 발라에서 유령들의 사진을 찍었다. 그런데 1913년에 노벨 의학상을 받은 대과학자인 그가 속았고 우롱당했다는 증거가 제시되었다! 이 에피소드는 리셰의 다소 순진한 실증주의보다 훨씬 더 기괴하고 특이한 현상들의 연구를 통째로 불신하는 데 기여했다. 20세기의 전환점에서 많은 의사들 · 심리학자들 · 물리학자들의 관심을 끄는 데 성공했던 초정상적 측면은 자기 암시와/혹은 기만으로부터 비롯되는 믿음 대상들의 목록에서 이전 세기의 최면술과 합류한다. 그런데 길이 잘 든 의례 절차에 따르자면, 몇몇 확인된 속임수들만으로도 다소 거칠긴 하지만 귀납적 방식을 통해(나머지는 마찬가지이다) 한 영역 전체를 파괴하는 데 충분하다.

이와 같은 의례 절차에도 불구하고, 그리고 그것을 반복하는 사람들의 빈축을 사면서도 '초(超: para)' 심리학은 살아남아 미국과학발전협회에 가입이 허용될 정도가 되었다. 그러나 이 학문은 실험심리학의 것들만큼이나 건조한 실험들로부터 비롯된 통계적 자료들의 끈기 있는 축적에 매진하기 위해 영매들과 유령들을 단념하지 않을 수 없었다. 물론 이 실험들이 심리학으로 환원될 수 없는 심리적 요소의 존재를 증명하려 애쓴다는 점은 차이가 난다.

Méta-, supra-, para-와 같은 접두사를 통한 그런 유희는 '정상적' 혹은 '그럴듯한' 것으로 받아들여지는 것의 범주에 진입하지 못하는 현상들에 대한 연구의 위상 설정에 있어서 어려움을 말해 준다. 그런데 가능한 것과 그럴듯한 것의 영역을 결정짓는 것은 '자연의 **법칙들**' 이다. 예를 들면 고대 사회에서 썩고 있는 암소 시체에서 벌들의 자생적 생성은 어떠한 생물학적 법칙도 그런 생성을 막지 못한다는 점에서 확인된 사실로, 그리고 완전히 정상적인 현상으로 간주되었다. 반대로 우리는 지배적인 **패러다임**과 일치하지 않는 것은 불가사의하고, 이해할 수 없으며, 타당하지 않다고 말할 수 있으나, 다른 패러다임이라면 적어도 그것을 사유 가능하고 따라서 타당한 것으로 만들 수 있을 것이다. 그리하여 물질을 넓이(연장)로 환원했던 기계론적 이론의 주창자들은 뉴턴이 도입한 원격 인력을 불가사의한, 다시 말해 명료하지 않은 특질로 당연하게 간주했다. 왜냐하면 이 물질은 행

동도 정열도 나타낼 수 없기 때문이다. 그리고 19세기 말엽의 물리학은 물질과 방사 사이의 상호 작용에 대한 연구에 집중하였는데, 이른바 초(超)현상들 혹은 초정상적인 현상들의 연구를 허용했고, 고무시켰으며 정당하다고 생각했다. 왜냐하면 정상성 혹은 자연 자체가 당시에 위기 상황에 있었고, 재규정되어야 하고 다시 생각되어야 했기 때문이다.

자연적인 것의 경계를 확장할 수 있는 가능성은 유사 과학들을 받쳐 주는 희망들의 뿌리인 경우가 흔하다. 그럼에도 불구하고 이런 과학들의 미래에 과감히 기대를 걸 수 있기 위해선, 사실들이 확실하게 확립될 때 이 사실들의 힘을 받아 모험을 떠날 준비가 되고 실험에 개방된 과학의 '실증주의적' 버전에 기저한 신념이 필요하다. 최소한 과학자들과 돌팔이들 사이의 커다란 분할이 지배하는 한 말이다. 왜냐하면 이와 같은 분할과 그것이 함축하는 자격 박탈은 문제의 중심에 있기 때문이다.

출간(Publication)

출간 혹은 폐기 처분. 연구자에게 출간한다는 것은 절대적 명령이다. 학위 논문을 발표하기 전부터 1,2개의 발표 논문들을 내놓아야 한다. 그런 다음에 매년 최대한 많은 수의 논문들을 발표해야 할 뿐 아니라 권위 있는 저널들을 목표로 해야 한다. 왜냐하면 연구소에 배정되게 될 예산과 장학금은 이들 저널들의 공감 수준(이 수준 자체가 공식적으로 표준치에 맞추어짐)에 달려 있기 때문이다. 진리를 추구하러 연구자의 직업에 뛰어드는 연구자라면 아주 순진하다 할 것이다! 사람들은 연구의 캠퍼스에서 진리에 대해선 거의 이야기하지 않으며, 매일같이 출간물들에 대해 이야기한다. 특히 활동 보고서들을 작성해야 할 때는 말이다!

인쇄물들의 배포는 근대 과학의 초기부터 본질적이다. 결과물들을 교환하고 대조하고 안정화시키는 것, 이 모든 것은 인쇄술 덕분에 가능하게 되었다.[102] 따라서 공개성은 **비밀**로 유지되는 모든 것에 대한 의혹의 눈길을 던지면서 규범으로, 의무로 확립되었다. 그렇다면 인쇄된 발언에 대해 어떤 신뢰를 부여해야 하는가? 아무 출판업자나 하나의 책을 해적질하여 다른 이름으로 출간하거나 여러 책들을 짜깁기할 수 있었다. 인쇄물들의 인플레이션은 그것들의 신뢰성 문제를 제

102) 엘리자베트 아이젠슈타인, 《인쇄물의 혁명》(1983), 프랑스어 번역판, 1991.

기했다.[103] 과학아카데미의 설립은 출판 허가를 할 수 있는 유일한 권한을 갖춤으로써 18세기에 과학적 출간물들을 통제하게 해주었다. 그리하여 **동료**들에 의한 잡지 제도는 조금씩 정착되어 연구 결과물들의 공개를 보장하고 지식의 증가를 가능하게 했을 뿐 아니라, 특히 출간물들의 질을 통지하고 우선권의 문제들을 해결하게 해주었다. 따라서 하나의 결과물이 **발견**이 되는 것은 오로지 그것이 동료들이 보장하고 잡지가 논문을 받은 날짜를 명기한 출간물에 의해 인정되는 때부터이다. 게다가 논쟁이 벌어질 경우 심판자의 역할을 수행하는 것도 잡지들인 경우가 흔하다. 예를 들면 때때로 그것들은 상이하고 독립적인 길들을 통해서 유사한 결과들에 도달한 논문들을 나란히 싣거나, 반대로 대립적인 결론들에 도달하는 논문들을 싣는다.

과학적 출간물들의 주요 특징은 정기 간행물들의 중요성이다. 최초의 과학적 저널들――《왕립학회 철학적 보고 *Philosophical Transactions of the Royal Society*》와 《과학자 저널 *Journal des Scvans*》――은 둘 다 1665년에 아카데미의 사회성과 밀접한 관계 속에서 시작되었고, 특히 논문들을 쓰는 격식, 특히 실험 이야기들을 규격화하는 데 기여했다. 그 다음에 하나의 과학 저널을 창간하는 것은 하나의 분과학문을 제도화하는 과정의 성격을 띠고, 때로는 새로운 연구 **학파**를 정당화하는 데 이용된다. 그리하여 《화학 아날》지는 이미 존재하는 저널들이 유포하는 비판들에 대항하기 위해 1790년 라부아지에의 제자들로 구성된 소규모의 화학자 그룹에 의해 창간되었다. 19세기에는 새로운 인쇄 기술에 의해 지탱되는 대규모 정기 간행물이 출현하는 한

103) 에이드리언 존스, 《책의 성격. 발달중에 있는 인쇄와 지식》, 시카고대학출판부, 1998.

편, 전통적인 년간 혹은 월간 출간물은 과학의 전진 리듬에 비해 너무 느리거나 너무 어긋나는 것으로 판단된다. 따라서 주간지들이 창간된다. 다른 분야에서와 마찬가지로 과학에서도 일반 대중으로 하여금 과학적 시도에 흥미를 갖도록 하기 위해 '새로운 소식들'을 유포하지 않을 수 없다. 1835년에 창간된 《과학아카데미의 주간 서평》은 신속하지만 덜 세심한 이와 같은 새로운 간행 스타일을 선보이며 점차로 문학적 문체와 과학적 글쓰기 사이에 단절을 만들어 낸다.

반면에 전문화된 기술적 출간물들과 일반 대중용 출간물들 사이의 경계선은 설정하기가 보다 어려워진다. 물론 수많은 대중 과학 잡지들이 19세기 후반에 나타나지만, 이들 저널들의 운명은 편집진과 편집진이 분명한 상황 속에서 성공적으로 정복하는 독서들에 공통으로 달려 있다. 그래서 1869년에 창간된 《네이쳐 *Nature*》라는 영국 잡지는 원래 대중 잡지로 구상되었으나 연구 결과를 출간하는 데 있어서 일급으로 인정되는 잡지가 되었다.

20세기가 과학 저널들의 인플레이션으로 특징지어지기는 하지만, 또한 그것은 특히 복사기의 출현 이후로, 출간된 텍스트를 결과들을 인증하는 고문서로 변모시켰다. **인터넷**과 웹(언젠가 프랑스어권 과학계에서 프랑스어가 다시 사용된다면 웹은 '투알(toile)'로 불릴 것이다)은 또한 인쇄 이전의 글들이 유통되는 현상을 증가시켰고, 많은 과학 저널들이 인터넷을 통해(유료로) 참고될 수 있다. 전통적 저널들의 종이 인쇄는 사이트가 그것의 정보들의 신뢰성을 계속해서 보장하고 있는데, 21세기에도 지속될 것인가? 이 문제는 과학자들과 출판사들 사이에서 미지의 것이며 논의의 대상이다.

물론 동료들이 보장하는 '출간물들'의 망은 이 출간물들의 저자를 우선권 논쟁으로부터 보호해 주고 자신의 직업을 계속 수행하는 데 필요한 신뢰를 축적하게 해줌으로써 영속될 가능성이 있다. 그러나 동료들의 보장 역시 '보그다노프 사건'이 시사하듯이 위기에 처할 수도 있을 것이다. 이 사건은 쌍둥이 형제 그리슈카와 이고르가 의도적으로 물리학자들에게 '소칼(Sokal)식으로 타격'을 가했고, 두 편의 학위 논문을 제출한 뒤 가치가 없는 논문들을 출간했다는 소문(거짓으로 드러남)에 의해 촉발되었다. 이론 물리학적 우주론 분야에서 그리슈카 보그다노프의 학위 논문은 난감한 심사위원들에 의해 (물리학이 아니라 수학에서) 간신히 통과되었으나 이고르 보그다노프에게는 우선 논문들을 출간하라고 요청되었으며, 그러고 나서 보겠다는 것이었다. 그리하여 그렇게 일이 진행되었고, 이 학위 논문은 그 이듬해 통과되었다. 많은 전문가들의 경우, 고의적인 기만의 소문이 관계 당사자들에 의해 반박되기 전에, 논문들을 읽어본 결과 이 소문은 확인되었다. 그리하여 해당 저널들이 전문화되고 권위가 있음에도 불구하고 그것들의 '심사자들' 역시 이 저널들에게 심사 책임을 부여했던 학위 논문심사위원회의 심사위원들과 마찬가지로 논문들에 담긴 모든 주장들을 이해하고 검증하려고 하지 않았다고 결론을 내려야 했다. 이를 계기로 일부 분과 학문들에서 저널들이 '웹(toile)'에서 같은 동일한 문제를 제기하는 일, 다시 말해 독자들 자신이 신뢰할 수 있는 것과 몽상 사이에 구별을 하라고 요구하는 일이 발생하게 되었다.

순수(Pur)

순수과학의 개념은 18세기에 수학의 경우 혼합과학과 대립적으로, 그리고 화학의 경우 응용과학과 대립적으로 도입되었다. 그리하여 독일과 스웨덴에서 광산업의 발전과 더불어 실험실들, 시험소들과 통제실들이 증가하고, 화학자들은 자신들의 과학과 조야하고 거친 '육체적 활동' 사이의 혼동을 어떻게든 피해 보려고 애쓴다. 그들이 **순수화학**(chimia pura)이라는 표현을 만들어 낸 것은 자신들의 지식을 대학의 분과 학문의 지위로 격상시키기 위한 것인데, 이를 통해서 그들은 모든 '기술들(arts)'이 이 과학에 종속되어 있으며, 그것의 단순한 '응용들'이라고 주장한다. 프랑스에서 같은 시기에 화학은 '실험을 하는 일꾼들'에 대한 경멸적이고, 추상적이며, 독단적이라는 의미에서 순수한 순수과학——물리학——에 대한 반발의 방식으로 디드로와 다른 계몽 사상가들에 의해 격상된다. 따라서 우리는 차례로 깃발이나 모욕이 될 수 있는 한 형용사의 양면성을 보게 된다.

이 순수가 도덕적 순수함이 아니라는 것은 분명한 것 같다. 왜냐하면 어떠한 불순도 비난되지 않기 때문이다. 그러나 순수과학은 도덕적·정치적 고려를 끌어들인다. 한편으로 순수 혹은 기초과학은 개별적 이익들을 초월하고 '불순하지' 않은 공익들, 다시 말해 도덕적 혹은 종교적 가치들에 비추어 단죄할 수 없는 공익들에 기여한다는 의미에서 사심이 없다. 다른 한편으로 공권력이 재정 지원을 하는 과학이 될 경우, 순수과학은 일의 파트너들 사이에 매우 미묘한 관계를 함축한다. **국가**는 과학자들로 하여금 당면 과제들을 자유롭게 선택하도록 함으로써 그들을 예속하지 않고 부양해야 하며, 그들에게 대학생들의 교육과 자격 부여를 일임해야 한다. 그렇기 때문에 순수과학과 응용과학의 차이는 과학자들의 **자율성**과 사회(국가)의 자율성을 지지해야 하는 이유들이라는 이중의 문제를 제기하면서 끊임없이 쟁점이 되어 왔다.

19세기에 순수과학 · 응용과학이라는 이중주는 지식에 접근하는 차이를 더 이상 지칭하지 않고, 학구적인 과학——건축물의 궁예 머릿돌처럼 인정하게 해야 하는 과학——과 학위를 받은 자들에게 직업상의 일자리들을 보장하는 산업적 학문들 사이의 구분이 제기하는 문제에 대답한다. 그리하여 순수과학의 가장 열렬한 옹호자들 가운데 우리는 화학자 유스투스 폰 리비히를 만난다 그렇지만 그는 연구소 활동을 통한 강력한 훈련에 토대한 대학 교육의 선구자였다. 이 교육은 리비히의 제자들로 하여금 독일 화학 산업의 도약에 참여토록 준비시키게 된다.[104] 순수과학에의 준거는 학계에서 생산된 지식과, '상아탑 밖에서' 급증하지만 점진적으로 폐기 처분되는 장인적 지식 사이의 거리를 확립하는 것을 더 이상 목표로 하지 않는다. 근대 산업에 직면하여 그리고 산업적 연구의 확대 앞에서, 그것은 연구의 가치들과 발전의 가치들 사이에 경계선을 설정한다.

화학과 물리학을 살육 기술에 이용했던 양차 세계대전이 각기 일어난 후에 사람들은 과학은 죄가 없다고 일반 대중을 설득하기 위해 순

---

104) 베르나데트 방소드 뱅상 및 이자벨 스탕저, 《화학의 역사》, 라 데쿠베르트/포슈, 1993.

수과학을 찬양한다. 과학의 '전당'에 대해 아인슈타인이 시사한 이미지, 사심 없는 연구자들만이 들어가는 그 전당의 이미지는 곧바로 슬로건이 된다. 그리하여 순수한 연구는 사심 없는 발견들의 원천처럼 제시되었다. 이 발견들은 '부가적으로' 산업적 응용들과 따라서 부를 산출하게 되는 것이며, 이 부는 모든 사람에게 이익이 되고 **진보** 일반의 원천이 된다고 생각된다. 프랑스에서 장 페랭 같은 과학자들이 이 주제에 대해 전개한 운동들은 국립과학연구센터의 설립으로 귀결되었다. 이 센터는 순수과학의 모든 분야들에서 상근 연구자들을 재정 지원하는 기관이다.

공권력이 모든 사람의 가장 큰 이익을 위해 순수과학에 재정 지원을 하고 보호했던 그 '황금 시대'는 그에 대응하는 이상이 다시 손질되지 않은 채 종말을 고했다. 자신들의 과학을 유일하게 진정으로 순수한 과학, 즉 원리들을 찾는 과학으로 흔히 나타내는 물리학자들에게 가장 상처를 주었던 사건은 1992년-1993년에 초대형 입자 가속기 건설이 미국 상원의 결정을 통해서 포기되었던 것이다. 많은 물리학자들에게 그것은 비합리주의가 부상하는 신호였다. 일반 대중은 지식의 가치들로부터 등을 돌리고 이성의 적들에게 유혹당하고 있다는 것이다. 이 적들은 과학을 다른 것과 마찬가지로 하나의 전통으로, 다른 것들보다 더 독단적이고 더 권력과 연결된 그런 전통으로 바라본다. 다른 한편으로 이제 '공적인(publique) 연구'는 산업 발전을 문제삼는 사람들에 의해 이 발전에 봉사한다고 비판받게 된다. 그것은 **중립**이란 구실을 내세워, 그리고 국민의 부담으로 이 발전의 영역을 준비한다는 것이다. 그러는 사이에 과학 **정책**의 큰 기구들은 연구의 자유에 대한 전통적 담론을 유지하면서도 연구자들에게 연구 계획의 예측 가능한 '결과'에 입각해 그것을 정당화할 것을 요구한다.

순수/응용의 대립은 형성된 지가 2세기 이상 지났는데, 아마 그 수명을 다한 것 같다. 그러나 과학자들 사이에는 배타적으로 인지적인 기획이 지닌 가치에 대한 신념이 존속하고, 어떠한 이해 관계도 없는 이런 순수한 탐구가 이를 지원하기로 받아들인 사회에게는 황금 알을 낳는 진정한 닭이라는 믿음이 존속한다. 모든 문제는 순수함이라는 테마에 대한 이같은 집착으로부터 비롯되는 저항이 어떻게 극복될 것인지 아는 일이다. 냉소적이고 사기가 저하된 연구자들을 통한 '아래로부터' 극복될 것인지, 아니면 '순수'와 '예속' 사이의 매우 엘리트주의적인 양자택일을 문제삼으면서 '위로부터' 극복될 것인지 말이다.

특질(Qualité)

이른바 일차적 특질과 이차적 특질 사이의 대립은 근대 과학의 역사를 따라다니고, '과학적 현실'과 다만 인간의 주관성으로 귀결되는 것을 대립시키기 위해 발견된 수사학적 범주를 이 역사에 제공한다. 그러나 이와 같은 대립의 기원은 철학적이다. 스콜라 철학자들에게 물체들의 실체적 형태 혹은 본질은 인간의 지각과 독립적인 일차적 특질이다. 우발적인 것으로 간주되는 이차적 특질들(색깔 · 냄새 · 맛)은 감각과 관련된다. 이런 구분은 17세기의 기계론적 전통에서 수용되어 강화되었다. 일차적 특질들은 형상과 운동이 되고, 판단의 소관사항인 반면에 이와 같은 특징화 방식을 벗어나는 모든 것은 이차적 특질이다.

운동의 과학이 이런 대립에 전적으로 혜택을 입었다는 것은 놀라운 일이 아니다. 그러나 이 과학이 우리가 물리학이라 부르는 것이 되었다는 사실은 기나긴 투쟁이 없었다면 획득되지 않았을 것이다. 18세기에 일부 물리학자들과 화학자들은 물체들의 특질적 다양성을 진지하게 받아들이면서, 그것들이 지닌 속성들의 변모를 입체 배치의 변화와 동일시하는 것을 거부했다. 예를 들면 물체들이 차별화된 어떠한 속성도 없는 입자들의 집합체들로 규정된다면, 어떻게 다음과 같은 화학자의 질문에 대답할 수 있겠는가? "무엇이 금을 금이 되게 만드는가?"

18세기 화학자들의 지배적인 대답은 실체론적인 표현을 빌려 온다. 금에게 그것의 속성들을 부여하는 것은 금이라는 혼합물 속에 특질들을 간직하는 어떤 원리의 존재이다. 이 개별화된 원리들——불의 원리, 열의 원리, 빛의 원리, 산성 원리 등——의 순환은 화학 반응들이 일어날 때 특질의 변화를 설명한다. 비록 이 원리들이 감각을 벗어나고 분리시키는 것이 불가능하지만, 그것들은 물질적이고, 따라서 물리학자들의 동질 물질로 환원 불가능하다.

이런 원칙들의 단념은 화학자들의 문제에 대답을 가져다 주었다기보다는 이 문제를 불신하게 만들었다. 화학적 특질들은 이제 사유를 하지 않을 수 없게 만드는 것을 멈추었다. 그리하여 오직 운동의 과학만이 뉴턴부터 상호 작용의 과학으로 풍요로워져 이제 감각들과 독립적인 일차적인 것을 규정할 수 있는 자격을 갖게 되리라. 이와 관련해 일차적 특질이라는 것은 그것의 철학적 명백성을 상실했다. 일차적인 것은 이제부터 물리학이 '근본적인' 인 것으로 인증하는 것을 말한다. 지난날에 그것은 원격 상호 작용의 힘을 말했는데, 데카르트주의자들의 빈축을 샀다. 오늘날 그것은 양자적 진공 상태, 잠재적인 입자들, 커다란 대칭들이다. 데카르트의 기계론에서 '움직이는 형상의 작은 물체들' 과는 거리가 멀다. 다른 한편으로 일차적 특질들과 이차적 특질들의 대립은 다른 분야들로 이동했다. 신경생리학자들이 우리가 붉은색을 붉은 것으로 지각하게 만드는 특질, 즉 칼릴라(qualila)를 해석하고자 시도할 때, 신경의 상호 작용은 '일차적' 원리의 역할을 수행한다.

강도적 특질들과 확장적 특질들의 구분에 집착하는 쟁점들은 훨씬 더 흥미롭다. 왜냐하면 그것들은 지식들 사이의 **계층 체계** 문제들과 덜 연결되기 때문이다. 특질의 중세적 재규정이 지닌 중요성을 알아본 사람은 피에르 뒤엠이었다.[105] 당시까지 차가운 것과 더운 것, 건조한 것과 습한 것, 미덕과 죄는 아리스토텔레스의 논리학에 의해 지배되는 대립적인 것들로 규정되었고, 많아질 수도 적어질 수도 있는 양들과 대립되었다. 14세기에 옥스퍼드의 대가들과 장 뷔리당 및 니콜라 오렘은 이런 특질들을 변량의 강도들로 재규정한다. 이와 같은 통사법은 그것들을 도표의 형태로 나타내게 해주었다. 하나의 생명·지속·공간 등과 같은 확장은 수평, 곧 세로 좌표로 나타내어지며, 강도는 세로 좌표의 각각의 점에 그어진 수직적인 가로 좌표에 의해 나타내진다. 그렇게 '도표화될' 수 있는 모든 특질들 가운데 속도가 범례로서 나타난다.

뒤엠에게 이 일은 분명했다. 즉 중세의 사상가들이 속도에 대한 갈릴레오의 정의를 준비했던 것이다. 그들이 '강도'라 부르는 것은 근대인들이 '순간 속도,' 다시 말해 물체가 한 지점과 한 순간에 지니는 속도라 부르는 것이다. 많은 논의들이 이와 같은 계통을 복잡하게 만들었다. 우리는 갈릴레오의 정의가 그의 선구자들이 내린 정의로 환원될 수 없다는 점을 지지할 수 있다. 왜냐하면 갈릴레오는 강렬한 '순간 속도'를 이것을 측정하게 해주는 장치와 연결시켰기 때문이다. 반면에 모든 사람이 강도적 특질이 측정할 수 있는 크기가 되자마자 강도적 특질들과 확장적 특질들의 구분이 지닌 중요성에 대해 일치한다. 대부분의 **측정** 도구들——예컨대 온도계——은 확장적과 강도적 사이에 분명하게 규정된 분절을 활용한다. 따라서 열의 양은 확장적이고 온도는 강도적이다. 동일한 온도를 지닌 두 물체를 당신의 손

105) 피에르 뒤엠, 《레오나르도 다 빈치에 대한 연구, 그가 읽은 것들과 읽지 않은 것들》(1906-1913), 아르쉬브 콩탕포렌, 재출간, 1984.

안에서 접촉시켜 보라, 그렇다고 온도가 두 배로 올라가지 않는다. 왜냐하면 열의 (혹은 열 에너지의)양들은 보존되어 합쳐지는 데 비해, 강도들은 차이들에 의해 특징지어지며 부가적이 아니기 때문이다.

따라서 강도적과 확정적 사이의 구분은 (더운 것과 차가운 것과 같은) 이차적 특질들을 수학적으로 다루게 해주지만, 그렇다고 그것들이 기계론자들이 소중하게 여기는 일차적 성격들로 환원될 수는 없다. 그렇기 때문이 이 구분은 오스발트와 뒤엠이 19세기말에 한 사람은 에너지론을 통해, 그리고 다른 한 사람은 열역학을 통해 역학에 대한 대안을 구축하려는 시도를 함으로써 명예가 회복되었다. 같은 시기에 정신물리학 실험실들은 시각적 혹은 청각적 느낌의 강도가 지닌 변동들, 다시 말해 주체가 증언하는 변동들과 자극의 '객관적' 강도(예컨대 소리를 발생시키는 충격의 에너지의 기능으로 규정되는, 소리의 강도)의 변동을 연관짓는다.

특질의 이와 같은 재규정은 중세에 시작되어 근대의 계량 활동에 의해 전적으로 전개되는데, '질적인 것을 양적인 것으로 환원하는 작용'과 실험실 과학들을 너무 신속하게 동일시하는 현상에 이의를 제기하게 해준다. 게다가 이 문제는 아직도 종결되지 않았다. 왜냐하면 과학 활동이 새로운 '질적' 차이들을 나타나도록 했기 때문이다. 가장 잘 알려진 것은 바로 그 운동과학, 다시 말해 다양한 이차적 특질들을 환원시키기 위해 일차적 특질들의 균일성에 기대를 걸었던 운동과학과 관련된다. 그것은 안정적 체계들과 불안정한 체계들 사이의 질적인 차이를 말하는데, 카오스 이론에서 나비의 유명한 날갯짓에 의해 설명된다. 단순한 날갯짓만 해도 지구의 먼 곳의 날씨에 차이가 날 수 있다는 것이다. 이와 같은 불안정성은 수학적이다. 그것은 기후 변동들을 결정론적 방식으로 나타내려고 시도하는 방정식들을 통해서만 이 변동들을 특징짓는다. 한편으로 일부 기상학자들은 날씨에 혼돈스러운 행동을 부여하게 해주었던 **모델**의 적절성에 이의를 제기했다. 그러나 나비의 날개는 수학적 처리가 환원을 의미하는 것이 아니라 질적으로 차이가 나는 행동들의 탐색을 의미하는 하나의 과학에 대한 희망을 여전히 상징한다.

합리성(Rationalité)

근대 과학들을 합리성이 요구하는 것들의 드러내는 활동, 마침내 이루어진 그 활동과 동일시하는 현상은 상당히 일반적이다. 이 과학들 가운데 합리성의 길을 보여 주게 된 것이 물리학이다. 흄과 칸트 이후로 합리적 지식에 대한 대부분의 논쟁들은 물리학의 진보가 지식 일반에서 증언하는 방식을 명확히 밝히려고 시도한다.

'합리성' 이라는 용어가 지닐 수 있는 다양한 의미들 가운데, 모든 것들이 어떤 방식으로든 비합리적으로 특징지어지는 것에는 반대적 입장에 있다. 왜냐하면 그것은 합리성에 장애물이나 장막이 되기 때문이다. 그 결과로 비합리적인 것——유혹 · 정념 · 습관 · 선입관——의 규정은 배제와 정화를 통해 변함없이 규정되는 합리성의 규정보다 훨씬 더 풍요롭고 훨씬 더 흥미롭다.

우리는 어떤 대립이나 정화 과정을 즉각적으로 함축하지 않을 규정을 제시할 수 있을까? 합리성으로부터 **라시오**(ratio)와 따라서 **로고스**로 거슬러 올라가면, 우리는 **로고스**의 다양한 의미들 가운데 비율(관계)의 의미를 선별해 낼 수 있을 것이다. 우리는 오늘날 이른바 비합리적 수(무리수)라고 불리는 것의 스캔들을 기억해 보자. 정사각형의 변과 대각선에 공통되는 척도가 없다면, 위험에 처하는 것은 합리성 전체이다.

비율(관계)의 개념이 수학에서 우리가 합리적이라 부르고 싶은 다양한 실천들 쪽으로 이동할 수 있기 위해서는 존재하는 비율의 성격에 대해 더 이상 탐구해서는 안 되고 확립해야 할 것으로서 비율을 규정해야 한다. 사실 이는 과학적 실천의 기본 목표이다. 따라서 현장에서 획득되고 연구소에서 생산되고 그 어떤 곳에서나 관찰된 것이라 할지라도, 그것이 보고되는 공동체에 의해 인정된 문제들 · 해석들 · 기술 방식 혹은 특징화 방식과 관련될 수 없다면 **일화**나 3면 기사의 부류로 쫓겨날 것이다.

이와 같은 주장은 오늘날 합리성이라는 용어와 불가분의 관계에 있는 규범적 차원을 곡해한다고 반박이 제기될 수 있을 것이다. 관계를 너무 지나치게 주장하면 상대주의로 유도한다고 말이다. 즉 각자는 그 나름의 목적들이 있고, 그 나름의 설명하는 방식, 요컨대 그 나름의 합리성이 있다고 말이다. 사실 이는 합리성을 규정한다기보다는 그것을 부정하는 것이 아닐까? 합리성을 위협하는 상대주의의 망령을 물리치기 위해선 한걸음 더 나아가야 한다. 즉 합리성의 규정을, 실천들을 구분하게 해주는 기준으로 성립시켜야 한다. 그렇게 되면 관계의 적합성에 대한 지속적 탐구를 포함하는 실천들, 다시 말해 관계화가 동시에 이 적합성의 **검증** 작업이기를 요구하는 실천들은 합리성에 가치를 부여한다고 말해질 것이다. 진단서를 작성하는 의사의 성공은 그가 분명하게 규정된 치료 규약에 부합하는 일반적 범주에 환자의 질환을 관련시킬 수 있다는 점에 기인하는 데 비해, 물리학자들이나 화학자들의 실험적 성공은 관계 자체에 관련된 증거들을 요구한다. 물론 해석 범주들의 이러한 검증 작업은 논쟁들을 야기시키지만, 이 논쟁들은 비합리성의 일시적 나타남이라기보다는 합리성의 인준 자체이다.

합리성을 하나의 목적으로 만드는 그 의미에서, 결정적인 요소는 관계가 어떤 검증 작업들을 따르는지 아는 것이다. 실험 활동의 신뢰성은 정당한 반박들을 유발하는 데 필요한 수단들과 전문성을 지닌 모든 사람이 이러한 검증 작업에 참여할 자격이 있고, 심지어 그런 참여가 바람직하다는 원칙에 근거한다. 실제로 신뢰성은 모든 사람의 문제이다. 하나의 결과가 다른 결과들을 위한 근거의 역할을 할 수 있는 것은 그것이 반박들에 저항함으로써만 가능하다. 그것은 어떤 논거를 위해 동료에 의해 인용될 수 있을 것이거나, 새로운 장치들의 가능성을 창조하는 **기구**로서 안정화될 수 있다.

이와 같은 좁은 의미에서 볼 때, 합리성은 불안정한 속성이다. 왜냐하면 하나의 진술은 새로운 시험들을 거치지 않을 수 없고, 그것이 새로운 중요성이 있거나 상이한 상황들과 관련될 때마다 새로운 반박들에 답해야 하기 때문이다. 이와 관련하여 일정한 상황에서 '과학적' 혹은 '합리적' 관점에 부합하는 것과 합리적이 아니므로 부차적인 것으로 무시되거나 뒷날로 미루어질 수 있는 것을 구분해야 한다고 주장하는 것은 별로 합리적이지 못하다. 반면에 혼성 포럼, 혹은 브뤼노 라투르의 '자연의 정책'에서 기술된 절차들은 합리성에 대한 이와 같은 규정에 부합한다. 반박들과 대항 제안들을 개발하면서 관계들을 확대시키는 데 목표를 둔 모든 지식 기획은 합리적일 것이다.[106] 이러한 목적은 정화와 배제에 근거하는 합리성의 규정들보다 더 나은 합리적인 것과 민주적인 것을 일치시키게 만든다.

---

106) 미셸 칼롱 · 피에르 라스쿰 · 야니크 바르트, 《불확실한 방식으로 행동한다는 것. 기술적 민주주의에 대한 시론》, 쇠이유, '라 쿨뢰르 데 지데' 총서, 2001. 브뤼노 라투르, 《자연의 정책》, 라 데쿠베르트, 1999.

현실(Réalité)

다양하게 양립적으로 사용될 수 있는 현실(실재)이라는 용어에 어떤 의미를 부여해야 하는가? 우리는 여기서 영어의 번역 불가능한 표현 matter matters로부터 영감을 얻어 "현실이 중요하다"고 말하자고 제안할 수 있을까? 아마 그럴 수 있을 것이다. 그러나 이 중요성은 상이한 여러 방식으로 언급되지 않을 수 없는 것 같다. 과연 어떤 분자가 화학자에게 중요한 방식과, 가까운 동료가 그의 최근 논문에 제기한 반박이 그에게 중요한 방식 사이에 어떤 공통점이 있는가? 분자와 동료는 화학자에게 중요한 '현실'에 똑같이 속하며, 둘 다 이 과학자의 현실주의를 규정하는 데 기여한다. 그러나 동료는 논쟁의 가능성, 과도적으로 규정되는 일들의 상태를 함축하는 데 비해 분자는 인간사와는 독립적일 수밖에 없을 사물들의 상태를 지칭한다. 우리가 '실험적 현실주의'라 부를 수 있는 것은 사물들의 상태(matter of fact)와 일들의 상태(state of affairs) 사이의 철저한 분리에 의해 특징지어진다.

물론 사물들의 상태와 일들의 상태를 구분하는 것은 일반적이다. 예컨대 일부 철학자들은 예컨대 "나는 네가 나에게 거짓말을 한다고 생각한다"라는 진술과 구분해야 하는 '양탄자 위의 고양이'를 다루는 많은 양의 글을 썼다. 그러나 이 글에서 양탄자 위의 고양이는 아무에게도 관심을 불러일으키지 못한다. 그것은 '합의적인 사실'의 단순한 사례이다. 반면에 중성미립자가 질량이 있는지 없는지 아는 문제는 전문 물리학자들에게는 극도로 중요하다. 이 경우 중요한 것은 구분의 성공이고, 중성미립자나 분자가 일들의 상태와 연관된 해석적 갈등을 잠재울 수 있는 방식으로 특징화될 수 있다는 가능성이다.

화학자로 하여금 "나의 분자는 진정으로 존재한다"라고 말하게 하는 현실주의를 비판하고, 이 현실주의를 표상과 '현실 자체'가 합치한다는 순진한 믿음과 동일시하는 것은 너무도 쉽다. 이런 일은 코끼리를 탐사하는 3명의 장님의 우화 같은 것에 의지하는 자들이 하는 것이다. 이 우화를 보면 한 사람은 코끼리가 나무 몸통 같고, 두번째 사람은 뱀 같고, 세번째 사람은 파리채 같다고 결론을 내린다……. 이 장님들처럼 우리는 우리가 '사물들의 상태'라 부르는 것으로 표현되는 한계 속에 갇혀 있는지도 모른다. 이 한계는 철학적으로 동굴의 죄수들이나(플라톤) 인식하는 모든 주체의 인식 방식으로 (칸트) 철학적으로 규정되든지, 아니면 언어나 문화의 산물로 규정될 수 있다. 이는 아무래도 상관없다. 어떠한 경우에서든 이 한계는 우리에게 현실 구실을 하는 것을 규정하고 이중의 무능력을 의미한다. 우리 자신의 무능력과 우리가 아니면서도 우리에게 차이를 나타낼 수 없는 것의 무능력이 그것이다.

그런데 장님들의 우화는 코끼리와 같은 무언가가, 다시 말해 장님들 각자가 포착할 수 없는 '현실 자체'가 분명히 존재한다는 것을 시사한다. 온갖 측면의 반(反)실재론자들은 이 현실에 도달할 수 없는 우리의 무능력을 느끼도록 하기 위해 그것을 원용할 필요성을 항상 느낀다. 그래서 그들은 또한 장님들한테서 모든 실험적 시도를 특징짓는 것을 박탈한다. 사실 우화는 장님들이 그들이 있는 곳에 그대로 머물 때에만, 또 그들이 논의도 하지 않고, 움직이지 않으며, 자신들 각자의 해석들이 지닌 미공개 결과들을 상상하고 확인하려 하지 않을 때에만 유지된다. 실험적 논쟁들을 특징짓는 것은 바로 이와 같은 집단적 활동이다. 과학자들은 모든 문제들에 대한 답들이 언제나 획득될 수 있다——그런데 이것이 바로 그들이 '여론'에 비난하는 것이다——고 인정한 최초의 사람들이다. 물론 실험적 현실은 '우리에게' 하나의 현실이지만, 이 '우리'라는 말은 움직이고 활동하는 집단을 지칭한다.

뿐만 아니라 장님들 각자는 그 나름의 해석을 내세우는 데 비해, 논쟁중인 실험자들에게 우선 중요한 것은 그들이 대상으로 하는 것이 그들을 일치하게 만들어 그들로 하여금 자신들의 최초 이견들을 이해하게 해주고, 그것들을 하나의 정연한 기술로 수렴하게 해줄 수 있다는 것이다. 이런 장님들을 상상해야 할 것이다. 즉 그들이 더듬는 코끼리가 그들에게 제기하는 문제를 구축하는 것이 성공이고, 중요한 것은 코끼리가 '보증자'의 역할을 하게 되는 그런 장님들 말이다. 자신에게 제기되는 질문들의 보증자가 된 코끼리는 자신이 인간사들에만 관계되는 해석에 종속되지 않았다는 점과, 자신에게 적절하다고 생각되는 관심이 기울여졌다는 점을 보증한다. 물론 이 관심은 그에게 적절한 것이었지만, 그렇다고 그를 규정하겠다고 나설 수는 없다. 실험 행위가 요구하는 것은 사람들이 합의하는 '사물들의 상태'가 이 합의의 수취인이어야 한다는 점이지만, 그러한 성공은 기술(記述)이 인간 행위와 독립적이라는 것을 의미하는 게 전혀 아니다. 양자역학이 피해를 입힌 것이 바로 이와 같은 유형의 독립성이다. 그러나 양자물리학자들이 탐구하는 것은 '보증자'라는 역할을 전혀 상실하지 않았으며, 그리하여 양자물리학이 실험과학들 가운데 가장 풍요로운 결실을 가져왔었다고까지 언급되었다. 연구소에서 나온 해답들은 실험 **장치**들이 물리학자들에게 전달하는 것들이지, 연구소에 제기된 문제들에 의해 규정된 '현실'의 해답들이 아니다.

양자역학의 너무도 유명한 위기에도 불구하고 실험적 현실은 끊임없이 수가 증가하는 새로운 존재자들로 가득했다. 미생물들이 존재하고, 전자들도 존재하며, 그것들이 극복한 시험들은 그것들이 '우리한테' 존재하도록 만들어 준 탐색 수단들 이전에 존재했다는 것을 확인하게 해준다. 달리 말하면, 여기서 우리는 우리에게 현실의 역할을 해준다고 생각되는 인간사로부터 최대한 멀리 떨어져 있다. 실험적 상황들의 소명은 우리를 끊임없이 보다 많은 현실들과 연결시키고, 끊임없이 더 밀도 있지만 결코 결정적이지 않은 관계를 창조하는 것이다. 개별 현실의 규정은 새로운 장치들이 행동 목록을 풍부하게 만들어 감에 따라 진화한다.[107]

통상적 현실주의와는 달리 실험적 현실주의는 복수(複數)를 부른다. 실험적 현실들은 복수적이다. 왜냐하면 그것들은 다양한 장치들과 관련되고, 이 장치들의 존재를 증언하고 그것들을 보증자로 만드는 데 성공한 다양한 실용적 면들과 관련되기 때문이다. 그러나 그것들 모두는 실험자에게 현실과 동의어인 요구를 다음과 같이 만족시켰다. 즉 그것들은 그것들이 단순한 해석적 허구들이 아니었다는 것을 **입증**하는 시험들을 견뎌냈다는 것이다.

실험자들의 순진한 현실주의를 비난하기보다는 아마 그들로부터 영감을 얻고, 우리가 '현실'이라 부르는 것이 그것을 중요하게 만들어 주는 것과 분리될 수 없다는 것을 받아들이는 게 좋을 터이다. 이 경우에 '사물들의 상태'와 '일들의 상태'를 성공적으로 구분하려는 고심을 드러내며 실험 행위를 부각시키는 방식보다 다른 많은 방식

107) 브뤼노 라투르, 《판도라의 희망》, 라 데쿠베르트, 2001.

들, 즉 중요성을 드러내는 방식들이 있음을 인정해야 한다. 예를 들면 기술적인 혁신은 수익성 · 신뢰성 · 안전성, 법률적 · 규제적 기준들과의 일치 등과 같은 구속 요소들과 뗄 수 없는 현실을 지닌다. 오직 **광적인** 창안자만이 일들의 상태에 부합하는 이런 의무 사항들 없이 때울 수 있다고 생각한다. 다른 행위들, 예컨대 예술적 혹은 정신적 행위에는 다른 존재 방식들이 부합하며, 이 방식들은 전자나 사진기 같은 동일한 유형의 시험을 극복할 필요가 없다 할지라도 역시 현실적이다.

현실의 문제가 많은 철학적 논쟁을 야기하고 있는 이유는 아마 그것이, 어떤 방식으로든 어떤 현실을 중요하게 만드는 실리적 관계와 독립적으로 현실적인 것을 규정하려 하는 야심에 중독되어 있기 때문일 것이다. 이는 철학자들이 공상적 존재들, 다시 말해 존재 자체가 아무에게도 중요하지 않으며, 설사 존재할 수 있다 하더라도 어느 누구에게도 아무런 의무도 강요하지 않는 일각수나 프랑스의 현재 왕(대머리이든 아니든)과 같은 공상적 존재들을 원용할 때 드러내는 그런 수월성이 귀류법으로 보여 주는 것이다. 반면에 현실이 사유하게 하고, 느끼게 하며, 행동하게 하지 않을 수 없는 것이라면, 그것은 그것을 요구하는 상이한 실천들과 결탁하고 있으며, 인간들을 합의하게 만들도록 흔히 부여받은 힘을 상실한다. 사물들의 상태와 일들의 상태 사이의 구분이 이루는 성공은 실험과학에 중요하지만, 이 구분을 일반화시킬 수 있는 이상으로 삼는 것은 매우 파괴적인 사유의 경제를 이룬다.

이런 의미에서 현실은 상이하고, 심지어 대립하는 여러 실천 행위들 사이에 일치의 문제에 답을 제시하는 것이 아니다. 그보다 그것은 그것이 동원된 이유인 해법으로 환원될 수 없는 중요성을 이 문제에 부여한다. 그것은 모든 사람이 합의하게 할 수 있을 '독립적인' 현실, 일부 전문가들이 접근할 수 있을 현실로서 동원된 것이다. 중요한 문제, 즉 대립적인 방식들로 강요된 인간들 사이의 합의 가능성의 문제에 대한 빈곤하고 슬픈 해법이 아닐 수 없다.

저항(Récalcitrance)

브뤼노 라투르가 제안한 이 낱말은 '자연' 과학과 생각하고 해석하는 인간들에 호소하는 과학 사이의 해묵은 차이 문제를 새로운 표현으로 다룬다.[108]

딜타이 이후로 흔히 이 문제는 두 유형의 과학, 즉 설명하는 과학과 '이해하는' 과학 사이에 이루어진 구분의 도움을 얻어 접근된다. 전자가 (어떤 사건들의 불확실한 성격을 받아들일 각오를 하고) 결정론적인 이상을 정당하게 추구하는 데 비해, 후자가 전제하고 주장하지 않을 수 없는 것은 인간의 자유이고, 의미를 부여할 수 있는 인간의 능력이며, 어떤 상황이 그것에 직면한 사람들에게 지니는 의미와 독립적으로 이 상황을 기술할 수 없다는 불가능성이다.

딜타이의 구분은 두 양식의 과학을 구별해 주는 고상한 수단을 제공하고 있다. 그러나 그것은 중요한 취약점이 있다. 왜냐하면 우리가 최소한 말할 수 있는 것이지만, 이른바 이해적 과학은 다른 과학들과 동일한 리듬으로 진보하지 않았기 때문이다. 뿐만 아니라 설명하는 과학이 그것에 부여된 영역을 항상 지키고 있는 것만은 아니다. 우리

---

108) 브뤼노 라투르, 《자연의 정책들》, 라 데쿠베르트, 1999. 또한 이자벨 스탕저, 《관용을 청산하기 위해. 세계정치 7》, 라 데쿠베르트/레 장페셰르 드 팡세 앙 롱, 1997 참조.

는 사회생물학 · 신경생리학 · 약학에 대해 생각할 수 있는데, 조그만 환약들이 고통받는 사람으로 하여금 강박 관념이나 혼란과 같은 우울한 생각들을 '이해할' 필요 없이 그것들로부터 벗어나게 해주겠다고 나선다. 그러나 또한 우리는 정신분석학에 대해서도 생각할 수 있는데, 이 학문은 환자가 '말하고자 하는' 것을 이해하겠다는 것이 아니라, 다만 '자신의 의지와 상관없이' '자신도 모르게' 말하는 것을 듣고자 한다. 또한 행위자들이 자신들의 고유 존재라고 생각하는 것, 즉 취향 · 신념 · 판단 같은 것을 '사회적 장'에서 그들의 위치를 통해 설명하는 기술에 전념하는 실증적 사회학에 대해 생각할 수 있다.

저항의 개념은 예컨대 인간과 중성자나 뉴런 사이의 차이라는 극히 고전적인 문제가 제기되는 방식을 변모시킨다. 물론 중성자나 뉴런은 많은 문제들을 제기할 수 있지만, 우리는 최소한 그것들과 관련해 배치되는 목적들에 대한 그것들의 무관심에 기대를 걸 수 있다. 하나의 **사실**은 **인공물**이라는 의혹을 받을 수 있지만, 이 경우에 실패는 자신이 다만 연출하고 계량했다고 생각한 것의 진정한 주창자로 인정되는 과학자에게 귀속된다. 전자나 뉴런이 연출되는 것을 받아들였고, 그의 입증적 계획에 동의했고, 그가 듣고자 했던 것을 그에게 대답해 주었다고 말할 수는 없을 것이다. 이런 의미에서 우리는 그것들이 인간의 기대에 대해서 '저항한다'고 말할 수 있다. 이와 같은 저항이 없다면, 실험적 증거에 있어서 중심적인 구분, 즉 사실과 **인공물** 사이의 구분은 매우 어렵게 된다.

반면에 인간들과 관계하는 과학은 그들의 무관심에 결코 기대를 걸 수 없다. 인간들의 특성은 그들의 자유라기보다는 그들의 '저항 결핍'[109]이다. 그들은 자신들에게 제기되는 질문들이 아무리 바보 같다 할지라도 친절하게 대답하며, 더 고약한 것이지만 그들은 그것들에 흥미를 느낀다. 그렇지 않으면 그들은 반항하고, 이때 문제를 제기하는 자는 자신의 질문이 너무도 당연한 것이기 때문에 그런 것이 아닌지 자문할 수 있다.

따라서 저항의 결핍은 증거의 모든 경제를 뒤흔든다. 그럼으로써 그것은 부르디외의 사회학과 같은 일부 인문과학들의 특수성을 이해하고/설명하게 해준다. 이 과학들은 설명되어야 하는 행동을 하는 사람들이 '모르게' 기능하는 설명들을 우선시한다. 사실 주체가 자신이 어떤 문제에 답하는지 알지 못한 채 제시하는 답변들은 **인공물**이라는 의혹으로부터 보호될 수 있다. 이로부터 다음과 같은 예기치 않은 결과가 나온다. 즉 실험과학은 그것이 다루는 것을 '격상시키고,' 중성자나 뉴런이 할 수 있는 것의 영역을 끊임없이 풍요롭게 하는 경향이 있는 데 비해 설명적인 인문과학은 그것을 끌어내리고, 행위자들이 스스로를 능동적이라 생각하는 곳에서 복종을 보여 주는 경향이 있다. 그리하여 두 과학은 지식의 진보와 환멸을 조화시킨다.

다른 한편으로 저항의 결핍은 왜 인문과학이 학교의 실패로부터 예술 작품의 미학적 평가에 이르기까지 아무 문제나 연구할 수 있는 것처럼 보이는지 설명하고/이해하게 해준다. 왜냐하면 모든 문제는 통계적 혹은 임상적 조사를 통해 해답을 찾을 것이고, 해답들은 조사자가 원할 수 있는 만큼 분절될 수 있을 것이기 때문이다. 질문을 받는 자는 '그에게' 대답하고, 그를 만족시키려고 시도하거나 자신에게 부여된 지위를 점유하려 하는 것이다.

그러나 인간들의 저항 결핍은 운명이 아니며, 과학사회학은 이 점을 드러내는 사례이다. 사실 이 경우에 사회학자는 '저항적인' 대화 상

---

109) 이자벨 스탕저, 《마법과 과학 사이의 최면》, 레 장페셰르 드 팡세 앙 롱, 2002.

대자들을 분명히 상대하고 있다. 왜냐하면 그들은 그의 기술(記述)들에 항의하고 이 부적절한 연구자를 위험에 빠뜨리거나 내쫓을 수 있는 자격이 있음을 느끼기 때문이다. 물론 이 사회학자는 과학자들이 자신들의 행위를 특징짓는 방식을 받아들일 필요는 없다. 그러나 그가 배울 수 있는 것은 몇몇 기술 방식들은 모욕을 준다는 사실에 중요성을 부여하고, 깎아내리는 기술들을 명예롭게 하는 것을 피하고, 예기치 않은 것이라 할지라도 기술되는 사람들에게 흥미를 일으킬 수 있는 기술들을 개발하는 방법이다.

인문과학이 자신들과 관련된 문제들에 대해 입장을 취할 수 있는 가능성을 획득한——혹은 정복한——사람들이나 집단들에만 호소한다면, 그것은 실험과학과 마찬가지로 아무데나 달릴 수 있는 지프가 될 가능성은 거의 없을 것이다. 물론 그것은 실험과학과 연관된 객관성과의 허구적 유사성을 상실할 것이지만, 실험적 증거와 지식의 획득을 일치시키는 역학과 진정한 친화성을 획득할 것이다. 이때 과학적 방법의 첫번째 법칙은 다음과 같은 것이 될 것이다. 즉 어떤 질문의 대상이 되는 사람들은 이 질문의 타당성을 위험에 빠뜨릴 수 있는 능력을 가져야 한다는 것이다.

반증 가능성(Réfutabilité)

혹은 오류 증명 가능성…… 이와 같은 망설임은 카를 포퍼의 《탐구의 논리》로 거슬러 올라간다. 독일어 Verfälschen은 영어의 falsify나 프랑스어의 falsifier처럼 부정적인 암시 의미들, 예컨대 위조하다 · 변질시키다와 같은 의미들을 지니고 있다. 반면에 반박은 포퍼가 관심을 가졌던 것을 명확히 지칭한다. 많은 경험적 사례들이 일반적 진술(모든 백조는 하얗다)의 참을 논리적으로 정당화할 수 없는 데 비해, 단 하나의 경험적 사례가 그것의 허구성을 끌어내고, 반박할 수 있다(저런! 검은 백조가 한 마리 있네).

사람들은 흔히 이 정도에서 멈춘다. 포퍼는 '과학적' 이라는 칭호에 어울리는 진술들과 비과학적 진술들 사이의 경계선을 진술들이 반박당할 수 있는 가능성을 토대로 하여 확립할 수도 있었을 것이다. 그러나 1934년부터 포퍼는 입증하다와 반박하다 사이의 논리적 불균형에 토대한 이 기준이 불충분하다고 단언했다. 실제 그는 과학에 자연적 방법을 위한 논리를 부여함으로써 그것의 '자연주의적' 규정에 응답한다. 포퍼는 우리가 논리의 형식적 진술들로부터 벗어나자마자 하나의 이론을 반박 사례들에 대해 '면역시키는 것' 이 가능하다는 점을 모르지 않고 있다. 예를 들면 우리는 "모든 백조는 하얗다"라는 진술의 반박을 이렇게 말함으로써 피할 수 있을 것이다. 즉 "하지만 저건 검은 백조(cygne)가 아니라 흑조(pygne)이다. 모든 흑조는 검다"…….

포퍼가 옹호하는 경계선은 논리적인 성격일 뿐 아니라 윤리적이며 규범적이다. 과학자는 자신의 이론을 노출시키고, 면역 조작을 포기할 수 있는 용기가 있어야 한다. 그는 모순을 따돌리기 위해 자신의 관찰 진술들을 뜯어맞추는 방식으로 수정하지 않겠다고 결심해야 한다. 반증 가능성의 기준은 포퍼가 과학적 포부를 드러낸 마르크시즘과 프로이트 학설의 유행에 대한 대응으로 비엔나에서 구상해 냈던 것이다. 그것은 포퍼가 영국으로 이주한 후 학파를 창설할 수 있었던 런던 경제학파에서 과학사와 부딪쳐야 했다. 그는 자신이 제시한 기준의 보다 '정교한' 버전을 만들어 내야 했다. 임레 라카토슈*가 기술한 바와 같이 신생 이론은 보호되어야 한다. 그렇지 않으면 모든 이론들이 요람에서 죽어 버리고 말 것이다. 포퍼 자신도 중요한 진보를 과감한 추측들의 확인에 연결시키든지, 신중한 추측들의 반박에 연결시키든지 할 것을 제안했다. 과감하거나 신중한 것은 시대에 따라 변화함으로 면역 가능성들을 단념하는 결심은 규범이 더 이상 아니고 논의의 주제가 된다.

그러나 포퍼의 경계선 기준은 중요한 취약성으로 어려움을 겪는다. 반박은 일반적 진술과 관찰 진술들에 공통되는 모든 조건들의 불변성을 전제하기 때문이다. 포퍼는 자신의 이론을 역사에 관한 하나의 이론인 마르크스주의의 과학적 야심에 대항하는 투쟁 무기로 삼고자 했다. 그런데 역사는 우리가 '나머지 모든 것이 같다면' 이라고 결코 말할 수 없는 바로 그 영역이다. 실제로 **사실**과 일반적 진술이 진정으로 대조될 수 있는 유일한 장소(하늘을 제외하고)는 과학자가 사실 속에 들어오는 요소들 전체를 **통제**할 수 있는 실험실이다. 이때부터 포

* Imre Lakatos(1922-1974)는 헝가리 태생으로서 영국의 수학철학자.

퍼의 경계선 기준은 약간은 장황해진다. 그는 이미 특권화된 과학, 즉 실험과학의 특권을 말한다. 왜냐하면 포퍼의 질문——이 반박은 치명적인가, 아니면 적절한 가설보다 더 풍요로운 변경(變更)으로 열려지는가?——에 실질적인 중요성을 부여할 수 있는 것이 이 과학이기 때문이다.

포퍼의 기준은 다소 영감적으로 떠오른 귀납적 추리들로부터 비롯되는 진술들에 반대하는 입장에서, 혹은 이 기준이 가짜 실험실로 규정하게 해주는 것, 즉 과학자가 자신이 탐구하는 것을 자신의 문제들에 예속시키는 장소들로 규정하게 해주는 것에 반대하는 입장에서 여전히 유용하다.

상대성(Relativité)

과학적 지식은 그것이 생산된 시간과 장소의 조건과 관련이 있다(상대적이다)라고 말하는 것보다 진부하고 해로운 것은 없다. 이러한 상대성은 오귀스트 콩트가 '실증적' 이라는 낱말을 정의하는 데 있어서 유념하는 본질적 특징이기도 하다. 신학적 · 종교적 생산물들과는 반대로 과학적 지식은 이 지식을 만드는 인간들의 지적 능력과 관련될 뿐 아니라 기술적 조건들, 사회와 사회의 목표들, 그리고 보다 일반적으로는 문명의 상태와 관련되는 것으로서 사유된다. 역사적 조건들과의 관계 속에서만 과학이 있다는 것이 실증주의가 인정한 상대주의의 토대이다.

그렇다면 과학의 상대성이라는 문제는 왜 '과학들의 전쟁' 을 촉발시킬 정도로 20세기말에 민감하게 되었는가? 왜 상대주의는 일부 과학자들에 의해 위협으로 인식되는가? 과학적 행위를 '개화된' 방식으로 사유하는 사실, 다시 말해 과학에 낯선 지식을 깎아내리지 않고 사유하는 사실만으로도 모욕이나 기만으로 판단되는 현상을 어떻게 이해할 것인가?

콩트의 상대주의에 문제가 있는 것은 아니다. 왜냐하면 그것은 지식의 전진에서 결정론의 가정을 주요한 기둥 가운데 하나로 삼는 철학과 연결되어 있기 때문이다. 세 상태의 유명한 법칙은 모든 지식이 필연적으로 세 단계——신학적 단계, 형이상학적 단계, 실증적 단계

——를 거쳐 가게 되어 있다는 것을 전제했다. 비록 이 지식들의 리듬과 내용이 여전히 불확정적으로 남아 있다 할지라도 말이다. 필연성의 가정이 사라지게 되자 상대성은 민감한 문제가 된다. 사실 파스칼을 참조하든(피레네 산맥 이쪽에서 진실……*), 혹은 물리적 상대성을 참조하든(관찰자에 따라 물체는 등속 운동으로 혹은 정지 상태로 기술될 수 있으며, 또는 아인슈타인의 경우 거리가 있는 2개의 사건은 동시적 혹은 비동시적으로 식별될 수 있다), 두 경우 상대주의는 **우연성**(contingence)을 함축한다. 더 밀고 나갈 필요가 없다. 모든 것은 국지적인 풍습이나 관찰자의 움직임에 달려 있는 것이다(아인슈타인은 자신이 '일반 상대성'으로 넘어갔는데도 상대성이라는 낱말이 간직된 것을 아쉬워했다. 왜냐하면 시간-공간의 계량은 우연적인 측면이 더 이상 아무것도 없기 때문이다).

보다 일반적으로 말하면, 하나의 동일한 상황과 관련해 그것을 상이한 빛깔로 나타나게 만드는 입장들을 끊임없이 연출하면서도 그 이상은 나갈 수 없다는 것이 상대주의의 취약점이다. 과학자들을 모욕하지 않으면서 다음과 같이 그들에게 말하기는 어렵다. 즉 사회적 관계가 상이했다면, 당신들이 성공적으로 마감되었음을 찬양하는 논쟁은 다른 결과가 나왔을 것이며, 현상들의 동일한 전체는 아마 다른 해석을 받았을 것이다. 그런데 그들이 옳다. 왜냐하면 환기되는 '동일한' 전체는 이 과학자들의 작업 결과이기 때문이다. 그것은 논쟁의 진행 자체에서 규정되었고 안정화된 것이다. 반면에 우리는 사정이 달랐다면, 달라졌을 것은 상황 전체이고, 중요한 문제들이 규정되는 방식이라고 말할 수 있을 터이다. 즉 동일한 논쟁이 일어날 수 없었

---

* 피레네 산맥 이쪽과 저쪽에서 진리와 풍속이 서로 다르다고 한 점을 상기할 것.

을 것이다. 달리 말하면 상대주의는 관점들이나 전망들의 너무도 정적인 개념들과 관련됨으로써 불리하게 된다. 이 개념들은 생산적 관계의 개념보다 우위에 서면서 후자가 연계시키는 용어들을 함께 생산한다. 과학적 행위가, 선택된 것 이외의 다른 관점에 관한 논쟁들에 참여하지 않고 까다로운 창조 과정들에 참여하는 적극적 · 선별적 · 창안적 방식으로부터 상대주의는 벗어나 있다.

재생 가능성(Reprodubilité)

재생 가능한 것만이 과학의 타당한 대상이다. 다행히 이 모토는 (지구나 인간의) 역사를 연구하는 과학들 전체가 배제되는 상황에 처하지 않기 위해서 반드시 필요한 법칙적 가치가 있는 것은 아니다. 그러나 그것은 어떤 방식이 그 나름의 영역에서 중요한 요소를 배제하고 있다는 비난에 대해 방어해야 할 때, 또는 어떤 영역이 과학의 칭호를 정복하려고 시도할 때 통용된다. 그리하여 학문적 체면을 추구하다 보니 초(超)심리학은, 눈길을 끌지만 일화적인 이상한 사례들을 벗어던졌다. 왜냐하면 그것들은 재생할 수 없기 때문이다. 초심리학은 긴 시리즈들로 된 익명의 결과들을 낳을 수 있는 표준화된 절차들의 정착에 매진했다. 이런 시리즈들로부터 그것이 희망하는 것은 우연으로 환원 불가능하고 소통이나 행동의 인정된 방식들을 통해 설명할 수 있는 결과들의 존재를 통계적으로 입증하는 일이다.

입증이라기보다는 '보여 주기' 이다. 왜냐하면 추구되는 **증거**의 유형이 회의주의자들을 설득시키려는 계획에 의해 전적으로 규정되기 때문이다. 중국의 속담에 따르면, 현자가 달을 가리킬 때 광인은 손가락을 바라본다. 그러나 가리켜지는 대상이 새로운 질문들을 약속하는 어떠한 '그런데' 로도 열려지지 않는 우연에 비해 일탈일 때, 손가락을 쳐다보는 것이, 균열 · **통제** 결여 · **기만** 가능성을 찾아보는 것이 훨씬 더 흥미있다. 이것이 초심리학의 적들이 단념하지 않는 것이다.

다른 한편으로 재생은 복제를 의미하지 않는다. 복제한다는 것은 동일하게 되풀이한다는 것인 데 비해 재생한다는 것은 변화들을 동반하면서 되풀이한다는 것이다. 흔히 **논쟁**의 패배자들은 적들이 자신들의 주장의 근거가 되는 실험을 똑같이 복제하지 않았다고 불평한다. 과학사가들이 유명한 실험들을 복제하려고 했을 때, 그들은 그런 시도가 엄청나게 어렵다는 것을 깨달았다. 매우 확실한 것이지만, 줄의 어떠한 동료도 일/열 당량의 직접적 척도를 제공한 실험을 복제하지 못했으며, 이 실험의 도식은 모든 교과서에 실리고 있다.[110]

재생 가능성은 실험과학에서 복제보다 더 중요하다. 동료의 실험이 성공적으로 '되풀이' 되었다고 알리는 논문이 있다면, 그런 논문은 출간될 수 없다. '새로운' 무언가를 생산할 수 있어야 한다. 물론 되풀이한다는 것은 어떤 결과를 확인하게 해주지만, 이 결과는 그것이 일단 재생될 수 있게 되었을 때에만 견고하게 된다. 따라서 사람들은 되풀이하는 데 만족하지 않고, 분명하게 규정된 일단의 상황들 및 조건들과 절차가 관련될 때까지 변수들을 탐사했다. 또한 사람들은 자신의 의미를 그들이 내놓은 결과들 가운데 몇몇을 통해 확인했다(이게 그런 경우라면 우리는 ……할 수 있게 될 것이다). 그리하여 재생은, 처음에는 항상 깨지기 쉽고 그 중요성이 불확실한 것을 점차로 안정시킨다. 그러나 그것은 그렇게 하면서 새로운 실험적 상황들과 새로운 기술들을 생산함으로써 혁신을 이룬다. 사실 대부분의 경우에 전문적인 동료이면 아무나 결과를 표준적인 절차를 통해 획득할 수 있기 위해선 기나긴 과정의 수련과 길들이기, 그리고 실험적 조립의 표

110) 오토 시범, 〈열의 기계적 가치의 재생산. 초기 빅토리아 시대 영국에서 정밀 도구와 정밀 동작〉, **《과학의 역사 및 철학 연구》**, n° 26(1995), p.73-106.

준화가 필요하다. 이것은 '손재주' '손놀림' 비공식적으로 전수된 어떤 '요령'을 배제하지 않는다. 그러나 그것은 초심자가 성공하지 못할 경우 문제가 되는 것은 표준화된 절차가 아니라 이 초심자라는 점을 함축한다.

재생의 두 측면——안정화와 새로움——은 상호 보완적이다. 실제로 동료들은 독창적인 제안의 중요성을 확대하고 그 결과들을 시험하려고 함으로써 하나의 진술을 안정화시킨다. 이런 작업 전체는 존재하는 기술(技術)들에 대한 새로운 요구들을 만들어 내고, 그것들이 완벽해지도록 유도한다.

기술과 결과 사이의 이러한 공동 진화는 기술이 기대된 결과를 확인해 주도록 수정된다는 의혹을 품게 할 수 있었다. 그러나 실험자들은 이와 같은 위험에 주의를 기울인다. 그들이 요구하는 것은 부분적으로 구분되어 있어야만 하는 두 역사 사이의 수렴이다. 그리하여 **협약**을 안정화시키는 데 안성맞춤일 그런 순환적 관계가 아니라, 일종의 상호적 강화가 확립된다.

따라서 아무것도 새로운 것을 생산하지 못하는 '복제 가능성'의 요구와는 달리, 재생 가능성은 하나의 공동체 전체를 끌어들이는 상황들의 기교를 함축한다. 그것에 부합하는 작업은 쿤이 퍼즐이라 부르는 것의 모습을 띤다. 왜냐하면 이 작업은 "그건 잘될 것이다" 라는 말의 고정을 전제하기 때문이다. 이 말은 우발적으로 만난 어려움들에 궁금케 하는(puzzling) 형태를 부여함과 동시에 만족스러운 해법의 가능성에 대한 상대적인 신뢰를 나타낸다. 사실, 재생 작업에 들어가기 위해서 연구자는 그가 출간된 결과에 부여할 수 있는 신뢰를 평가해야 하고 그것을 출간한 사람을 어떤 식으로든 믿어야 한다. '아직 취약한' 결과는 과학 공동체를 분할시킨다. 그것은 상이한 연구팀들에게 위험스러운 딜레마를 제기한다. 하나의 경우는 이 취약한 결과와 공동 보조를 취하여 성공할 경우 연구의 가장 혁신적인 단계가 될 것에 참여하는 것이다. 다른 하나의 경우는 모든 사람이 "분명 그건 성립되지 않았어"라고 소급하여 말하게 될 가능성에 기대를 걸면서 기다리고 위험을 감수하지 않는 것이다.

또한 재생 가능하게 된 결과는 산업적인 혁신의 명물이 될 수 있다. 그때 그것은 보다 덜 전문적인 이용자들에게 차례로 '재생할 수' 있게 해준다. 이는 이제 분명하게 규정된 척도나 제품을 쉽게 획득하게 해주는 기구들을 구상할 수 있다는 것을 함축한다. 여러 날 동안의 실험적인 힘든 조작을 요구하는 방법들은 자동화되었고, 오늘날 몇 분 안에 실현된다. 그 어떤 것도 **연구소**에서 이런 자동적인 **기구들**, 익명이 된 정도가 최고로 확립된 단계에 다다른 그 기구들의 존재보다 역사의 축적적 차원을 더 잘 보여 주지 못한다.

책임(Responsabilité)

과학은 책임이 있는가?

이 문제는 지난 20세기가 진행되는 동안 제기되어 광범위하게 논의되었다. 변함없이 적절한 대답으로 나온 것은 과학이 **중립적**이고, 그것의 응용들(다시 말해 군사적 · 정치적 · 산업적 응용들…… 사악한 응용들)로부터 독립적이며 죄가 없다는 것이다. 낫을 만든 사람은 어떤 자들이 이웃들의 머리를 쪼개기 위해 낫을 집어든 사실에 대해 책임이 있겠는가? 반면에 응용이 긍정적일 때 과학자들은 그것을 근거로 내세우는 데 망설이는 경우가 드물다.

이 문제는 그것이 구체적이지 않는 한, 다시 말해 '책임'이라는 용어가 다음과 같은 기술적인 문제에 대답하지 않는 한 의미가 별로 없다. 즉 "누가 어떤 것을 책임지지 않을 수 없는가?" 그리고 이런 문제 규정과 실천적 상관 관계가 있는 문제인 "책임져야 될 사람은 그와 같은 입장을 유지하기 위해 어떤 수단들이 있는가?" 이런 문제들에 대답하지 않고는 과학 혹은 과학자들의 책임이라는 큰 테마는 도덕적인 장광설의 주제로 남아 있을 것이다. 아무런 흥미도 없이.

혁명(Révolution)

순환적 운동을 지칭하는 천문학자들의 '공전(révolution)'과 정치와 과학(학문)에서 그 어떤 것도 더 이상 이전 같지 않게 만드는 사건을 지칭하는 혁명 사이에는 어떤 관계가 있을 수 있는가? 물론 공통점은 새로운 출발이라는 관념이다. 그래서 최초의 천문학자들은 지상의 삶이 종속된 주기적 회귀 순간들을 기념하는 사제들이었다. 그들은 이 순간들에 사회적 · 정치적 토대를 갱신하는 의식(儀式)을 연결시켰다. 그러나 불일치는 갱신과 새로움 사이의 차이와 관련된다. 우리가 오늘날 과학적 혹은 정치적 혁명에 대해 이야기할 때 우리는 갱신된 연속이 아니라 단절을 환기시킨다.

정치에 있어서 이 용어의 새로운 의미는 바스티유 감옥 점령 때 루이 16세 치하의 장관의 유명한 답변 속에 나타난다. "그러니까 이건 반란인가?"라고 왕이 묻자, "아닙니다, 전하. 혁명입니다!"라고 장관은 대꾸한다. 우리는 장관이 명철하다고 신뢰하지만 이 장관은 우선 언어적인 혁신자였다. 사실 '혁명'이라는 용어의 이 새로운 의미가 과학의 삶 속에 들어온 것은 18세기였다.[111] 그것은 신기원을 이루는 사건을 지칭하기 위해 역사적 · 종교적 학문들에서 사용된다. 그리하

111) 버나드 코헨, 《과학에서 혁명》, 하버드대학출판부, 1985. 베르나데트 방소드 뱅상, 《라부아지에, 어떤 혁명의 회고록》, 플라마리옹, 1993.

여 과학사도 뒤처지지 않는다. 《백과전서》에서 데카르트 · 뉴턴 그리고 다른 많은 인물들과 관련해 혁명이 언급되는 것이다. 이 용어는 복수(複數)를 부른다. 과학의 진보는 혁명들로 특징지어진다. 우리가 화학에서 혁명을 소원했던 화학자 브넬을 믿는다면, 혁명적 행동은 행복한 상황을 위해 편견들을 심층에서 무너뜨리기 전에 '소란스러운 과시'를 통해 시작해야 한다. 그런데 라부아지에가 약 20년 후에 성취하는 혁명은 다소간 이와 같은 도식을 따른다. 그러나 **명명법**의 개혁을 위해 그것은 새로운 차원, 즉 단절을 덧붙인다. 라부아지에는 모든 화학은 다시 확립하기 위해 과거를 일소하고자 한다.

따라서 '혁명'이라는 용어는 결국 근대적 과학의 '성립'이라는 테마와 밀접하게 연결되어 있다. 역사가들은 코페르니쿠스에 의해 시작되어 케플러 · 갈릴레오 · 뉴턴 등에 의해 계속된 변화들 전체를 지칭하기 위해 '과학적 혁명'이라는 표현을 확신시키기까지 했다. 그들은 이 인물들을 근대 과학의 창시자들로 간주했다. 이때부터 혁명은 한 순간의 사건을 더 이상 지칭하지 않고 두 세기 이상에 걸치는 과정을 지칭한다.

그러나 하나의 과학적 혁명은 '위기'의 상황에 연결된 극적인 차원의 성격을 띠게 되어 있다. 그리하여 '에너지 보존의 발견'이나 방사능의 발견은 발견 당시에 물리학의 혁명들로 간주되지 않았다. 비록 전자는 열의 유체를 비존재로 귀결시키고, 후자는 원자들의 영원성을 그야말로 부정했는데도 말이다. 반면에 아인슈타인의 상대성과 양자 이론은 '혁명적'이다. 왜냐하면 그것들은 과학 일반의 토대를 문제삼는 위기들로 체험되었기 때문이다. 물론 과학사가들은 진보뿐 아니라 과거의 확신들과의 단절을 등장시키는 수사의 중요성을 강조하면서 이런 단절들의 현실에 대해 오랫동안 논쟁을 벌여 왔다. 그러나 연속주의자들과 불연속주의자들 사이의 이와 같은 논쟁들은 혁명의 권위를 퇴색시키지 못했다. 바슐라르와 함께, 단절, 즉 '노(no)'는 과학적 합리성의 동의어가 되었고, 쿤의 《과학적 혁명의 구조》를 통해 이 테마는 마침내 분과 학문적 지식을 모두 재조직화는 데 일반화되었다. **패러다임**의 모든 변화는 혁명이 되는 것이다. 그리하여 존중되는 모든 과학은 이제부터 그 나름의 복수(複數) 혁명들과 영웅들을 지니게 된다.

오늘날의 과학자들은 혁명이라는 테마를 이용하고 남용한다. 혁명적 고지들(과장 선전들)은 흔히 판매 촉진을 목적으로, 과시하고 결과에 중요성을 부여하기 위해 증가하고 있다. 그것도 상대적으로 처벌을 받지 않은 채 말이다. 회의적인 과학자들은 다음과 같은 두 관심사로 나누어져 있는 것 같다. 하나는 일반 대중의 정신 속에 견고하고 자신에 찬 과학의 이미지를 흔들지 않는 것이다. 다른 하나는 자신들의 동료가 언젠가 분명 새로운 아인슈타인이 된다 할지라도 편을 가르는 나쁜 쪽에 위치하지 않는 것이다.

또한 과학적 혁명이란 말은 과학사를 흥미있게 만들기 위한 고상한 서술적 방법을 그 속에서 발견하는 교육자들한테서 성공을 거둔다. 그리하여 아직도 흔한 일이지만, 상대성과 양자는 중고생들이 기억하는 과학사의 유일한 요소들이다. 물리학의 혁명들은 바슐라르와 쿤의 자극을 받아 과학의 패러다임들이 되었다.

많은 사람들은 본질적으로 혁명적이고 모든 한계를 깰 수 있다는 과학의 그 이미지에 의해 함정에 빠진다. 예컨대 초심리학자들은 왜 자신들의 동료들이 정신의 힘을 근본적으로 문제삼는 혁명적 관점 앞에서 후퇴하는지 자문한다. 끔찍한 오해가 아닐 수 없다. 왜냐하면 혁명이라는 개념은 중립적이 아니기 때문이다. 그것은 과학의 **계층**

체계를 그 나름대로 재표현하고 있다. 오직 혁명적 역사를 합법적으로 계승한 정복적인 것들로 인정된 과학들에 속하는 자들만이 혁명들을 예고할 수 있다.

수사학(Rhétorique)

수사학은 설득의 기술들에 속하며, 이 기술들에 부합하는 것이 '적절한 이유' 없이, 다시 말해 그 어떤 누구라도 합리적이라면 수긍하지 않을 수 없는 그런 이유 없이 어떤 입장이나 확신을 변경시킬 수 있는 가능성이다.

우리가 확신을 노리는 논리의 힘을 설득을 노리는 수사학의 힘에 대립시키면서 이와 같은 거친 이분법을 따라간다면, 과학에서 수사학의 문제는 논쟁적 문제와 동일시되지 않을 수 없을 것이다. 바로 그렇기 때문에 예컨대 폴 페예라벤드는 그것을《방법에 대항해》에서 이용했다. 갈릴레오는 유일한 사실들——수많은 수사학자들에 대항해 단 한 사람의 승리를 보장하게 되어 있는 사실들——에 만족하겠다고 주장한다. 그러나 은밀하게 그가 변경시키고자 기도했던 것은 독자들의 해석 체계 전체이다. 아무도 근대적 기차의 안락함을 알지 못했고, 모든 이동이 피로는 아니라 할지라도 급격하게 흔들리는 불편함을 강제했던 시기에 그는 사람들이 이해 못한 채 움직이는 운석 위에 있을 수 있다는 사실을 성공적으로 받아들이게 만들었다. 바로 이것은 알렉상드르 코이레도 역시 보여 준 바와 같이, 산파술의 전략에 의존하는 행동을 함축하는 수사학의 승리이다. 왜냐하면 갈릴레오는 마치 자신의 독자들이 아무것도 새로운 것을 배우는 게 아닌 것처럼, 마치 그들로 하여금 이미 알고 있는 것의 결과들을 전개하도록 도와 주기만 하는 것처럼 행동하기 때문이다.

그러나 때로는 확신과 설득 사이에, 추론과 수사학 사이에 이분법을 유지하기가 매우 어렵다. 과학적 담론은 논증적이며, 모든 수사학적 수단들을 동원해 독자를 변모시키고 그로 하여금 그것이 진보의 올바른 길을 따라가고 있는 것처럼 제안하는 혁신을 받아들이게 만든다. 그렇다고 이와 같은 동원은 터무니없는 착각을 하게 하려는 것은 아니다. 그것의 기능은 사람들이 입증할 수 있었던 것을 부각시키고, 그것에 중요성을 부여하는 일이다. 그리하여 장 페랭의 《원자》는 경이로운 수사학이다. 이 책의 전반부 전체에서 19세기의 물리학과 화학은 아보가드로 수에 그 가치를 부여할 수 없다는 불가능성을 극화(劇化)시키는 방식으로 등장된다. 독자는 그토록 많은 지식의 열쇠인 이 수를 욕망하는 방법을 배우고, 일련의 실험들이 어떻게 동일한 가치로 수렴되는지를 서술하는 저자의 감동에 공감한다. 우리는 원자들을 셀 수 있으며, 새로운 시대가 물리학에 열리고 있다는 것이다! 이 경우 이 저서의 수사학적 차원을 드러낸다고 해서 작품의 가치가 떨어지는 것은 아니다. 물론 페랭은 역사를 재구축하여 N의 가치를 핵심으로 삼는 건축물을 만든다. 그러나 어느 누구도 이 가치 자체도, 그것의 결과들도 문제삼기 위한 논거를 그 속에서 찾지 못한다.

물론 과학적 결과가 바라는 중요성은 어떤 과학적 영역을 지난날의 소유자들과 싸워 정복하는 진정한 작업을 함축할 수 있다. 갈릴레오가 로마 교회에 대항한 것이 그런 경우이다. 그리고 보일이 진공 상태가 선험적으로 불가능하다고 생각한 철학자들에 대항한 경우도 그렇다.[112] 보일은 이 점과 관련해 홉스의 논쟁적 논거들에 전혀 응답하지 않았지만, 분명 '수사학적 공격들'을 구성하는 실험들을 꾸며냈다. 그는 진공의 문제가 더 이상 철학의 문제가 아니라 **사실**(matter of fait)

의 문제가 되도록 쟁점을 유도했다. 이 사실의 문제에는 오직 펌프 주변에 모인 신사적 실험자들만이 대답할 수 있다는 것이다. 실험 이야기들은 사유 속에서 실험 장면에 참여하고 잠재적인 증인이 될 수 있는 수단들을 독자에게 제공한다. 그렇지만 이러한 수사학을 통해 이루어진 결집이 다른 수단들에 의해 지탱되었다는 점은 여전하다. 끊임없이 점점 더 새지 않는 공기 펌프들이 그것들을 확보할 수 있는 실험실들을 채웠고, 실제로 철학자들의 진공 상태가 더 이상 아닌 진공 상태가 존재하게 만들었던 것이다.

실험 이야기들은 **사실들**(matters of fact)을 통해, 다시 말해 가공되지 않은 것으로 제시된 사실을 통해 설득시키고자 하는 순전히 묘사적인 실험 이야기들은 오늘날 더 이상 과학에서 지배적인 수사학이 아니다. 그것들의 뒤를 이은 것은 실험자와 자연 사이의 질문-대답 형식의 대화를 등장시키는 또 다른 유형의 담론들이다. 그것들은 가설, 설비와 방법, 새로운 실험, 결론으로 이루어진다. 과학자는 "나는 관찰했다"를 알리는 데 만족할 수 없다. 그는 그가 관찰한 것에 의미를 부여해야 한다. 관찰의 신뢰성에 토대한 수사학을 대체한 것은 혁신에 토대하고 새로운 명제의 생산에 토대한 수사학이며, 이 명제의 결과들은 최대한 많은 동료들에게 관심을 불러일으켜야 한다.

수사학의 문제와 과학적 혁신의 문제는 분리될 수 없다. 왜냐하면 모든 혁신은 문제들의 질서를 변모시켜야 하고, 무시할 수 있는 것으로 간주되었던 것에 대한 관심을 끌어야 하며, 중요하지 않았던 상황의 어떤 측면을 중요하게 만들어야 하기 때문이다. 그러기 위해선 서

---

112) 스티븐 샤핀 및 시몬 샤퍼(1985), 프랑스어 번역판 《리바이어던과 공기 펌프》, 라 데쿠베르트, 1993.

스펜스 · 줄거리 · 결말과 같은 문학적 방법들에 의존해야 한다. 아니면 DNA의 이중 나선 구조를 밝힌 논문에서 왓슨과 크릭이 했던 것처럼 간결함을 사용해야 한다. 다음과 같은 추락은 이제부터 유명해진다. "분자의 구조는 그것이 어떻게 복제될 수 있는지를 지시한다는 사실을 우리의 주의력은 결국 간파해 냈다." 분자의 구조를 세포마다 복제되어야 하는 유전자들과 연결시킬 수 있는 가망성은 허풍의 철저한 배제가 요란한 북소리보다 더 인상적일 만큼 구체적이 되었다. 그러나 대부분의 경우들에 있어서 주목은 받게 되어 있지만 독자들이 나름의 결론들을 끌어내도록 함으로써 그러는 것은 아니다. 그들의 위치에 서서 그들을 위해 생각하고, 그들이 논거의 전적인 영향을 받을 수 있도록 위치해야 하는 곳으로 그들을 끌어당겨야 한다.

이와 같은 흥미끌기의 기술은 과학에서 매우 중요하기 때문에 오늘날 그것을 연구자들의 수련에 통합시키자는 구상이 나올 정도이다. 물론 수사학의 교육에 대해 말하자는 것이 아니지만, 논문들의 집필과 재정 지원의 요구에 대한 강의들은 강력하게 요청되고 있다. 모든 젊은 과학자가 배우는 것은 자신의 논거들이 전문적인 **심판들**(referees)과 동료들의 있을 수 있는 반박들에 버틸 수 있어야 할 뿐 아니라, 이 반박들의 효과와 중요성을 '치켜세우는' 것이 중요하다는 점이다. 심판은 여기서 관대할 것이다. 왜냐하면 그 역시 연구의 재정 지원이 달려 있는 사람들에게 흥미를 불러일으켜야 할 엄격한 필요성을 알고 있기 때문이다. 따라서 고전적으로 보면, 논문의 도입부 문장들은 가능한 많은 사람들이 제시될 내용에 관심을 갖도록 애쓰면서 깔때기 같은 역할을 하게 된다. 그리고 마지막 문장들은 '커다란 문제들'과 관련하여 기술된 결과들로부터 기대될 수 있는 이점들에 관한 약간의 자유로운 사색을 모험적으로 펼치게 된다. 바로 여기서 세계의 기근 아니면 치유의 새로운 가능성들이 고전적으로 나타나며, 그 어떤 동료도 이에 대해 기분 나빠하지 않게 된다.

수완(Savoir-faire)

과학의 실천에 있어서 수완은 육체적 기술들뿐 아니라 지적인 기술들도 포함한다. 이런저런 종류의 문제를 해결하기 위해 따라야 하는 흐름을 '기억하는 것'이나, 생소한 문제를 아는 문제로 귀결시킬 줄 아는 것은 매우 중요하다. 왜냐하면 쿤이 강조하고 있듯이 '정상 과학'은 무엇보다도 문제들을 해결하는 활동이라는 점 때문이다. 그러나 또한 필요한 것은 조작이 성공하게 만드는 동작이나 '손재주' 혹은 '요령'을 '손에 익히는 것,' 다시 말해 아는 일이다. 요컨대 능숙한 장인이나 음악가가 습득하는 종류의 재능을 익혀야 한다.

수완이 지적이 것이든 육체적인 것이든, 그것은 마이클 폴라니가 '암묵적 지식'이라 부르는 것에 속한다. 왜냐하면 그것을 지닌 자는 그것을 말이나 담론을 통해 설명할 수 없기 때문이다.[113] 수완은 그것을 소유한 사람과 매우 일체가 되어 있기 때문에 아비투스, 일종의 자동 현상이 되며, 그것이 얼마나 중요한지가 자주 망각된다. 그러나 그것은 한 개인에 속하며, 그의 신분을 규정해 준다. 따라서 그것은 과학자의 '개인적 참여'의 형태이며, '일체가 되는' 형태이다. 이런 측면은 외부 관찰자가 볼 때 추상적 지식으로 나타나며, 코드화된 동

113) 마이클 폴라니, 《개인적 지식. 포스트 비판적 철학을 향하여》, 루틀레지 앤 케건 폴, 1958.

작들은 개인의 이러한 참여를 요구한다.

실용적 관점에서 보면, 문제는 다음과 같다. 즉 연구에 필수 불가결한 이러한 수완을 어떻게 획득할 것인가? 18세기에 《백과전서》의 〈화학〉 항목은 화학자의 통찰력을 기르기 위해서는 수많은 세월, 일생이 필요하다고 표명했다. 그러나 19세기의 대학들에 설치된 과학적 교육과정은 상황을 변모시켰다. 리비히 연구소와 같은 **연구소**들(écoles)에서 실험실 작업을 통한 강도 높은 훈련은 까다로운 동작들을 반복적 동작으로 변모시키는 수완을 몇 년 안에 습득하게 해준다. 마찬가지로 케임브리지의 수학 교수들은 조건 반사를 정착시키는 데 목적을 둔 표준적인 일련의 훈련들을 학생들에게 받게 한다. 요컨대 손과 두뇌의 숙달을 통해 도전에 대처하는 것이다. 이와 관련해서 이론적 활동과 실험적 활동 사이에는 근본적인 차이가 없다.

기본적으로 수련되는 기술들의 효율에도 불구하고 연구자는 자신이 몸담고 있는 전문 분야에 고유한 수완을 발휘해서 기술적인 논문들을 이해할 수 있을 뿐 아니라 분야 전체를 숙달할 수 있어야 한다. 그런데 이런 **전문적 능력**의 획득은 기나긴 경험을 요구한다. 개인으로 하여금 진정으로 창조적이 되게 해주는 수준의 실력에 도달하는 데는 평균 10년이 필요한 것으로 평가되고 있다.[114] 이런 평가가 상당히 임의적인 것이라 할지라도, 젊은 연구자들의 창조성에 대한 상투적 견해는 학제간 유동성이 있는 마법적 혁신만큼이나 별로 신뢰를 주지 못하는 것 같다.

114) 프레데릭 L. 홈스, 《연구 경로》, 예일대학출판부, 근간.

회의주의(Scepticisme)

회의주의는 개인적 특성이나 고대적 지혜의 전통으로 귀결된다. 그러나 그것은 시대와 학문들에 따라서 과학적 공동체들 내에서 형성된 관행들을 부분적으로만, 그리고 서로 다르게 특징짓는다.

그러나 회의주의가 **과학적 정신**을 특징짓는다는 관념은 강력한 관념이다. 과학자는 외관을 신뢰하지 않고, 말과 방식을 불신하며 증거를 요구하는 자이다. '끊임없이 의심하는 정신' 이라고 괴테는 말했다고 하며, 로버트 무질은 《특질 없는 인간》에서 속아넘어가지 않고 어떠한 불명확성도 의심하는 상인들 · 사냥꾼들 · 병사들의 정신과 접근시킨다.

과학을 하기 위해선 의심을 해야 한다고 말해진다. 항상 깨어 있는 비판적 정신을 지녀야 한다는 것이다. 그렇기 때문에 회의주의는 근대과학의 성립시킨 대부분의 에피소드들에 속한다. 그러나 창립자들의 비판적 정신을 찬양하는 이야기들은 그들의 업적에서 한 면만을 드러낸다. 사실 흔히 의심은 망상적인 계획으로부터, 아서 케스틀러의 이미지를 빌린다면 '몽유병자' 의 확신으로부터 비롯된다. 예컨대 갈릴레오는 지구가 움직이지 않는다고 우리를 설득시키는 지각들을 의심하라고 가르친다. 그러나 그는 "자연이 수학적 문자로 씌어 있다"고는 전혀 의심하지 않는다. 로버트 보일은 《회의적 화학자》(1661)에서 원리들과 원소들에 대한 모든 학설들을 의심하지만 하나의 물질, 보편적 · 동질적 물질이 있다는 점을 인정이고 이 물질을 토대로 연금술적 변환의 희망을 확립한다. 뉴턴은 자신의 '중력'과 관련해 "나는 가설을 상상하지 않는다"라고 표명한다. 그러나 우리가 오늘날 알고 있듯이, 이러한 경험적 자세는 그가 기계론적 가설들로부터 아무것도 기대하지 않았다는 사실을 은폐하고 있었다. 그가 힘들이 그를 난처하게 한 이유를 받아들였다면, 연금술의 추종자로서 그의 평판은 실추되었을 것이다. 뿐만 아니라 비록 회의주의가 혁명적 순간들을 실질적으로 특징지을 수 있었다 할지라도 그것은 과학자들의 일상적 활동, 이른바 정상적 과학을 설명할 수는 없을 것이다. 토마스 쿤은 과학적 공동체들의 기능에 특유한 독단론과, **패러다임**들이 지닌 본질적으로 보수적 특징을 강조한다. 이로부터 혁신과 전통 사이의 긴장은 본질적이며, 과학적 활동을 특징짓는다는 관념이 비롯된다.[115)]

그렇다면 회의주의는 분명 근대 과학이 지닌 전통의 수취인이다. 과학자들은 '비과학적'으로 규정된 지식들이 문제되고, 과학을 기다리고 있는 것으로 간주되는 영역들이 문제될 때 공통적으로 의심을 하게 된다. 이러한 의심은 일부 과학들의 정체성에 속할 수조차 있다. 예컨대 심리학은 지속적인 회의적 용맹을 통해 과학의 지위에 다다르게 된 것이다. 즉 관찰 가능한 자료들만이 인정되어야 하고, 행동은 조작할 수 있는 변수들의 **기능**처럼 연구되어야 한다. 그리하여 '행동'에 대한 '마침내 과학적' 정의는 우리 자신이 주체적 결정권을 부여받고 의미를 창조한다고 생각하도록 만드는 모든 것을 배제하고 사유하기 위해 과학 = 회의주의라는 등식에 의거한다.

모든 경우에 있어서 회의주의는 "전에는 사람들이 믿었는데, 오늘

115) 토마스 쿤, 《본질적 긴장》(1977), 프랑스어 번역판, 갈리마르, 1990.

날에는 알고 있다"라는 형국으로 결과들을 부각시키는 데 극도로 강력한 수사학적 장치를 제공한다. 그것은 지금까지 나쁜 해답들만을 받았던 항구적인 질문들에 응답하는 것 같은 결과를 제시하게 해준다. 그것은 비합리적인 믿음들과 개괄들의 단념을 통해 결정된, 사유의 일반적 진보로서 과학의 전진을 표상하게 해준다. 그러나 과학 = 회의주의라는 등식이 개입시키는 판단들은 분과 학문들에 따라 다르다. 물리학자는 의학이 입증된 진리라고 간주하는 것을 근거가 취약한 명제로 판단할 것이다. 신경생리학은 심리학이 '마침내 과학적' 이라고 판단하는 것을 기껏해야, 언젠가 (케플러와 뉴턴 이전에 '관찰을 통한' 천문학의 의례적 이미지에 따라) 하나의 진정한 과학을 성립시키는 토대가 될 자료들의 수집으로 규정할 것이다.

그러므로 과학 = 회의주의라는 등식은 차례로 회의적 의심을 일깨우지 않을 수 없다. 그것은 과학의 실천에서 전개되는 지적 태도의 한 측면만을 표현하며, 과학자들에게 의심을 촉발시킨다고 생각되는 일반적 기준이 존재하지 않는다는 사실을 은폐한다. 그러나 특히 많은 경우에 그것은 사람들이 거리를 두고자 하는 모든 것을 믿음이나 여론(견해)으로 배척하면서 과학성을 쟁취하기 위한, 혹은 다른 과학의 영토를 정복해야 할 땅, 나아가 사명을 부여받은 땅으로 규정하기 위한 수사학적 수단으로 나타난다.

과학주의(Scientisme)

이것은 오늘날 경멸적인 용어, 거의 모욕이 되었다. 우리는 누군가 자신이 과학주의자라고 표명하는 것을 상상하기 어렵다. 그러나 이 용어는 어떤 당파로도, 나아가 어떤 학설로도 귀결되지 않고, 전반적으로 과학의 힘에 대한 엄청난 믿음을 증언하는 헐렁한 일단의 믿음들로 귀결된다. 이 믿음들 가운데 우리는 과학주의의 역사적인 세 모습들에 부합하는 3개의 전범적인 형태를 확인할 수 있다.

1. 과학은 혜택을 주고, 교화시키며, 평화를 가져다 준다. 이런 수식어들은 19세기말경에 개화된다. 그것들은 산업화된 강대국들(영국 · 프랑스 · 독일)의 과학자들이 만국 박람회들과 식민지 정복들을 통해 격화된 경쟁의 분위기 속에서 살고 있었다는 점을 고려할 때, 매우 수사적이다.

2. 과학은 좋다. 그것은 인간적이고 도덕적인 가치를 지닌다. 이것이 과학을 전쟁에 이용하는 것을 비난하는 일부 과학자들이 확산시키는 메시지이다. 예를 들어 폴 랑주뱅과 장 페랭은 자신들의 모든 희망을 과학에 부여하고 과학이 낳은 아픔에 대한 치유책으로서 보다 많은 과학을 설파한다. 랑주뱅에게 과학은 죽음이 아니라 삶을 위한 적응의 기능을 한다. 그것은 인류를 교육시키고 정의와 도덕에 '우애의 손을 내밀어야 한다.' 과학에 대한 이와 같은 거의 감정적인 집착을 '다정한 과학주의'라 부르자. 그것은 세번째 모습인 '냉정한 과학

주의’ 로 반드시는 아닐지라도 경우에 따라서는 이끌 수 있다.

3. 과학은 물질적(세계의 기아 · 질병 · 오염)이든, 사회적 · 경제적 혹은 정치적이든 인류의 모든 문제들을 해결할 수 있고 해결해야 한다. 왜냐하면 그것만이 그렇게 할 수 있기 때문이다. 이와 같은 신뢰는 과학에 정치적 · 사회적 갈등을 줄여 주는 힘이 부여될 때 승리를 거둔다. 이런 측면은 우리가 냉전 기간 동안 보았듯이, 개인이나 국민을 반항하도록 부추기는 불만들을 치유할 사회적 건강과 정신의학의 기획까지 해당된다.

그러나 과학주의의 규정이 지닌 애매함이 어떠하든, 중요한 것은 그것에 너무 신속하게 연결된 실증주의와 그것을 분명하게 구분하는 것이다. 물론 과학의 영역을 정치에까지 확대하는 것은 1822년의 젊의 콩트가 내놓은 프로그램, 다시 말해 그가 혁명 이후의 위기로부터 벗어나기 위해 설파한 사실상의 ‘과학주의적’ 해법이었다. 그러나 콩트는 이 프로그램을 변경했고, 그 이후에 나온 저술에서 과학자들에 대한 통제까지 권장하면서 그들의 힘을 끊임없이 제한했다. 실증주의와는 반대로 ‘냉정한’ 과학주의는, 모든 영역에 적용되기만을 요구하고 성공을 약속해 주는 보편적인 과학적 **방법**에 의해 특징지어지는 ‘실증적 정신’ 이 존재한다는 픽션에 근거한다. 이와 상관적으로 과학은 문제들을 해결하는 일단의 기술들로 환원된다. 이 문제들은 과학과 여론(견해) 사이의 단절을 설정하고 대립을 연장하기 때문에 그만큼 더 과학적으로 나타난다. 이로부터 다음과 같은 역설이 비롯된다. 즉 냉정한 과학주의는 그것이 예찬하는 과학을 모욕하고 상당히 신속하게 **전문가**들의 지배로 유도할 수 있다는 것이다. 용어가 기술자들을 부당하게 문제삼지 않는다면 우리가 기꺼이 기술 관료 체제라 부를 수 있는 것으로 유도하지 않는 경우에 말이다.

비밀(Secret)

1939년 2월 2일 독일 연구자들이 핵분열을 발견한 직후, 미국에 이민한 헝가리의 물리학자 레오 실라르드는 프레데리크 졸리어 퀴리에게 편지를 써 핵분열에 의해 방출된 중성자들에 대한 결과를 발표하지 말라고 지시했다. "여러 개의 중성자가 방출되면 일련의 연쇄반응이 가능하네. 이런 조건 속에서 그것은 특히 몇몇 정부들의 손에 들어갈 경우, 매우 위험할 수 있는 폭탄의 제조로 이어질 수 있네." 그러나 1939년 4월 7일 《네이쳐》지에 졸리어와 그의 공동 연구자들이 쓴 논문이 실리게 되는데, 이 논문은 방출된 중성자들의 수를 제시하고 있다.[116] 그러나 졸리어는 세계의 소리에 귀를 막은 채 상아탑에 갇혀 있는 연구자가 전혀 아니다. 반대로 그는 파시즘에 대항해 싸우고 과학자의 책임을 설파한다. 무엇 때문인가?

비밀은 과학적 에토스에 반대된다. 근대 과학은 17세기에 비밀의 전통을 폐기시키면서 구축되었다. 보다 정확히 말하면 과학적 에토스는 고대인들에게 신비성의 의지를 부여함으로써 형성된다. 이는 17세기 수학자들에게 일반적인 생각이다. 데카르트로부터 파스칼 · 카발리에리* · 월리스**를 거쳐 뉴턴에 이르기까지 그리스 저술가들의

116) 스펜서 위어트(1979), 《프랑스 원자물리학자들의 모험. 권력에 오른 과학자들》, 프랑스어 번역판, 페이야르, 1980.

개론들이 입증이 동반된 정리들만을 전달하고, 입증해야 할 가설들을 제공했던 방법, 즉 접근 방법들을 감추고 있다고 아쉬워한다. 마찬가지로 약제사들이나 장인들이었던 연금술사들이 질투나게 간직했던 제조 비밀들에 대해 항의한다. 지식과 수완은 입문자들 동아리들을 넘어 공유되어야 하고, 모든 사람에게 개방되어야 한다는 것이다. 은밀한 모든 지식은 사기나 기만의 의심을 받는다.

사실 결과의 공표는 이 공표가 인쇄술을 통해 물리적으로 가능하게 되었을 때 비로소 절대적인 요청이 되었다. 그리하여 과학은 창조자(auteur)(권위자라는 의미에서)가 쌓아 놓은 보물, 복제자들이 열심히 재현하는 그런 보물로서 더 이상 인식되지 않는다. 17세기에 아카데미들에서는 사실들을 공식적으로 유효하게 만드는 임무를 띤 증인들 앞에서 **실험**을 실시하기 위한 공적 공간이 마련된다. 이용 횟수들과 실험들에 대한 서면 보고들, 저널들이 유포하는 그 보고들은 잠재적인 모든 독자를 '가상 증인'으로 만들어 줌으로써 '시각적 증인들'의 제한된 범위를 확대시킨다. 그리하여 **동료**들에 의한 **통제**는 과학적 진술들의 수용 가능성의 기준이 된다.

비밀에 대항하는 싸움은 또한 프랑스 혁명 당시에 특허를 제도화하는 원인이 된다. 목표는 동업조합들이 공익에 유용한 방법들을 그들 자신만을 위해 간직하는 것을 막는 데 있다. 이와 같은 정책은——화학 · 제약 · 전기 · 전자의——사기업들에서 근본적인 연구가 전개되는 데 기여한다. 훽스트 · 바스프 · 벨 · 제너럴 일렉트릭 · 아이비엠은 연구에 대규모 투자를 하는 데 동의했다. 왜냐하면 성공할 경우 특허

---

* 카발리에리(Cavalieri 1598-1647)은 이탈리아의 예수회 수사이자 수학자.

** 윌리스(J. Wallis, 1616-1703)는 영국의 수학자.

의 가치는 높은 수익을 보장해 주거나, 최소한 투자 횟수를 보장해 주기 때문이다.

처음부터 결과 공표의 절대적 요청을 위반하는 사례는 다양하다. 사실 애매함은 공표의 규칙과 동시에 자리잡는다. 예컨대 지식의 공표에 주의를 기울인 모델적 과학자로 알려진 로버트 보일은 공개 강의를 하는 '통속적 화학자들'에 대해 멸시만을 나타낸다. 이보다 더한 것은 그 자신이 자신의 방법을 감추기 위해 9개의 상이한 코드까지 사용하면서, 자신이 수행한 변환 실험들의 이야기를 코드화하는 데 주저하지 않는다.[117]

보다 최근에는 문외한에게 접근을 금지하는 조치들이 전쟁 분위기가 감돌자마자 다시 나타난다. 국방부의 재정 지원을 받는 레이더·전자공학에 대해 이루어진 최초 연구들은 공개 유통이 안 되도록 '분류' 되었다. 새로운 분야들에서 '분류' 의 확대는 극도로 민감한 문제이다. 1980년대부터 로널드 레이건은 수학자들에게 암호 코드로 된 산식들을 공개하는 것을 금지시키려 했으나 헛된 일이었다. 그러나 2003년에 유력한 과학 저널들의 발행자들은 생물학 무기들의 개발에 이용될 수 있는 논문들을 검열하기로 결정한다.

군사적 목적들을 넘어서 비밀은 기업에 의해 지원을 받는 연구에서 경쟁적 이점을 보존하기 위한 규칙이 되다시피 했다. 이런 비밀은 특허가 독점적 점유 방식으로 변모됨으로써 배가되었는데, 오늘날 혁신의 과정에서 점점 더 무겁게 짓누르고 있다. 다른 한편 망각해서는 안 되는 점은 대다수 과학자들이 기업들에 의해 고용되어 있고, 모든 피

---

117) 로렌스 프린시프, 《야심 있는 달인. 로버트 보일과 그의 화학적 탐구》, 프린스턴대학출판부, 1998.

고용자처럼 엄격한 기밀 유지 조항들을 지키지 않을 수 없다는 것이다. 설사 과학자들이 고용주들은 자신들이 시장에 내놓는 것이 지닌 어떤 잠재적 혹은 현실적 위험들을 감추고 있다는 사실을 알고 있다 할지라도 그들은 침묵을 지켜야 하며, 그렇지 않을 경우 법적으로 기소될 각오를 해야 한다. 오늘날 급여생활자인 엔지니어들과 과학자들이 필요한 경우 자신들이 알고 있는 것을 공표하게 해주는 양심 조항의 적용을 받도록 요구하는 운동이 시작되고 있다.

요컨대 비밀은 원칙적으로는 추방되었지만 연구가 군사적 · 경제적 이유들 혹은 고도한 이유들로 인해 흥미를 유발하자마자 여전히 통상적인 관행으로 유지된다! 왜냐하면 공적인 연구 분야에서조차도 연구자나 연구팀이 비밀은 아니라 할지라도, 최소한 발견의 우선권을 확보하기 위해 정보의 일시적인 점유를 실천하고 있기 때문이다. 이로부터 다음과 같은 역설이 비롯된다. 즉 공표의 절대적 요청은 과학이 흥미가 없으면 그만큼 더 잘 적용된다는 것이다. 그리고 그것은 연구자들이 **경쟁**의 분위기 속에서 작업하도록 부추겨지면 그만큼 덜 적용될 것이다.

뜻밖의 발견(Sérendipité)

고대 프랑스어의 이 용어는 오래전부터 사용되지 않지만 최근에 영어에 의해 과학자들의 어휘에 재도입되었다. 그것은 예기치 않은 실마리들이나 새로운 아이디어들을 야기하는, 실험이나 관찰상의 작은 우연들을 지칭한다. 우연은 여기서 긍정적이다. 이러한 관점에서 탐구된 과학 및 기술의 역사는 그 사례들이 풍부하다.

가장 유명한 사례는 1896년 2월에 앙리 베크렐이 우라늄염에 의해 어둠 속에 방출된 방사, 방사능의 출발점이었던 그 방사를 우연히 발견한 것이다. 유리업계에서는 1954년 도널드 스투키가 결정화유리를 발견한 상황이 즐겁게 이야기된다. 코닝사에서 크리스털의 결정핵 형성 및 침전 과정에 대해 작업하던 이 연구자는 리튬 규산염을 바른 용기에 약간의 은을 집어넣어 가마에 6백 도로 열을 가하곤 했다. 그런데 가마의 온도계가 고장난 어느 날 온도가 9백 도까지 올라갔다. 스투키는 큰일이라고 생각했다. 왜냐하면 이 용기는 7백 도가 넘으면 녹아 버리고 가마는 볼 장 다 보게 되어 있기 때문이다. 그런데 문을 열자, 그는 불투명하고 단단한 덩어리 하나를 발견하는데, 이것이 손에서 미끄러져 내려 타일 바닥에 떨어졌으나 깨지지 않는 것이다! 이렇게 하여 그가 준비했던 것보다 훨씬 흥미있고 새로운 속성들을 지닌 용기가 나오게 된 것이다!

이 두 사례가 보여 주는 것은 뜻밖의 발견이 항상 **일화**의 방식으로 언급된다는 점이다. 그러나 이 뜻밖의 발견이 기억 속에 새겨지고 역사 속에 진입할 권리를 지니는 것은 우연적인 결과가 반복되었고, 재생 가능하게 되었으며, 인정된 중요성을 지닌 규칙적 현상으로 변모되는 정도에서만 가능하다. 비(非)의도적이고 준비되지 않았던 발견은 연구 계획이 갈라지는 현상을 야기하지 않을 수 없다.

뜻밖의 발견 사례들이 지닌 흥미와 매력은 그것들의 애매성에 있다. 그것들은 현대의 연구자들에게 약간의 개인적 자유를 요구하고 엄격하게 계획된 연구에 저항하기 위한 논거들을 제공한다. 그러나 그것들은 베크렐과 방사성의 경우에서처럼 새로운 유형의 계획된 연구를 가능하게 하면서 새로운 왕도를 열 때에만 주목받을 수 있고, 또 주목된다. 제약 산업에서 뜻밖의 발견 사례들은 많지만 작은 우연들이 항상 큰 일을 이루어 내는 것은 아니다. 경험적으로 확인된 임상적 효과들이 항상 연구에 어떤 왕도를 열어 준 것은 결코 아니기 때문이다. 그러나 뜻밖의 발견에 대한 전설은 유지되고 있다. 왜냐하면 그것은 쌍방의 이득에 유용하기 때문이다. 예를 들면 그것은 신경화학이 '향정신성' 분자들의 작용 메커니즘들을 '역사적 쾌거'로, 다시 말해 이 분자들의 복용과 연결된 임상적 결과에 대한 그러니까 과학적 설명으로 열려지는 그런 쾌거로 확인하여 제시하게 해주기 때문이다.

뜻밖의 발견과 왕도 사이의 연관성은 매우 강하기 때문에 우연히 이루어진 발견이 유행 현상이나 양떼처럼 몰려가는 현상을 촉발시키는 경우가 아주 흔하다. 이를 증명하는 것이 적어도 사람들이 전하는 바에 따른 다음과 같은 탄소 분자 구조 이야기이다. 하이델베르크의 두 물리학자가 거대한 분자들의 존재를 암시하는 별들의 스펙트럼들을 획득한다는 것이다. 이 일은 냉각 융합만큼이나 이상하고 스캔들을 일으켰기 때문에 그들은 자신들의 평판이 손상될까 염려된 나머지 결과들의 발표를 망설인다. 얼마 안 가서 1985년에 다른 스펙트럼들에 대해 작업하던 또 다른 독일 그룹이 성단(星團)들을 관찰하고 해석하여 자신들의 발견을 《네이쳐》지에 발표한다. 이것은 많은 연구소의 연구자들을 불타오르게 하는 불티이기 때문에 1985년과 1990년 사이에 가장 많이 인용된 논문들의 10분의 9가 탄소 분자 구조와 관련된 것들이다.

이것이 말하는 것은 '행복한 우연'의 의미에서 뜻밖의 발견이 기대와 예기치 않음의 혼합을 지칭하며, 과학자들은 이 둘을 **발견**에 연결시킨다는 점이다. 우연의 덕을 보기 위해서는 파스퇴르 이후에 모두가 강조하듯이 '준비된 정신'이 필요하며, 이것은 지식의 상태와 제도적인 틀을 전제하고, 발견되는 것은 이 제도적 틀 속에서 의미를 지닌다. 전혀 기대되지 않은 발견은 발견으로서 인정되지 않는다. 그리하여 사람들은 오늘날 입증되고 있는 것의 먼 과거의 선구자들에 대해 이야기하듯이, 그런 불행한 경우들에 대해 이야기한다. 그러나 지나치게 기대된 발견은 진정으로 발견이 아니다. 진정한 발견은 아인슈타인의 표현을 빌리자면 '커다란 베일의 한 모퉁이를 걷어올리고' '발견하는 것'으로 여겨진다. 그래서 연구의 방법을 특징짓는 예기치 않은 모든 미시적 사건들 가운데서 뜻밖의 발견의 '아름다운 이야기들'을 선별하게 해주는 것은 이러한 유형의 기대이다.

시뮬레이션(Simulation)

오늘날 사람들이 '시뮬레이션'이라 부르는 것은 영광된 과거를 지니고 있다. 관찰과 수학적 계산을 체계적으로 드러냈던 최초의 유럽 과학인 그리스의 대(大)천문학의 목적은 현상들을 설명하는 것이 아니라 그것들을 '구제하는 것'이었다. 유사성의 질서, 다시 말해 "모든 것은 마치 ……처럼 이루어진다"의 질서에 스스로를 제한하고, 기술(記述)이 관찰과 '일치하도록' 계산과 매개 변수들을 조정하는 것, 이것이 목적이었다.[118] 그러나 이런 종류의 야심은 코페르니쿠스와 특히 갈릴레오 시기에 경멸적이 되었다. 태양의 위치는 천문학 수학자의 단순한 가설이 아니다. 왜냐하면 태양은 '진정으로' 중심에 있기 때문이다. '현상들을 구제하는' 데 만족하는 것은 물론 수용할 만하지만——그것은 물리학자들이 '현상학적 기술'이라 명명하는 것이다——모든 과학적 기술을 현상들의 구제라는 방식과 동일시하는 것은 일종의 단념이라 할 것이다. 여러 **가설**들이 동일한 현상을 구제할 수 있을 때, 실험적인 성공은 단 하나의 가설이 다른 모든 것들에 반대해 부각되기를 요구한다.

그러나 일부 현대의 활동들은 시뮬레이션을 목적 자체로 설정한다.

---

118) 피에르 뒤엠(1908), 《현상들을 구제하기. 플라톤에서 갈릴레오까지 물리학적 이론의 개념에 관한 시론》, 재출간, 브랭, 1982.

튜링 테스트에서 영감을 얻은 인공 지능이 그런 경우이다. 대답들에 입각해서는 인간과 기계를 구분하는 것이 불가능하게 되면 이 기계는 '생각하고' 있다고 말해야 한다는 것이다. 오늘날 장기 프로그램 경기자들이 인간 경기자들처럼 전혀 기능하지 않는다는 것은 이론의 여지가 없으나, 한 사람의 대가와 싸워 이기는 프로그램의 승리는 목적 자체를 구성했다.

시뮬레이션은 컴퓨터의 폭발적인 계산 능력을 통해 새로운 의미를 띠게 되었다. 이 경우에 구제한다는 것과 설명한다는 것 사이의 과거의 차이는 부차적이 된다. 우리는 경제적·생태적 혹은 기후적 변화의 고도로 도식화된 시나리오이나, 또는 어떠한 '현실주의적' 가설에도 그 규정이 부합하지 않는 일단의 세포적 자동 존재들의 행동과 마찬가지로 천체역학의 법칙들에 의해 완벽하게 규정된 궤적 또한 시뮬레이션할 수 있다. 모든 경우에 있어서 중요한 것은 컴퓨터를 통한 계산만이 단계적으로 형식화의 결과들을 전개할 수 있다는 점이다.

물론 시뮬레이션은 시뮬레이션된 변화가 그것의 환경에 맹목적이라는 의미에서 단념이다. 한편 수학적 방정식들의 정확한 해법은 매개 변수들의 값과 최초 조건에 따라 가능한 모든 해법들의 풍경을 규정한다. 달리 말하면 시뮬레이터는 그가 제기한 문제에 대한 대답만을 획득하며, 그가 주의를 기울이지 않는다면 가장 중요한 것을 놓칠 수 있다(로렌츠는 자신으로 하여금 기상학적 변화를 시뮬레이션하게 해준 방정식들이 최초 매개 변수들의 더없이 조그만 변동에도 민감한 상이한 변화들을 낳는다는 사실을 우연히 발견했다). 그러나 이와 같은 단념은 시뮬레이터가 어떠한 것 앞에서도 더 이상 물러설 필요가 없다는 보상을 해준다. 모든 상황은 그것이 작용하자마자 시뮬레이션의 소재가 되었기 때문이다.

우리는 시뮬레이션의 승리에서 '갈릴레오적 괄호'라 할 수 있는 것의 종말, 다시 말해 신뢰할 수 있는 설명과 다만 작동되기만을 요구받는 '픽션' 사이의 대립의 종말을 볼 수도 있을 것이다. 게다가 현대의 어떤 신화들은 우주를 하나의 컴퓨터와 동일시하며, 그렇게 하여 이론들과 연결된 설명적 야심들을 경멸한다. 이론들은 식별할 수 있는 규칙성들에 특권을 부여하지만, 여기서 규칙성은 '진부한' 프로그램의 한 표시에 불과하다. 이와는 대조적으로 존 코완이 만든 삶의 게임과 같은 생각하기 좋은 프로그램은 변하기 쉽다. 일단의 결정론적인 제한적 규칙들을 통해서 그것은 최초 구성에 따라 비상하게 다양한 '피조물들,' 나타나서 번식한 뒤 죽는 그런 피조물들을 낳는다. 우주-컴퓨터와 더불어 자연의 법칙들에 복종한다는 것과 자연을 지배한다는 것 사이의 오랜 관계는 소멸한다. 자연은 '경우들'의 모자이크에 불과하다.

사실 시뮬레이션은 지배의 이상보다는 실행(mise en acte)의 기술과 소통한다. 실험적인 연출이 관계의 동질성을 요구하는 데 비해 실행은 이질적인 구성 요소들을 유기적으로 연결시키고 그것들을 동일한 차원에서 작용하게 만든다. '법칙들'은 평범한 구속 요소들이 되고 상황들도 역시 중요하다. 이 기술은 풍부한 결실을 가져다 준다. 예컨대 그것은 우리가 우리의 추론적 고찰들에 부여하는 지배를 테스트하게 해준다. 실제로 추론적 설명은 그것이 동원하는 요소들이 설명해야 할 대상을 해명하기 위한 필요하고 충분한 변수들이라는 점을 결코 보장하지 못한다. 그리고 그것은 이 요소들을 유기적으로 연결하는 수학적 기능을 명확히 밝히지 못한다. 그런데 우리가 어떤 상황을 시뮬레이션하고자 시도할 때, 기능과 그것의 변수들을 결정해야 할 뿐 아니라 연관된 양적인 매개 변수들의 값을 결정해야 한다. 예를 들어 "어떤 분과 학문이 권위가 있으면 있을수록 그것은 연구자들을 더 많이 끌어모은다"는 진술은 우리를 만족시킬 수 있으나, 시뮬레이션은 유인의 기능이 직선적인지 아닌지, 연구자들이 동질적인 집단으로서 규정될 수 있는지 등을 명확히 할 것을 요구한다. 그리하여 그것은 우리에게 '설명'으로 보였던 것을 다양한 이질적 시나리오들의 모태로 변모시킬 수 있다. 여기서 기능들과 수들은 환원의 동의어들이 아니라 서로 조화되지 않는 가능성들의 폭발과 동의어들이다.

새로운 가능성들에 새로운 문제들이 대응한다. 우선 시뮬레이션은 사용된 **모델**의 적합성에 맹목적이다. 정보과학자들은 '정크 인, 정크 아웃(Junk in, junk out)'이라고 말한다. 나오는 쓰레기는 아름다운 모습을 지니고 있고 마음대로 '조정될' 수 있다. 뿐만 아니라 시뮬레이션은 하나의 진정한 '검은 상자'를 구성한다. 이는 처리가 '추적될' 수 없어도 작동한다. 그리고 사람들이 모델을 통해서가 아니라 프로그램을 통해서 수들의 관리를 작동시킴으로써 흥미있다고 판단되는 결과가 **인공물**에 지나지 않았음을 발견하는 일이 규칙적으로 일어난다. 그런 인공물들은 새로운 작업장들을 열어 준다. 왜냐하면 그것들은 수학적인 멋진 문제들을 제기할 뿐 아니라 사뮬레이터들이 대비하지 못한 시험의 실행들을 요구하기 때문이다. 시뮬레이터들 사이에는 거의 **논쟁**이 없다. 왜냐하면 집단적인 작업은 별로 없기 때문이다. 시뮬레이터들은 그들에게 필요한 정보적 장비에 의해 규합된다. 그러나 그들은 다분히 작은 장인들처럼 기능한다. 각자는 그 자신의 문제·모델·프로그램이 있는 것이다.

미신(Superstition)

미신은 과학이 국민을 해방시키는 대상이다. 그러나 과학자들에게는 대단히 실망스럽게도 국민은 버틴다. 그래서 점성가들 · 점쟁이들, 음성적 치료법들은 사라지지 않았다. 더 고약한 것은 '미신적' 이라고 판단되는 새로운 두려움들이 나타나고 이성의 진보에 대립한다는 점이다. '사람들' 은 DNA가 분자에 불과하고, 유전자 변형 생물체가 식물과 동물을 변화시키기 위해 인간이 기울인 오랜 노력의 연장에 불과하다는 것을 이해하지 못한다. 그들은 핵발전소를 두려워하고 우리를 동굴의 시대로 되돌려보내고 싶어한다.

미신과의 싸움은 계몽 시대 이후로 거의 신성한 사명이 되었으나 이 사명은 훨씬 더 오래된 전통 속에 들어간다. 우상을 없애는 것은 국민들이 숭배하기 위해 만든 온갖 종류의 물신들에 대항한 유일신 종교의 투쟁이었다. 이 투쟁에서 물신들의 위상은 최소한 역설적이다. 왜냐하면 그것들이 그것들 자체 안에 무언가 힘을 지니고 있다는 것은 부정되고 있지만 믿음을 낳는 거의 무적적인 힘이 부여되고 있기 때문이다. 과학자들이 물려받은, 물신들에 대항한 투쟁은 과학을 선교적인 유형의 기획에 연결시키고, 특히 다음과 같은 관념에 대항해 무장시킨다. 즉 아마 국민은 기술적 · 산업적 혁신들이 가져온 경이로운 현상들 앞에서 불안해할 만한 이유들이 있다는 것이다.

오늘날 사회과학에서 일부 연구 활동은 과학적 사유의 습관을 전복시키는 정보들을 전달하기 시작하고 있다. 우리가 미신적이라고 알려진 행위자들——점쟁이들 · 마술사들, 사방의 돌팔이들에 문의하는 사람들——을 분석해야 할 믿음들의 표본들이 아니라 사고하는 존재들처럼 상대할 때, 흔히 발견하는 것은 그들이 자신들이 무엇을 하고 있는지 대략적으로 알고 있고 자신들의 선택을 냉철하게 방어할 줄 안다는 사실이다. 이와 대칭적으로 우리는 종파들에서 많은 전문 기술자들과 과학자들을 만나는데, 이들은 교육과 직업을 통해서도 진정으로 미신으로부터 보호되지 못하고 있다!

그러나 우리는 보다 멀리 나아갈 수 있다. 예전에 일신교가 맡았던 선교적 역할의 뒤를 이으면서 과학은 우상적인 미신들의 효과와 신적인 초자연적 신비의 진정한 현현 사이의 일신론적 대립을 연장하게 만드는 관행을 보존했다. 자연적인 현상(이것은 경우에 따라 믿음을 통해 설명된다)과 기적적인 현상(이것은 초자연적 개입을 증언한다) 사이의 구별 방식은 사실 기적의 가능성을 믿는 사람들과 기적은 없다고 확신하는 사람들에게 공통적이다. 그렇기 때문에 과학자들과 신학자들은 루르드의 치유들*을 신명 재판과 같은 유형의 시험을 받게 함으로써 그것들이 기적인지 아닌지 결정하기 위해 어려움 없이 협력한다. 두 경우 초자연적 사건, 즉 기적은 '자연적 원인들'의 개입시키는 어떠한 해석에 의해서도 제거될 수 없는 것으로 규정될 것이다. 이와 같은 원인들 가운데 피(被)암시성 · 집단 최면 · 상징 효과와 같은 '지리멸렬한' 범주들이 나타난다. 이것들은 미신적인 믿음들의 어떠한

---

* 루르드는 피레네 산맥 근처에 있는 도시인데, 한 젊은 처녀가 이곳의 마사비엘 동굴 앞에서 성모 마리아를 여러 번 보았다는 신비 체험 이후로 기적적인 치유들이 이루어진 곳으로 알려져 있으며, 매년 많은 순례자들이 모여들고 있다.

가치도 벗어던진 성격과 동시에 '자연적인' 성격을 그 나름으로 증언한다.

과학의 위대함은 그것이 어떤 문제의 항들이나 사물들의 상태 묘사를 복잡하게 만드는 방식에 기인하고, 그것이 지금까지 무시할 수 있는 것으로 판단되었던 것에 경우에 따라 부여하는 중요성에 기인한다. 과학의 어리석음은 그것이 사회에서 완전히 만들어진 상태로 발견하는 판단 혹은 평가 방식, 다시 말해 자신의 임무를 단순하게 해주고 관심이 없는 것을 외양이나 비이성적 측면으로 귀결시키게 해주는 그런 방식의 뒤를 잇자마자 시작된다. '다른 사람들'은 미신적이라는 발상은 과학자들을 어리석게 만드는, 그리고 때로는 위험하게 만드는 발상들에 속한다.

기술(Technique)

우리가 알다시피 세계-시계라는 은유는 운동 법칙들을 다루는 물리학을 따라다녔으며, 물리학의 법칙들에 '자연의 법칙' 이라는 위상을 부여하는 데 기여했다. 오늘날 그러한 은유들은 급증하고 있다. 자연은 하나의 기계 · 실험실 · 프로그램, 거대한 컴퓨터, 능란한 엔지니어처럼 생각되고 있다. 그러나 자연을 인공화시키는 이 모든 은유들은 다음과 같은 공통점이 있다. 즉 그것들은 **인공물**을 추상적 방식으로 사유하기 위해 전문 기술자들과 이들의 행위에서 다양한 구속요소들을 항상 등한시한다는 것이다. 하이데거가 기술-과학이 사유의 상실을 의미한다는 것을 보여 주기 위해 부각시킨 자연의 인공화는 기교의 구축이 보다 구체적으로 사유된다면 보다 적은 문제들을 제기할 것이다.

아마 이와 같은 사유는 안다는 것과 행한다는 것의 관계가 그 자체로 쟁점이라는 사실에 의해 불리하게 될 것이다. 계몽주의 시대에 사람들은 이론이 실천을 '밝혀 주고' 작업장의 과학자가 장인(匠人)을 인도해 줄 수 있고, 맹목적인 타성으로부터 벗어나게 해줄 수 있다고 생각했다. 그러나 그후에 기술은 흔히 **순수**과학의 **응용**으로, 과학적 결과의 단순한 실행으로 제시되어 왔다. 때때로 결과의 관계는 '파급효과들' 로 환원되기조차 한다. 순수과학은 잉여 가치처럼 기술적 혁신들을 '덤으로' 낳는다는 것이다. 패러데이의 사심 없는 작업은 세월이 흐른 후 우리 가정에서 사용하는 전기를 낳게 된다. 전자물리학은 텔레비전을 낳는다. 이런 것들이 1930년대에 발견 전시관을 설립한 자들이 동원했던 고전적인 사례들이다. 이때는 국립과학연구센터를 설립해야 할 타당성을 일반 국민에게 설득시켜야 하는 시기였다. 제2차 세계대전 동안 맨해튼 계획의 경험은 과학과 기술의 연계가 필요하다는 확신을 고무시켰다. 그리하여 기초 연구는 기술적 진보의 동력으로서 사유되었다. 미국에서 이러한 모델은 MIT의 교수이자 1940년대 과학계 동원의 선도자였던 배니버 부시라는 이름에서 나온 부시 모델로 알려졌는데, 20세기 후반기 과학 정책을 지배했다. 우리가 보기에 그것은 과학과 기술을 동시에 모욕하고 있다.

한편으로 이 모델은 실천에 어떠한 특수성도 인정하지 않는다. 장인의 활동과 엔지니어의 활동은 고유한 논리가 있으며, 그 자체가 지식과 혁신의 근원이다. 역사적으로 볼 때, 금속 · 유리 혹은 의료 기술들은 과학의 도약 이전에 위치한다. 사람들은 재료의 미세한 구조에 접근해서 구조와 속성들 사이의 관계를 지배하기 훨씬 이전에 제품들의 질을 개선하기 위해 제조 방법들을 창안했고, 교묘한 아이디어들을 도입했다. 밤이 올 때 나는 미네르바라는 새의 이미지를 따라서 과학은 조상들의 실천 활동에 대한 이론적 해석으로서 나중에 오는 일이 흔하다.

다른 한편으로 과학을 원천처럼 상류에 위치시키고 이 원천의 유량에 의해 지배되는 기술적 응용을 하류에 위치시킴으로써, 이 모델은 전통을 담지하고 있는 정체된 기술들과 과학을 토대로 한 기술의 혁신적 도약 사이의 대조를 강조하고 있다. 어떤 사람들은 과학적 연구와 기술적 혁신 사이의 성공적 공생 사례들로부터 다음과 같은 일반적 주장을 끌어낸다. 즉 모든 기술은 조만간 과학에 토대할 것이며,

모든 진정한 기술적 진보는 과학적 발전에 달려 있게 될 것이다. 그런데 우리가 기술 전체 속에 사회적 기술들(전수 · 치유 · 정의 · 통치 등)을 포함시킨다면, 혁신의 일반적 원동력이라는 관념은 혼동을 낳는다. 일부 근대적 관행들은 우선 과학의 이름으로 과거의 관행들을 실격시킴으로써, 그리고 작동중인 '요령들'을 믿음이나 미신의 영역으로 배척하는 단순화시키는 판단들을 통해서 차별화된 행동을 보여줄 수 있었다 할 것이다.

좀더 멀리 나가 보자. 기술적 문제들에 대한 과학적 접근이 허용하는 '정화'는 이 정화가 실격이 아니라 성공을 나타내는 영역들에서조차 반(反)생산적으로 드러날 수 있다. 그리하여 유리 섬유를 제조하기 위하여 사람들은 빛의 흡수를 예방하기 위해서 전통적 유리 공법이 사용한 것과 유사한 혼합으로 되돌아가기 전에 전통적 방법들을 정화하는 것——가스 방법을 통한 개발, 혼합이 없는 순수한 물질, 공기가 통제된 방에서 제조——으로부터 시작했다.[119]

다른 한편으로 과학-기술의 공생이 성공할 때조차도 기술이 '과학적인 토대에 근거'한다고 주장될 수는 없을 것이다. 물론 그것은 틀에 박힌 혹은 기생적인 전통적 요소들을 벗어던질 수 있으나, 다른 요소들, 예컨대 특허 · 법제 · 경쟁 · 수단 확보 · 목표 고객 등과 같은 문제들을 떠안게 된다. 레핀 유형의 전람회*에 나오는 발명과는 달리, 기술적 혁신은 다양한 이질적 제약 요소들과 조정하는 조건으로만 개

---

119) 에르베 아리바르, 〈유리의 불순물이 광채를 만든다〉, 《연구》지, '특별호,' n° 9, 2002년 11월, p.76-80.

* 프랑스의 행정가 레핀(Louis Lépine, 1846-1933)은 1902년부터 프랑스 발명가 및 제조자 협회가 주관한 연례 전람회를 레핀 공쿠르라는 이름으로 정착시켰다.

입하는 까다로운 환경에서는 존재할 수 없다. 물론 '혁신-기술을 낳는-과학' 이라는 모델은 시장의 '수요' 가 따르는 과학의 '공급' 을 구성하지만, 이 역동적인 구성이 사실은 자극을 주는 것이고 과학이 진정으로 으뜸가는 동력은 아니라는 사실을 숨긴다. 이런 측면은 그 어느 때보다 더 분명하다. 잠재적인 고객들, 그리고 정부나 유럽 기구들에 의해 지원을 받는 기업 연구소들과 파트너 관계로 이루어지는 연구들은 순수 연구와 응용 연구의 구분을 진부한 것으로 만들었다. 기술적인 목표를 가진 그런 프로그램들이 물리학과 고체화학, 예컨대 유전학에서 가장 본질적인 지식을 동원하고 자극한다는 점에서 말이다.

뿐만 아니라 기술을 과학에 종속시키는 현상은 문제들의 계층화 전략에 의해 자주 표현된다. 그래서 과학적 접근과 유사한 것은 정상에 놓여지고 나머지는 부차적인 것으로 취급된다. 그리하여 불과 얼마 전까지만 해도 일반인들에 의한 '위험의 인식' 은 나중에 해결해야 할 것으로 요구되거나(일반인들은 이해하게 될 것이다. 설명의 노력을 해야 할 것이다……), 비합리성으로 귀결시켜야 할 부차적인 문제로 간주되었다.

마지막으로 사람들이 과학을 기술적 혁신의 원천으로 항상 제시하게 되면, 반대의 관계, 즉 과학적 연구에서 기술이 필수적인 존재라는 사실을 숨기는 경향으로 나아간다. 연구소들은 기술적인 조정과 엔지니어의 협력을 요구하는 정교한 기구들이 설치되어 있을 뿐 아니라, '지식의 생산' 으로 생각된 과학은 산업 생산의 조직 및 '경영' 과 상당히 비교될 수 있는 조직과 경영을 요구한다. 과학이 허용하는 '진정한 기술' 과 어떤 목적을 위한 도구로 간주된 '사회적 기술' 을 지나치게 차별화하면, 경영의 가공할 정도로 효율적인 기술들을 이용하는데 지불해야 할 대가를 생각해야만 하지 않을까?

기술과학(Technoscience)

1869년에 세계에 개방하지 않을 수 없었던 일본은 전통적인 기술만을 지니고 있었다. 1905년에 일본의 기술적 · 군사적 힘은 러시아에게 쓰라린 패배를 안겨 줄 수 있게 해주었다. '일본의 기적'은 서구 역사를 특징지었던 기술-과학적(technico-scientifique) 공생과 대비하여, '기술과학적(technoscientique)' 진보의 확고한 성공적 사례를 구성한다.[120]

두 항 사이의 공생을 말하는 자는 이 두 항의 상대적 자율성을 언급한다. 그것들 각각은 다른 항의 혜택을 보지만 그 나름의 목적을 추구한다는 것이다. 메이지 유신의 '근대화 추진자들'은 그들이 수입하고자 했던 과학이 그 나름의 목적들을 추구하게 방치하는 것을 두려워했다. 서구 과학은 그들에게 사상의 자유, 그들이 받아들이려 하지 않았던 전통에의 비예속과 밀접한 관계가 있는 것으로 나타났다. 그들은 증기 기관 · 엔지니어 · 전기를 가질 수 있었고, 권위를 잠식하는 다윈과 사색 전체를 피할 수 있었을까? 일본의 사신들은 유럽과 미국

120) 스티브 풀러가 분석한 사례로, 〈과학은 역사에 종지부를 찍는가, 아니면 역사가 과학에 종지부를 찍는가? 혹은 왜 프로사인어스가 된다는 것은 당신이 생각하는 것보다 힘드는가?〉, in 《과학 전쟁》, A. 로스, 듀크대학출판부, 1996(그렇다. 이 책은 《소시얼 텍스트》의 문제적 호를 증보하였으나 동시에 소칼의 논문을 축소하여 재출간함. 뛰어난 필진들로 풍부하지만 이들의 문체는 소칼의 난해한 문체들과는 아무 관계가 없다).

에서 조사를 하고 긍정적인 대답을 갖고 돌아왔다. 과학적 지식은 아무런 철학적 문제도 제기하지 않으면서 순전히 작동적 용어들로 번역될 수 있었다. 어쨌든 서양에서조차 무제의 연구 자유는 문화적 질서로 볼 때 타당성이 없는 쟁점들에 점점 더 초점이 맞추어졌다.

일본의 성공이 과학의 선별적 전유, 다시 말해 과학이 발전되었던 역사적 전통과 그것을 분리하는 그런 전유의 가능성을 입증했던 시기에, 하이데거는 전통이 탄생시켰던 연구 관행을 심판하면서 이 전통을 문제삼았다. "과학은 사유하지 않으며," 그것이 하는 일은 세계와의 진리 관계와는 아무 관련이 없다는 것이다. 그것은 다분히 존재들을 추적하고 조사하며 작동시키는 시도이며, 이 시도는 존재들을 동원할 수 있는 자원의 지위로, 인간의 목적들을 위한 수단의 지위로 격하시킨다. 이론들은 '비전들' 이 아니라 '목표들' 이며, 그것들이 사변적이라면 그것들이 사색하는 대상은 가능한 책임지기의 의미에서 이해되어야 한다. 현실은 측정 가능하고 계산 가능한 것이다. 달리 말하면 일본인들은 과학에서 본질적인 것, 기술적인 본질을 추출했는데, 나머지는 기생적이고 손실 없이 제거할 수 있는 것이기 때문이다.

'과학기술(technoscience)' 로서의 과학이라는 주제는 다양한 층위들 속에 들어간다. 즉 때때로 사람들은 항상 그런 식이었다고 주장하고, 때로는 많은 탄식을 드러내며 일탈을 고발하며, 때로는 종말론적 시나리오들을 예언하고, 때로는 합리적이고 명철한 진보를 본다. 과학이 유용한 결과들을 생산하도록 촉구됨으로써 일부 사람들이 그것의 자율성 상실로 비판한 일탈은 다른 사람들에 의해 받아들일 수 없는 '상아탑' 의 파괴로서, 혹은 건전한 각성으로서 환영받으며, 혹은 기술적 가능성들 그 자체를 통한 사유의 규범적 · 상징적 옛 범주들의 '포스트모던한' 파괴로서 환영받는다. 어떤 사람들은 자신의 요람을 떠나 하늘을 식민화하지 않으면 안 되게 되어 있는 인류의 정복적 운명을 찬양한다. 또 다른 사람들은 인류가 자신의 사유 및 감각 능력을 소멸시키면서 자신보다 더 강력한 동원 및 지배 논리에 사로잡혀 있다고 묘사할 것이다.

과학기술에 대한 설교가 시작된 지는 얼마 안 된다. 이 설교가 어떠한 타당성도 없는 묘사들에 의거하기 때문이 아니라 과학기술을 준엄한 운명으로 생각하기 때문이다. 물론 별들의 정복은 여전히 하나의 가능성이다. 그러나 온난화로부터 사회적 불평등의 심화에 이르기까지 오늘날 '지속적 발전'이라는 구호 아래 규합된 테마들이 난감한 상태에서 보다 긴급하고 보다 풍부하게 나타나고 있다.

문명들은 지구를 자원으로 과감하게 규정했다. 하지만 그것들을 위험에 완벽하게 빠뜨릴 수 있는 예민한 가이아로서의 지구라는 새로운 모습은, 오늘날 온갖 대담한 시도를 감행하면서 어떠한 한계에도 반항하는 프로메테우스적 인간의 모습과 경쟁하고 있다. 이와 같은 새로운 관점에서 문제는 이제 과학이 사유하느냐 사유하지 않느냐를 아는 데 있는 것이 아니라 진보의 보장 없이 사유하는 방법을 배우는 데 있다. 다양한 전문 분야들에서 과학이 우리에게 다소 망각하도록 부추겼던 것, 즉 사유한다는 것은 우선 주의한다는 것임을 다시 배워야 한다.[121]

---

121) 브뤼노 라투르, 《판도라의 희망》, 라 데쿠베르트, 2001.

보편(Universel)

아리스토텔레스 이후로 보편은 과학을 다른 형태의 담론들과 구분지어 주는 것이다. 진술의 보편성은 이 진술이 관계된 항들의 필연성과 밀접하게 연결되어 있다. 엄밀한 의미에서 우발적인 것, 우연적인 것에 대한 과학은 있을 수 없다. 기껏해야 자연에서 우리는 개체들이 소속된 종류들을 구분할 수 있을 것이다. 그러나 개별자는 그것이 소속된 종류의 표본이며, 이러한 소속 때문에 이해될 수 있으며, 그것을 개별화시키는 것의 관점에서 **일화적**이다.

중세가 개체들(이 경우 말(馬)들)의 다양성을 초월하는 보편적인 것(예컨대 말의 속성)의 존재를 문제삼으며 '보편 논쟁' 으로 시끄러웠다면, 근대 과학은 보편과 신뢰 관계를 다시 회복한 것 같다. 보편은 다양성을 넘어선 통일성(단일성)의 추구 대상이 되었다. 그러나 통일성에 이르는 데에는 매우 상이한 두 전략이 있다.

첫번째 전략은 우리가 '단일 구심적' 이라 명명할 수 있는 정신 운동에 부합한다. 왜냐하면 이 운동은 다양성을 하나로, 다양성을 동일성으로 갖다 놓으려고 시도하기 때문이다. 예를 들면 로버트 보일은 자연적 · 인공적 물질들의 다양성을 하나의 '보편적인 물질' 로, 분명하게 차별화된 작은 수의 원소 원리들의 혼합보다는 동일하고 동질적인 물질 입자들로 환원시킨다. 에밀 메이에르송은 이런 운동 속에서 이성의 본질 자체를 규정하는 본능, 지성에 고유한 그런 본능을 본다.[122)]

그리하여 뉴턴이 도입한 만유인력은 그 이후 이른바 '합리적 역학'을 성립시킬 수 있게 되었다는 사실이 설명된다 할 것이다. 매우 불투명하고 불가사의한 성격에도 불구하고, 원격 인력은 이성의 기대를 만족시킨다. 그러나 이런 유형의 만족은 매우 역설적이라고 메이에르송은 강조한다. 모든 것을 동일한 것으로 환원시키고자 한 나머지 지성은 변화와 다양성을 단순한 외관 혹은 부대 현상으로 취급하게 된다. 이성은 현실에 침투하면서 동시에 그것을 부정한다. 극단적인 경우 그것은 파르메니데스의 부동의 하나라는 구형(球型)으로, 다양하고 변화하는 물리적 세계의 부정으로, 비진화론(acosmisme)으로 이끈다. 이것이 이 보편을 위해 지불해야 할 대가인데, 물론 이 보편은 전적으로 합리적이지만 별로 분별 있는 것은 아니다. 이 대가는 20세기의 물리학이 인류에게 지불하도록 별로 망설이지 않고 제안한 것이다.

보편에 다다르기 위한 다른 하나의 전략은 보다 실용적이지만 반드시 더 분별 있는 것은 아니다. 그것은 첫번째 운동과는 반대로 하나로부터 다양성으로 작용하는 운동, 우리가 '단일 원심적'이라 부를 수 있는 운동에 부합한다. 특이하고 국지적인 대상이 다양한 기능들, 다양한 이용들에 적합할 때, 보편적이라 말해질 수 있을 것이다. 그리하여 화학자들과 약제사들은 어떠한 병이나 치유할 수 있을 만병통치약인 보편적인 약을 오랫동안 연구했다. 그리하여 그들은 예외 없이 모든 물질들을 용해할 수 있을 보편적인 용제인 만물 용해액, 아니면 온갖 기제들에 반응할 수 있는 보편적인 산을 확인했다고 생각했다. 모든 이런 시도들에서 드러나는 것은 보편적 열쇠, 다시 말해 소유자에게 전능한 힘을 부여하는 절대적으로 다가적(多價的)인 도구

122) 에밀 메이에르송, 《동일성과 현실》(1908), 브랭사에서 재출간, 1951.

에 대한 꿈이다. 차이들을 초월하는 보편적 언어의 추구, 혹은 바벨탑 이전의 최초 언어의 탐구는 오늘날 '문화적으로 중립적'이고자 하는 지능지수 테스트의 기획자들이나, 문화적·언어적 형성을 넘어서 '그야말로 인간적인' 감정들을 규정하려고 애쓰는 심리학자들과 마찬가지로 동일한 신기루에 속한다. 혹은 끝으로 '과학적 방법'이 그렇듯이 말이다. 이러한 보편은 특질도 없고, 어떠한 규정도 없으며 순수한 잠재성이라 할 것이다.

보편적 언어의 꿈들은 결국 보편적 소통 도구로서의 개별적 언어——옛날의 라틴어, 오늘날의 영어——의 사용에 자리를 내주고 말았다. 마찬가지로 과학에서 현실화되고 구체화될 수 있었던 단일 원심적 보편의 유일한 유형은 국지적인 특이성으로부터 항상 임시방편적으로 만들어졌으며, 이 특이성이 다양성의 계량 기준이나 척도로 성립되었다. 비록 미터법에 대해 그랬던 것처럼 사람들이 이런저런 기준의 선택을 실물 크기에 준거하여 정당화시키긴 하지만, 보편은 **협약**에 속한다. 게다가 '인터내셔널'이란 형용사는 과학자들의 언어에서 보편의 자리를 매우 자주 차지했다.

물질의 단일성의 경우처럼 유일한 것에 대한 열망이 되었든 혹은 표준화의 시도들에서처럼 균일성에 대한 경향이 되었든, 보편은 당연한 것이 아니다. 물리학적 현실의 '통일된 비전들'과 관련해 이 점을 강조한 것은 메이에르송의 장점이다. 그럼에도 과학뿐 아니라 상식의 기능에 주의를 기울이고, 그가 동일화 경향의 어렴풋한 윤곽을 보는 동물의 행동들에 주의를 기울이는 그의 '지성철학'은 보편의 추구의 지나치게 경도되어 있다는 단점을 제공한다. 그것은 보편의 힘을 탐구하는 것이라기보다는 그것을 인준하고 있기 때문이다. 각 유형의 보편은 그 자체를 위해 탐구될 만하다. 이로부터 보편을 더 이상 발견해야 할 대상이나 접근해야 할 대상이 아니라 보편화 과정의 결과——언제나 취약한 결과——로 취급하는 과학들에 대한 사회적 · 인류학적 관심이 비롯된다. 결과들을 안정화시키고 재생시키는 노력, 연구자들을 양성하고 그들의 조직망을 갖추기 위한 노력과 시간, 돈이 많이 드는 이 보편화 과정은 보편을 어떤 형이상학이나 지식 이론에 연결시키는 논의들보다 훨씬 더 타당하고 열정을 불러일으킨다.

진리(Vérité)

과학의 선도자들이 일반인들에게 끊임없이 상기시키는 것은 과학이 '진리'를 제안하는 것이 아니라 다만 과도적이고 수정할 수 있는 진술들, 나아가 그들이 포퍼를 읽었다면 반증 가능한 진술들을 제안한다는 것이다. 이 경우 쟁점은 무지한 것으로 통하는 일반인들에게 **형이상학** 및 종교와 연관된 절대적 혹은 영원한 진리들과 과학이 생산하는 것 사이에 만들어 내야 하는 차이이다. 그러나 다른 맥락에서, 특히 단순한 모델들 · 처방들, 협약적 기술(記述)들, '현상들을 구제하는' 방식들을 생산한다는 비난에 대항해 과학을 옹호해야 할 때 진리 추구라는 주제는 격상될 것이다.

과학과 진리 사이의 관계는 결코 단순한 적이 없었다. 그것도 갈릴레오가 로마의 제안을 거부한 이후로 말이다. 그가 코페르니쿠스의 학설이 천문학자들을 위한 가장 훌륭한 가설이라고 주장하는 데 그치고 신에 의한 창조의 비밀을 꿰뚫겠다고 나서지 않았다면, 적을 만들지 않았을 것이다.

단순히 다른 것을 돋보이게 하는 것인 형이상학과의 대조는 잊어버리자. 왜냐하면 '형이상학적' 진리들은 매우 변하기 쉽기 때문이다. 우리가 기억해야 할 점은 '과학적 진리들'이 과도적이지만, 과학자들이 '진리의 접근'으로 규정된 진보의 누적적인 체제에 따라 이 진리들을 수정할 수 있는 유일한 자격자로 자신들을 판단하고 있다는 것이다.

그렇다면 그렇게 하여 어떤 유형의 지식이 '접근' 되는가? 왜냐하면 과학이 진리를 독점하고 있는 것은 분명 아니기 때문이다. 진리와 정신성이 연결되는 분야들에 대해서는 말할 것도 없고, 진리를 확립하는 것을 궁극 목적으로 하는 다른 분야들이 있다. 예컨대 사설 탐정들도 이런 소명을 지니고 있으며, 그들의 조사 방법 혹은 **시험** 방법은 흔히 과학자들의 방법과 유사하다. 여기에는 '문제에 직면하게 하는 것,' 다시 말해 자백을 얻기 위해 자연이나 피의자를 학대(고문)하는 것도 포함되어 있다! '진리를-낳는-과학' 이라는 관계가 의미가 있는 것은 우리가 과학과 진리의 관계가 어떤 면에서 다른 활동들의 관계와 구분되는지 파악할 때뿐이다.

사실 대부분의 연구자들은 일반 대중처럼 진리가 현실과의 일치로 규정된다는 점을 받아들인다. 실제로 진리에 대한 이러한 해묵은 견해는 경찰수사학(搜査學)과 실험과학에 공통되는 사실과 증명을 통한 증거 관리 절차에 부합하는 것 같다. 그러나 현실을 탐구하게 해주는 실험들이 능동적이고 매우 선별적일 뿐 아니라, 증거할 수 있는 사실들을 수집하는 것이라기보다는 산출하기 때문에 진리에 대한 이와 같은 규정은 우스꽝스러울 정도로 순진하며 너무 빈약하여 연구자들의 활동에 적절하다 할 수 없다.

활동중인 대부분의 연구자들은 일정한 순간에 어떤 진술에 진리의 특권을 부여하는 것은 과학 공동체이며 이 특권은 미래에 무너질 수 있다는 점을 잘 의식하고 있다. 그리고 그들은 이 공동체에게 차이를 만들어 주는 중요한 것이 '진실을 확인한다' 는 문자 그대로의 의미에서 검증의 요구라는 사실을 알고 있다. '진실을 확인한다' 는 작업은 현실의 반영이나 거울을 제시하는 것이 결코 아니라 때로는 비싼 대가를 지불해야 하고, 언제나 적극적이고 국지적인 기나긴 과정이다.

거울의 메타포와 마찬가지로 진리의 어쩌면 끝없는 추구라는 관념도 엄밀하게 과학적인 검증의 방식을 정당하게 평가하지 못한다. 왜냐하면 이 관념은 어떤 동질적 길을 전제하는 데 비해, 검증은 무엇보다 전혀 새로운 문제적 공간들 속에서 독창적인 결과들을 덤불에서 찾아내듯이 찾고 창조하는 것이기 때문이다. 진리는 과학적 탐구의 대상이 아니지만 검증의 요구는 기계가 돌아가도록 만드는 일종의 조작자처럼 작용한다.

'진실을 확인하는' 까다로운 작업은 흔히 진리의 추구에 연결된 금욕적 유형의 원천이 결코 아니라 즐거움, 나아가 환희의 원천이다. 그런 만큼 금욕과는 반대로 이 작업은 결코 고독하지 않다. 과학자는 혼자일 때조차도 자기가 누구에게 호소하고 있는지, 자신이 어떤 위험을 감수하고 있는지, 어떻게 동료들의 흥미를 유발할 수 있는지 알고 있다. 예컨대 '생명의 비밀' 혹은 다른 무엇의 비밀을 발견했다고 주장하는 과학자들의 일반적 형식은 자신들을 미학적으로, 그리고 지적으로 만족시키는 일단의 진술들을 성공적으로 생산했다는 사실을 우선 장엄한 수사학적 방식으로 표현한다. 그러나 그것은 그들의 성공을 가치 있게 해주는 것을 숨긴다. 그들은 동료들과 부지런히 활동하게 될 새로운 작업 분야도 열었던 것이다. 참된 진술은 무엇보다도 우리가 앞으로 전진하기 위해 근거가 될 수 있는 진술이며, 연구 집단이 동반하면서 작업할 수 있고 먼길을 갈 수 있게 해주는 그런 진술이다.

대중화(Vulgarisation)

프랑스어는 과학을 일반 대중에게 광범위하게 보급시키는 활동을 지칭하기 위해 대중화라는 이 용어를 간직했다. 책들 · 잡지들 · 전람회들 · 박물관들이 수십 개씩 등장하며, 과학을 '모든 사람이 접할 수' 있게 해주겠다고 나서는 시기였던 19세기에 사용되기 시작한 **대중화**라는 이 낱말은 당시에 통용되었던 **대중과학**이라는 표현과 경쟁하다가 결국은 20세기에 그것을 밀어내고 만다. 영어에서는 popularisation 나 divulgation이란 용어들이 고정되어 사용되었는데, 이 용어들은 프랑스어에도 존재했다.

저속함에 결부된 경멸적인 함축 의미들이 담긴 용어가 프랑스에서 지배한 것은 특히 이 용어가 대중화 활동이 직업화되고 사회적 책임을 획득하는 시점에 인정되었던 만큼 놀라운 면이 있다. 이와 같은 어휘적 변화는 무엇을 암시하는가?

이브 잔느레가 상기시키듯이, **불구스**(vulgus)는 투표를 하는 주권적 국민보다는 구별되지 않는 익명의 군중을 의미한다. 이 라틴어 용어는 사회적인 면과 인지적인 면을 뒤얽혀 놓고 있다. 그것은 **사피엔테스**(sapientes), 즉 과학자들에 대립되고, 교양이 별로 없는 다수의 익명적인 사람들을 환기시킨다.[123] 따라서 대중화는 과학이 더 이상 귀족

---

123) 이브 잔느레, 《과학의 글쓰기. 대중화의 형식과 쟁점》, PUF, 1994.

계층이나 계몽주의 시대의 계몽된 애호가들을 대상으로 하지 않고, '결핍'에 의해 규정되는 일반 대중을 대상으로 한다는 사실을 지시한다. 'vulgarisation' 뿐 아니라 'popularisation' 혹은 'divulgation'에서 접미사 'tion'은 옮김이나 번역을 통한 변모를 시사한다. 요컨대 문제는 너무 변질시키지 않고 옮기거나 번역하는 매우 미묘한 문제에 다름 아닌 것 같다.

'대중과학'에서 '대중화'로 표현이 슬며시 이동한 현상은 쉽게 이루어진 것이 아니다.[124] 19세기에 카미유 플라마리옹은 자신의 대중적 천문학의 진지함과 존엄성을 보다 고양시키기 위해, 나쁜 과학을 대중화하는 사람들을 불신한다. 그는 수치로 뒤덮여 있지 않기 때문에 아름다운 그런 과학, 지식이 칸막이가 된 다양한 전문성들로 파편화된 현상을 넘어서는 통일적 과학을 이루고자 한다. 이러한 야심은 오늘날의 과학자들이 보면 웃을 일일 것이다. 그만큼 대중과학은 구시대적이 되었고 대중 예술들과 전통들처럼 헌 책방들이나 박물관으로 밀려난 것이다. 이제 한쪽에는 과학의 생산자들이 있고, 다른 한쪽에는 대중화의 소비자들이 있다. 이와 같은 양분은 과학이 진보와 전문화가 치르게 한 대가라고 사람들은 말할 것이다. 여기다가 너무도 자연스럽게 보이는 하나의 변화가 지닌 한계와 결과를 평가해야 할 것이다.

한편으로 애호가들의 관행은 천문학이나 자연과학에서 여전히 통

---

124) 브뤼노 베게(책임 편집), 《모든 사람을 위한 과학, 1850-1914년까지 프랑스에서 과학적 대중화에 대하여》, 국립공예원도서관, 1990. **B**. 방소드 뱅상, **A**. 라스무센(책임 편집), 《언론 및 출판에서 대중과학(19-20세기)》, 국립과학연구센터출판부, 1997.

용되고 있다. 물론 그것은 자료들의 수집, '환경의 발견'에 제한되어 있으며, 보다 공식적인 아카데믹한 프로그램들에 일반적으로 종속되어 있다. 그럼에도 그것은 어떤 타당성을 간직하고 있다. 설사 그것이 과학적 발언에 항상 길을 열어 주는 것은 아니라 할지라도 말이다. 과학적 발언의 타당성은 아카데믹한 제도에 소속되어 있는 상태나 학위들에 근거한다.

다른 한편으로 합당한 발언권의 이와 같은 독점은 대중화의 방향을 결정한다. '대중과학'이라는 표현은 직업적인 아카데믹한 과학 옆에 또 다른 과학을 위한 자리가 있었음을 암시한다. 수학화되지 않고, 공식화되지 않았으며, 아마 보다 덜 효율적이지만 과학이라는 이름에는 걸맞는 그런 지식 말이다. 대중과학은 플라마리옹이 잘 보여 주고, 있는 특별한 노력을 요구한다. 즉 비과학자의 수준으로는 '내려가지' 않지만, 특정 일반인들의 관심에 걸맞는 전문화된 지식들을 제공하는 것이다. 이들 일반인들은 전문가들에 고유한 관심(혹은 무관심)에 공감해야 할 아무런 이유가 없는 사람들이다. 이와는 대조적으로 대중화는 비록 과학이 전문 분야들로 파편화되어 있지만 유일하다는 점을 함축한다. 전문가의 언어로 표현되지 않은 모든 과학 담론은 단순화된 번역이거나 가면을 쓴 **의사-과학**으로서의 왜곡이다. 따라서 대중화라는 용어의 지배는 공식적인 아카데믹한 과학에 대한 모든 대안의 패배를 나타낸다.

이 때문에 대중화는 박식한 엘리트로부터 자신과 더 이상 관련이 없는 지식의 수동적 수용자가 된 일반 대중으로의 일방통행적 소통으로 이해된다. 하지만 일반 대중은 어떻게 해서라도 이 지식을 흡수해야 한다. 왜냐하면 '과학적 교양'의 결핍은 관례적으로 비난받는 재앙이기 때문이다. 이제 과학자들 자신들보다 매개적 입장에 있는 기자들이나 직업적 전문가들이 더 대중화를 떠맡고 있다. 이들은 과학과 일반인들 사이에 끊임없이 벌어지는 간극을 메우기 위해 제3자, 즉 매개자의 필요성을 끌어들이면서 자신들의 임무를 정당화한다. 그러나 여러 비판들이 보여 준 바와 같이, 일방통행을 앞세운 소통의 도식을 통해서 대중화시키는 자들은 그들이 개탄하는 이 간극을 메우는 것보다는 훨씬 더 끊임없이 벌린다.

물론 과학자들이 일반 대중을 상대하기 위해 펜을 들거나 컴퓨터 자판을 두드리는 경우가 있다. 대개의 경우 이는 그들의 영역에서 어떤 성공이나 업적을 찬양하기 위한 것이지만, 때로는 이질적이거나 소수적인 견해들을 개진하기 위한 것이다. 그리고 그들은 일반인들이 결핍되어 있다고 생각되는 지식뿐 아니라 우선적으로 자신들의 감정 · 희망 · 투쟁을 함께 나누고자 한다. 장 페랭의 책 《원자》는 이런 종류의 모델로 남아 있다. 그러나 이런 유형의 사건들은 그것들을 대중화시키는 재론, 권위적인 담론으로서 그것들을 논평하는 그런 재론을 통해 흐려지는 경우가 흔하다. 과학의 반들반들하고 한결같은 정면은 다시 닫혀 버린다. 대중은 긴장 · 갈등 · 불확실을 공감할 수 없게 되어 있다. 공감한다는 것은 그에게 의심을 낳게 할 위험이 있다는 것이다. **회의주의**는 과학적 정신을 가진 자들의 전유물로 남지 않을 수 없다.

이제 '과학적 중재'나 '시민적 과학'이라는 용어들이 지배적이 된 마당에 우리는 이 세기의 전환점에서 실제적인 변화에 대해 이야기할 수 있을까? 일반인들을 어리석고 조종할 수 있는 대중으로 취급하는 대신에 **여론**을 고려하는 것, 이것이 슬로건이다. 그러나 이 슬로건은 애매하다. 시장의 특성들을 존중하면서, 다시 말해 시장을 분할하면서 자신들의 목표물을 손아귀에 넣고 유혹할 줄 아는 시장 전문가들을 본받자는 것인가, 아니면 소통되는 과학을 위험에 처하게 하는 중재를 하자는 것인가? 시도된 대부분의 포럼들이나 논쟁들은 새로운 수사학을 통해서 고전적인 모델을 재현하는 데 그치고 있다. 몇몇 접근들은 실질적으로 혁신적이며, 그리하여 과학자들의 어떤 불신을 야기한다. 그것들은 때로는 지식과 교양을 대면시키고, 때로는 대답들뿐 아니라 문제들에 공감하고, 때로는 일반인들을 과학의 생산은 아니지만 과학적 정책의 결정에 참여시킨다. 그것들은 다소간 성공적이면서도, 때로는 빅뱅의 신비나 양자물리학의 수수께끼들에 대해 몽상하기를 좋아하는 사람들의 몰이해를 야기시키지만 여기서 끈기가 필요하다. 이런 유형의 사회적·문화적 실험 형태들에 의해 야기되고 부추겨진, 일반인들의 새로운 취향만이 대중화에 종지부를 찍을 수 있다고 생각되기 때문이다.

김웅권
한국외국어대학교 불어과 졸업
프랑스 몽펠리에3대학 불문학 박사
현재 한국외국어대학교 연구교수
학위 논문: 〈앙드레 말로의 소설 세계에 있어서 의미의 탐구와 구조화〉
저서: 《앙드레 말로-소설 세계와 문화의 창조적 정복》
논문: 〈앙드레 말로의 《왕도》에 나타난 신비주의적 에로티시즘〉
(프랑스의 《현대문학지》 앙드레 말로 시리즈 10호),
〈앙드레 말로의 《인간 조건》에서 광인 의식〉(미국 《앙드레 말로 학술지》 27권)
역서: 《천재와 광기》 《니체 읽기》 《상상력의 세계사》 《순진함의 유혹》
《쾌락의 횡포》 《영원한 황홀》 《파스칼적 명상》 《운디네와 지식의 불》
《진정한 모럴은 모럴을 비웃는다》 《기식자》 《구조주의 역사 II · III · IV》
《미학이란 무엇인가》 《상상의 박물관》 《그라마톨로지에 대하여》
《어떻게 더불어 살 것인가》 등

문예신서
280

과학에서 생각하는 주제 100가지

초판발행 : 2004년 9월 30일

東文選
제10-64호, 78. 12. 16 등록
110-300 서울 종로구 관훈동 74
전화 : 737-2795

편집설계 : 劉泫兒 李惠允

ISBN 89-8038-507-2 94400
ISBN 89-8038-000-3 (세트: 문예신서)

42 진보의 미래 D. 르쿠르 / 김영선 6,000원
43 중세에 살기 J. 르 고프 外 / 최애리 8,000원
44 쾌락의 횡포·상 J. C. 기유보 / 김웅권 10,000원
45 쾌락의 횡포·하 J. C. 기유보 / 김웅권 10,000원
46 운디네와 지식의 불 B. 데스파냐 / 김웅권 8,000원
47 이성의 한가운데에서 — 이성과 신앙 A. 퀴노 / 최은영 6,000원
48 도덕적 명령 FORESEEN 연구소 / 우강택 6,000원
49 망각의 형태 M. 오제 / 김수경 6,000원
50 느리게 산다는 것의 의미·1 P. 쌍소 / 김주경 7,000원
51 나만의 자유를 찾아서 C. 토마스 / 문신원 6,000원
52 음악적 삶의 의미 M. 존스 / 송인영 근간
53 나의 철학 유언 J. 기통 / 권유현 8,000원
54 타르튀프 / 서민귀족 〔희곡〕 몰리에르 / 덕성여대극예술비교연구회 8,000원
55 판타지 공장 A. 플라워즈 / 박범수 10,000원
56 홍수·상 〔완역판〕 J. M. G. 르 클레지오 / 신미경 8,000원
57 홍수·하 〔완역판〕 J. M. G. 르 클레지오 / 신미경 8,000원
58 일신교 — 성경과 철학자들 E. 오르티그 / 전광호 6,000원
59 프랑스 시의 이해 A. 바이양 / 김다은·이혜지 8,000원
60 종교철학 J. P. 힉 / 김희수 10,000원
61 고요함의 폭력 V. 포레스테 / 박은영 8,000원
62 고대 그리스의 시민 C. 모세 / 김덕희 7,000원
63 미학개론 — 예술철학입문 A. 셰퍼드 / 유호전 10,000원
64 논증 — 담화에서 사고까지 G. 비뇨 / 임기대 6,000원
65 역사 — 성찰된 시간 F. 도스 / 김미겸 7,000원
66 비교문학개요 F. 클로동·K. 아다-보트링 / 김정란 8,000원
67 남성지배 P. 부르디외 / 김용숙 개정판 10,000원
68 호모사피언스에서 인터렉티브인간으로 FORESEEN 연구소 / 공나리 8,000원
69 상투어 — 언어·담론·사회 R. 아모시·A. H. 피에로 / 조성애 9,000원
70 우주론이란 무엇인가 P. 코올즈 / 송형석 8,000원
71 푸코 읽기 P. 빌루에 / 나길래 8,000원
72 문학논술 J. 파프·D. 로쉬 / 권종분 8,000원
73 한국전통예술개론 沈雨晟 10,000원
74 시학 — 문학 형식 일반론 입문 D. 퐁텐 / 이용주 8,000원
75 진리의 길 A. 보다르 / 김승철·최정아 9,000원
76 동물성 — 인간의 위상에 관하여 D. 르스텔 / 김승철 6,000원
77 랑가쥬 이론 서설 L. 옐름슬레우 / 김용숙·김혜련 10,000원
78 잔혹성의 미학 F. 토넬리 / 박형섭 9,000원
79 문학 텍스트의 정신분석 M. J. 벨멩-노엘 / 심재중·최애영 9,000원
80 무관심의 절정 J. 보드리야르 / 이은민 8,000원
81 영원한 황홀 P. 브뤼크네르 / 김웅권 9,000원
82 노동의 종말에 반하여 D. 슈나페르 / 김교신 6,000원
83 프랑스영화사 J.-P. 장콜라 / 김혜련 8,000원

84	조와(弔蛙)	金敎臣 / 노치준 · 민혜숙	8,000원
85	역사적 관점에서 본 시네마	J.-L. 뢰트라 / 곽노경	8,000원
86	욕망에 대하여	M. 슈벨 / 서민원	8,000원
87	산다는 것의 의미 · 1—여분의 행복	P. 쌍소 / 김주경	7,000원
88	철학 연습	M. 아롱델-로오 / 최은영	8,000원
89	삶의 기쁨들	D. 노게 / 이은민	6,000원
90	이탈리아영화사	L. 스키파노 / 이주현	8,000원
91	한국문화론	趙興胤	10,000원
92	현대연극미학	M.-A. 샤르보니에 / 홍지화	8,000원
93	느리게 산다는 것의 의미 · 2	P. 쌍소 / 김주경	7,000원
94	진정한 모럴은 모럴을 비웃는다	A. 에슈고엔 / 김웅권	8,000원
95	한국종교문화론	趙興胤	10,000원
96	근원적 열정	L. 이리가라이 / 박정오	9,000원
97	라캉, 주체 개념의 형성	B. 오질비 / 김 석	9,000원
98	미국식 사회 모델	J. 바이스 / 김종명	7,000원
99	소쉬르와 언어과학	P. 가데 / 김용숙 · 임정혜	10,000원
100	철학적 기본 개념	R. 페르버 / 조국현	8,000원
101	맞불	P. 부르디외 / 현택수	10,000원
102	글렌 굴드, 피아노 솔로	M. 슈나이더 / 이창실	7,000원
103	문학비평에서의 실험	C. S. 루이스 / 허 종	8,000원
104	코뿔소 〔희곡〕	E. 이오네스코 / 박형섭	8,000원
105	지각—감각에 관하여	R. 바르바라 / 공정아	7,000원
106	철학이란 무엇인가	E. 크레이그 / 최생열	8,000원
107	경제, 거대한 사탄인가?	P.-N. 지로 / 김교신	7,000원
108	딸에게 들려 주는 작은 철학	R. 시몬 셰퍼 / 안상원	7,000원
109	도덕에 관한 에세이	C. 로슈 · J.-J. 바레르 / 고수현	6,000원
110	프랑스 고전비극	B. 클레망 / 송민숙	8,000원
111	고전수사학	G. 위딩 / 박성철	10,000원
112	유토피아	T. 파코 / 조성애	7,000원
113	쥐비알	A. 자르댕 / 김남주	7,000원
114	증오의 모호한 대상	J. 아순 / 김승철	8,000원
115	개인—주체철학에 대한 고찰	A. 르노 / 장정아	7,000원
116	이슬람이란 무엇인가	M. 루스벤 / 최생열	8,000원
117	테러리즘의 정신	J. 보드리야르 / 배영달	8,000원
118	역사란 무엇인가	존 H. 아널드 / 최생열	8,000원
119	느리게 산다는 것의 의미 · 3	P. 쌍소 / 김주경	7,000원
120	문학과 정치 사상	P. 페티티에 / 이종민	8,000원
121	가장 아름다운 하나님 이야기	A. 보테르 外 / 주태환	8,000원
122	시민 교육	P. 카니베즈 / 박주원	9,000원
123	스페인영화사	J.-C. 스갱 / 정동섭	8,000원
124	인터넷상에서—행동하는 지성	H. L. 드레퓌스 / 정혜욱	9,000원
125	내 몸의 신비—세상에서 가장 큰 기적	A. 지오르당 / 이규식	7,000원

126 세 가지 생태학	F. 가타리 / 윤수종	8,000원
127 모리스 블랑쇼에 대하여	E. 레비나스 / 박규현	9,000원
128 위뷔 왕 〔희곡〕	A. 자리 / 박형섭	8,000원
129 번영의 비참	P. 브뤼크네르 / 이창실	8,000원
130 무사도란 무엇인가	新渡戶稻造 / 沈雨晟	7,000원
131 꿈과 공포의 미로 〔소설〕	A. 라히미 / 김주경	8,000원
132 문학은 무슨 소용이 있는가?	D. 살나브 / 김교신	7,000원
133 종교에 대하여—행동하는 지성	존 D. 카푸토 / 최생열	9,000원
134 노동사회학	M. 스트루방 / 박주원	8,000원
135 맞불 · 2	P. 부르디외 / 김교신	10,000원
136 믿음에 대하여—행동하는 지성	S. 지제크 / 최생열	9,000원
137 법, 정의, 국가	A. 기그 / 민혜숙	8,000원
138 인식, 상상력, 예술	E. 아카마츄 / 최돈호	근간
139 위기의 대학	ARESER / 김교신	10,000원
140 카오스모제	F. 가타리 / 윤수종	10,000원
141 코란이란 무엇인가	M. 쿡 / 이강훈	9,000원
142 신학이란 무엇인가	D. 포드 / 강혜원 · 노치준	9,000원
143 누보 로망, 누보 시네마	C. 뮈르시아 / 이창실	8,000원
144 지능이란 무엇인가	I. J. 디어리 / 송형석	근간
145 죽음—유한성에 관하여	F. 다스튀르 / 나길래	8,000원
146 철학에 입문하기	Y. 카탱 / 박선주	8,000원
147 지옥의 힘	J. 보드리야르 / 배영달	8,000원
148 철학 기초 강의	F. 로피 / 공나리	8,000원
149 시네마토그래프에 대한 단상	R. 브레송 / 오일환 · 김경온	9,000원
150 성서란 무엇인가	J. 리치스 / 최생열	근간
151 프랑스 문학사회학	신미경	8,000원
152 잡사와 문학	F. 에브라르 / 최정아	근간
153 세계의 폭력	J. 보드리야르 · E. 모랭 / 배영달	9,000원
154 잠수복과 나비	J. -D. 보비 / 양영란	6,000원
155 고전 할리우드 영화	J. 나카시 / 최은영	10,000원
156 마지막 말, 마지막 미소	B. 드 카스텔바자크 / 김승철 · 장정아	근간
157 몸의 시학	J. 피죠 / 김선미	근간
158 철학의 기원에 관하여	C. 콜로베르 / 김정란	8,000원
159 지혜에 대한 숙고	J. -M. 베스니에르 / 곽노경	8,000원
160 자연주의 미학과 시학	조성애	10,000원
161 소설 분석—현대적 방법론과 기법	B. 발레트 / 조성애	근간
162 사회학이란 무엇인가	S. 브루스 / 김경안	근간
163 인도철학입문	S. 헤밀턴 / 고길환	근간
164 심리학이란 무엇인가	G. 버틀러 · F. 맥마누스 / 이재현	근간
165 발자크 비평	J. 줄레르 / 이정민	근간
166 결별을 위하여	G. 마츠네프 / 권은희 · 최은희	근간
167 인류학이란 무엇인가	J. 모나건 外 / 김경안	근간

168 세계화의 불안	Z. 라이디 / 김종명	8,000원
169 음악이란 무엇인가	N. 쿡 / 장호연	근간
170 사랑과 우연의 장난 〔희곡〕	마리보 / 박형섭	근간
171 사진의 이해	G. 보레 / 박은영	근간
172 현대인의 사랑과 성	현택수	9,000원
173 성해방은 진행중인가?	M. 이아퀴브 / 권은희	근간
174 교육은 자기 교육이다	H. -G. 가다머 / 손승남	10,000원
300 아이들에게 설명하는 이혼	P. 루카스 · S. 르로이 / 이은민	8,000원
301 아이들에게 들려주는 인도주의	J. 마무 / 이은민	근간
302 아이들에게 설명해 주는 죽음	E. 위스망 페렝 / 김미정	근간
303 아이들에게 들려주는 선사시대 이야기	J. 클로드 / 김교신	8,000원

【東文選 文藝新書】

1 저주받은 詩人들	A. 뻬이르 / 최수철· 김종호	개정근간
2 민속문화론서설	沈雨晟	40,000원
3 인형극의 기술	A. 훼도토프 / 沈雨晟	8,000원
4 전위연극론	J. 로스 에반스 / 沈雨晟	12,000원
5 남사당패연구	沈雨晟	19,000원
6 현대영미희곡선(전4권)	N. 코워드 外 / 李辰洙	절판
7 행위예술	L. 골드버그 / 沈雨晟	절판
8 문예미학	蔡 儀 / 姜慶鎬	절판
9 神의 起源	何 新 / 洪 熹	16,000원
10 중국예술정신	徐復觀 / 權德周 外	24,000원
11 中國古代書史	錢存訓 / 金允子	14,000원
12 이미지 — 시각과 미디어	J. 버거 / 편집부	12,000원
13 연극의 역사	P. 하트놀 / 沈雨晟	절판
14 詩 論	朱光潛 / 鄭相泓	22,000원
15 탄트라	A. 무케르지 / 金龜山	16,000원
16 조선민족무용기본	최승희	15,000원
17 몽고문화사	D. 마이달 / 金龜山	8,000원
18 신화 미술 제사	張光直 / 李 徹	10,000원
19 아시아 무용의 인류학	宮尾慈良 / 沈雨晟	20,000원
20 아시아 민족음악순례	藤井知昭 / 沈雨晟	5,000원
21 華夏美學	李澤厚 / 權 瑚	15,000원
22 道	張立文 / 權 瑚	18,000원
23 朝鮮의 占卜과 豫言	村山智順 / 金禧慶	15,000원
24 원시미술	L. 아담 / 金仁煥	16,000원
25 朝鮮民俗誌	秋葉隆 / 沈雨晟	12,000원
26 神話의 이미지	J. 캠벨 / 扈承喜	근간
27 原始佛教	中村元 / 鄭泰爀	8,000원
28 朝鮮女俗考	李能和 / 金尙憶	24,000원
29 朝鮮解語花史(조선기생사)	李能和 / 李在崑	25,000원

30 조선창극사	鄭魯湜	17,000원
31 동양회화미학	崔炳植	18,000원
32 性과 결혼의 민족학	和田正平 / 沈雨晟	9,000원
33 農漁俗談辭典	宋在璇	12,000원
34 朝鮮의 鬼神	村山智順 / 金禧慶	12,000원
35 道敎와 中國文化	葛兆光 / 沈揆昊	15,000원
36 禪宗과 中國文化	葛兆光 / 鄭相泓 · 任炳權	8,000원
37 오페라의 역사	L. 오레이 / 류연희	절판
38 인도종교미술	A. 무케르지 / 崔炳植	14,000원
39 힌두교의 그림언어	안넬리제 外 / 全在星	9,000원
40 중국고대사회	許進雄 / 洪 熹	30,000원
41 중국문화개론	李宗桂 / 李宰碩	23,000원
42 龍鳳文化源流	王大有 / 林東錫	25,000원
43 甲骨學通論	王宇信 / 李宰碩	40,000원
44 朝鮮巫俗考	李能和 / 李在崑	20,000원
45 미술과 페미니즘	N. 부루드 外 / 扈承喜	9,000원
46 아프리카미술	P. 윌레뜨 / 崔炳植	절판
47 美의 歷程	李澤厚 / 尹壽榮	28,000원
48 曼荼羅의 神들	立川武藏 / 金龜山	19,000원
49 朝鮮歲時記	洪錫謨 外/李錫浩	30,000원
50 하 상	蘇曉康 外 / 洪 熹	절판
51 武藝圖譜通志 實技解題	正 祖 / 沈雨晟 · 金光錫	15,000원
52 古文字學첫걸음	李學勤 / 河永三	14,000원
53 體育美學	胡小明 / 閔永淑	10,000원
54 아시아 美術의 再發見	崔炳植	9,000원
55 曆과 占의 科學	永田久 / 沈雨晟	8,000원
56 中國小學史	胡奇光 / 李宰碩	20,000원
57 中國甲骨學史	吳浩坤 外 / 梁東淑	35,000원
58 꿈의 철학	劉文英 / 河永三	22,000원
59 女神들의 인도	立川武藏 / 金龜山	19,000원
60 性의 역사	J. L. 플랑드렝 / 편집부	18,000원
61 쉬르섹슈얼리티	W. 챠드윅 / 편집부	10,000원
62 여성속담사전	宋在璇	18,000원
63 박재서희곡선	朴栽緖	10,000원
64 東北民族源流	孫進己 / 林東錫	13,000원
65 朝鮮巫俗의 硏究(상 · 하)	赤松智城 · 秋葉隆 / 沈雨晟	28,000원
66 中國文學 속의 孤獨感	斯波六郎 / 尹壽榮	8,000원
67 한국사회주의 연극운동사	李康列	8,000원
68 스포츠인류학	K. 블랑챠드 外 / 박기동 外	12,000원
69 리조복식도감	리팔찬	20,000원
70 娼 婦	A. 꼬르벵 / 李宗旼	22,000원
71 조선민요연구	高晶玉	30,000원

72 楚文化史	張正明 / 南宗鎭	26,000원
73 시간, 욕망, 그리고 공포	A. 코르뱅 / 변기찬	18,000원
74 本國劍	金光錫	40,000원
75 노트와 반노트	E. 이오네스코 / 박형섭	20,000원
76 朝鮮美術史研究	尹喜淳	7,000원
77 拳法要訣	金光錫	30,000원
78 艸衣選集	艸衣意恂 / 林鍾旭	20,000원
79 漢語音韻學講義	董少文 / 林東錫	10,000원
80 이오네스코 연극미학	C. 위베르 / 박형섭	9,000원
81 중국문자훈고학사전	全廣鎭 편역	23,000원
82 상말속담사전	宋在璇	10,000원
83 書法論叢	沈尹默 / 郭魯鳳	16,000원
84 침실의 문화사	P. 디비 / 편집부	9,000원
85 禮의 精神	柳 肅 / 洪 熹	20,000원
86 조선공예개관	沈雨晟 편역	30,000원
87 性愛의 社會史	J. 솔레 / 李宗旼	18,000원
88 러시아미술사	A. I. 조토프 / 이건수	22,000원
89 中國書藝論文選	郭魯鳳 選譯	25,000원
90 朝鮮美術史	關野貞 / 沈雨晟	30,000원
91 美術版 탄트라	P. 로슨 / 편집부	8,000원
92 군달리니	A. 무케르지 / 편집부	9,000원
93 카마수트라	바짜야나 / 鄭泰爀	18,000원
94 중국언어학총론	J. 노먼 / 全廣鎭	28,000원
95 運氣學說	任應秋 / 李宰碩	15,000원
96 동물속담사전	宋在璇	20,000원
97 자본주의의 아비투스	P. 부르디외 / 최종철	10,000원
98 宗敎學入門	F. 막스 뮐러 / 金龜山	10,000원
99 변 화	P. 바츨라빅크 外 / 박인철	10,000원
100 우리나라 민속놀이	沈雨晟	15,000원
101 歌訣(중국역대명언경구집)	李宰碩 편역	20,000원
102 아니마와 아니무스	A. 융 / 박해순	8,000원
103 나, 너, 우리	L. 이리가라이 / 박정오	12,000원
104 베케트연극론	M. 푸크레 / 박형섭	8,000원
105 포르노그래피	A. 드워킨 / 유혜련	12,000원
106 셸 링	M. 하이데거 / 최상욱	12,000원
107 프랑수아 비용	宋 勉	18,000원
108 중국서예 80제	郭魯鳳 편역	16,000원
109 性과 미디어	W. B. 키 / 박해순	12,000원
110 中國正史朝鮮列國傳(전2권)	金聲九 편역	120,000원
111 질병의 기원	T. 매큐언 / 서 일 · 박종연	12,000원
112 과학과 젠더	E. F. 켈러 / 민경숙 · 이현주	10,000원
113 물질문명 · 경제 · 자본주의	F. 브로델 / 이문숙 外	절판

114 이탈리아인 태고의 지혜　G. 비코 / 李源斗　8,000원
115 中國武俠史　陳　山 / 姜鳳求　18,000원
116 공포의 권력　J. 크리스테바 / 서민원　23,000원
117 주색잡기속담사전　宋在璇　15,000원
118 죽음 앞에 선 인간(상·하)　P. 아리에스 / 劉仙子　각권 8,000원
119 철학에 대하여　L. 알튀세르 / 서관모·백승욱　12,000원
120 다른 곶　J. 데리다 / 김다은·이혜지　10,000원
121 문학비평방법론　D. 베르제 外 / 민혜숙　12,000원
122 자기의 테크놀로지　M. 푸코 / 이희원　16,000원
123 새로운 학문　G. 비코 / 李源斗　22,000원
124 천재와 광기　P. 브르노 / 김웅권　13,000원
125 중국은사문화　馬　華·陳正宏 / 강경범·천현경　12,000원
126 푸코와 페미니즘　C. 라마자노글루 外 / 최 영 外　16,000원
127 역사주의　P. 해밀턴 / 임옥희　12,000원
128 中國書藝美學　宋 民 / 郭魯鳳　16,000원
129 죽음의 역사　P. 아리에스 / 이종민　18,000원
130 돈속담사전　宋在璇 편　15,000원
131 동양극장과 연극인들　김영무　15,000원
132 生育神과 性巫術　宋兆麟 / 洪 熹　20,000원
133 미학의 핵심　M. M. 이턴 / 유호전　20,000원
134 전사와 농민　J. 뒤비 / 최생열　18,000원
135 여성의 상태　N. 에니크 / 서민원　22,000원
136 중세의 지식인들　J. 르 고프 / 최애리　18,000원
137 구조주의의 역사(전4권)　F. 도스 / 김웅권 外　Ⅰ·Ⅱ·Ⅳ 15,000원 / Ⅲ 18,000원
138 글쓰기의 문제해결전략　L. 플라워 / 원진숙·황정현　20,000원
139 음식속담사전　宋在璇 편　16,000원
140 고전수필개론　權　瑚　16,000원
141 예술의 규칙　P. 부르디외 / 하태환　23,000원
142 "사회를 보호해야 한다"　M. 푸코 / 박정자　20,000원
143 페미니즘사전　L. 터틀 / 호승희·유혜련　26,000원
144 여성심벌사전　B. G. 워커 / 정소영　근간
145 모데르니테 모데르니테　H. 메쇼닉 / 김다은　20,000원
146 눈물의 역사　A. 벵상뷔포 / 이자경　18,000원
147 모더니티입문　H. 르페브르 / 이종민　24,000원
148 재생산　P. 부르디외 / 이상호　23,000원
149 종교철학의 핵심　W. J. 웨인라이트 / 김희수　18,000원
150 기호와 몽상　A. 시몽 / 박형섭　22,000원
151 융분석비평사전　A. 새뮤얼 外 / 민혜숙　16,000원
152 운보 김기창 예술론연구　최병식　14,000원
153 시적 언어의 혁명　J. 크리스테바 / 김인환　20,000원
154 예술의 위기　Y. 미쇼 / 하태환　15,000원
155 프랑스사회사　G. 뒤프 / 박 단　16,000원

156 중국문예심리학사 劉偉林 / 沈揆昊 30,000원
157 무지카 프라티카 M. 캐넌 / 김혜중 25,000원
158 불교산책 鄭泰爀 20,000원
159 인간과 죽음 E. 모랭 / 김명숙 23,000원
160 地中海(전5권) F. 브로델 / 李宗旼 근간
161 漢語文字學史 黃德實·陳秉新 / 河永三 24,000원
162 글쓰기와 차이 J. 데리다 / 남수인 28,000원
163 朝鮮神事誌 李能和 / 李在崑 근간
164 영국제국주의 S. C. 스미스 / 이태숙·김종원 16,000원
165 영화서술학 A. 고드로·F. 조스트 / 송지연 17,000원
166 美學辭典 사사키 겡이치 / 민주식 22,000원
167 하나이지 않은 성 L. 이리가라이 / 이은민 18,000원
168 中國歷代書論 郭魯鳳 譯註 25,000원
169 요가수트라 鄭泰爀 15,000원
170 비정상인들 M. 푸코 / 박정자 25,000원
171 미친 진실 J. 크리스테바 外 / 서민원 25,000원
172 디스탱숑(상·하) P. 부르디외 / 이종민 근간
173 세계의 비참(전3권) P. 부르디외 外 / 김주경 각권 26,000원
174 수묵의 사상과 역사 崔炳植 근간
175 파스칼적 명상 P. 부르디외 / 김웅권 22,000원
176 지방의 계몽주의 D. 로슈 / 주명철 30,000원
177 이혼의 역사 R. 필립스 / 박범수 25,000원
178 사랑의 단상 R. 바르트 / 김희영 근간
179 中國書藝理論體系 熊秉明 / 郭魯鳳 23,000원
180 미술시장과 경영 崔炳植 16,000원
181 카프카 — 소수적인 문학을 위하여 G. 들뢰즈·F. 가타리 / 이진경 18,000원
182 이미지의 힘 — 영상과 섹슈얼리티 A. 쿤 / 이형식 13,000원
183 공간의 시학 G. 바슐라르 / 곽광수 23,000원
184 랑데부 — 이미지와의 만남 J. 버거 / 임옥희·이은경 18,000원
185 푸코와 문학 — 글쓰기의 계보학을 향하여 S. 듀링 / 오경심·홍유미 26,000원
186 각색, 연극에서 영화로 A. 엘보 / 이선형 16,000원
187 폭력과 여성들 C. 도펭 外 / 이은민 18,000원
188 하드 바디 — 할리우드 영화에 나타난 남성성 S. 제퍼드 / 이형식 18,000원
189 영화의 환상성 J.-L. 뢰트라 / 김경온·오일환 18,000원
190 번역과 제국 D. 로빈슨 / 정혜욱 16,000원
191 그라마톨로지에 대하여 J. 데리다 / 김웅권 35,000원
192 보건 유토피아 R. 브로만 外 / 서민원 20,000원
193 현대의 신화 R. 바르트 / 이화여대기호학연구소 20,000원
194 중국회화백문백답 郭魯鳳 근간
195 고서화감정개론 徐邦達 / 郭魯鳳 30,000원
196 상상의 박물관 A. 말로 / 김웅권 26,000원
197 부빈의 일요일 J. 뒤비 / 최생열 22,000원

198 아인슈타인의 최대 실수	D. 골드스미스 / 박범수	16,000원
199 유인원, 사이보그, 그리고 여자	D. 해러웨이 / 민경숙	25,000원
200 공동 생활 속의 개인주의	F. 드 생글리 / 최은영	20,000원
201 기식자	M. 세르 / 김웅권	24,000원
202 연극미학 — 플라톤에서 브레히트까지의 텍스트들	J. 셰레 外 / 홍지화	24,000원
203 철학자들의 신	W. 바이셰델 / 최상욱	34,000원
204 고대 세계의 정치	모제스 I. 핀레이 / 최생열	16,000원
205 프란츠 카프카의 고독	M. 로베르 / 이창실	18,000원
206 문화 학습 — 실천적 입문서	J. 자일스 · T. 미들턴 / 장성희	24,000원
207 호모 아카데미쿠스	P. 부르디외 / 임기대	근간
208 朝鮮槍棒教程	金光錫	40,000원
209 자유의 순간	P. M. 코헨 / 최하영	16,000원
210 밀교의 세계	鄭泰爀	16,000원
211 토탈 스크린	J. 보드리야르 / 배영달	19,000원
212 영화와 문학의 서술학	F. 바누아 / 송지연	22,000원
213 텍스트의 즐거움	R. 바르트 / 김희영	15,000원
214 영화의 직업들	B. 라트롱슈 / 김경온 · 오일환	16,000원
215 소설과 신화	이용주	15,000원
216 문화와 계급 — 부르디외와 한국 사회	홍성민 外	18,000원
217 작은 사건들	R. 바르트 / 김주경	14,000원
218 연극분석입문	J. -P. 링가르 / 박형섭	18,000원
219 푸코	G. 들뢰즈 / 허 경	17,000원
220 우리나라 도자기와 가마터	宋在璇	30,000원
221 보이는 것과 보이지 않는 것	M. 퐁티 / 남수인 · 최의영	30,000원
222 메두사의 웃음/출구	H. 식수 / 박혜영	19,000원
223 담화 속의 논증	R. 아모시 / 장인봉	20,000원
224 포켓의 형태	J. 버거 / 이영주	근간
225 이미지심벌사전	A. 드 브리스 / 이원두	근간
226 이데올로기	D. 호크스 / 고길환	16,000원
227 영화의 이론	B. 발라즈 / 이형식	20,000원
228 건축과 철학	J. 보드리야르 · J. 누벨 / 배영달	16,000원
229 폴 리쾨르 — 삶의 의미들	F. 도스 / 이봉지 外	근간
230 서양철학사	A. 케니 / 이영주	29,000원
231 근대성과 육체의 정치학	D. 르 브르통 / 홍성민	20,000원
232 허난설헌	金成南	16,000원
233 인터넷 철학	G. 그레이엄 / 이영주	15,000원
234 사회학의 문제들	P. 부르디외 / 신미경	23,000원
235 의학적 추론	A. 시쿠렐 / 서민원	20,000원
236 튜링 — 인공지능 창시자	J. 라세구 / 임기대	16,000원
237 이성의 역사	F. 샤틀레 / 심세광	근간
238 朝鮮演劇史	金在喆	22,000원
239 미학이란 무엇인가	M. 지므네즈 / 김웅권	23,000원

240 古文字類編 高 明 40,000원
241 부르디외 사회학 이론 L. 핀토 / 김용숙 · 김은희 20,000원
242 문학은 무슨 생각을 하는가? P. 마슈레 / 서민원 23,000원
243 행복해지기 위해 무엇을 배워야 하는가? A. 우지오 外 / 김교신 18,000원
244 영화와 회화: 탈배치 P. 보니체 / 홍지화 18,000원
245 영화 학습 — 실천적 지표들 F. 바누아 外 / 문신원 16,000원
246 회화 학습 — 실천적 지표들 F. 기블레 / 고수현 근간
247 영화미학 J. 오몽 外 / 이용주 24,000원
248 시 — 형식과 기능 J. L. 주베르 / 김경온 근간
249 우리나라 옹기 宋在璇 40,000원
250 검은 태양 J. 크리스테바 / 김인환 27,000원
251 어떻게 더불어 살 것인가 R. 바르트 / 김웅권 28,000원
252 일반 교양 강좌 E. 코바 / 송대영 23,000원
253 나무의 철학 R. 뒤마 / 송형석 29,000원
254 영화에 대하여 — 에이리언과 영화철학 S. 멀할 / 이영주 18,000원
255 문학에 대하여 — 문학철학 H. 밀러 / 최은주 근간
256 미학 연습 — 플라톤에서 에코까지 한국외대 독일 미학연구회 편역 근간
257 조희룡 평전 김영회 外 18,000원
258 역사철학 F. 도스 / 최생열 근간
259 철학자들의 동물원 A. L. 브라 쇼파르 / 문신원 22,000원
260 시각의 의미 J. 버거 / 이용은 근간
261 들뢰즈 A. 괄란디 / 임기대 13,000원
262 문학과 문화 읽기 김종갑 16,000원
263 과학에 대하여 — 과학철학 B. 리들리 / 이영주 근간
264 장 지오노와 서술 이론 송지연 18,000원
265 영화의 목소리 M. 시옹 / 박선주 근간
266 사회보장의 발견 J. 당즐로 / 주형일 근간
267 이미지와 기호 M. 졸리 / 이선형 근간
268 위기의 식물 J. M. 펠트 / 이충건 근간
269 중국 소수민족의 원시종교 洪 熹 18,000원
270 영화감독들의 영화 이론 J. 오몽 / 곽동준 근간
271 중첩 J. 들뢰즈 · C. 베네 / 허희정 근간
272 대담 — 디디에 에리봉과의 자전적 인터뷰 J. 뒤메질 / 송대영 근간
273 중립 R. 바르트 / 김웅권 30,000원
274 알퐁스 도데의 문학과 프로방스 문화 이종민 16,000원
275 우리말 釋迦如來行蹟頌 高麗 無寄 / 金月雲 18,000원
276 金剛經講話 金月雲 講述 18,000원
277 자유와 결정론 O. 브르니피에 外 / 최은영 16,000원
278 도리스 레싱: 20세기 여성의 초상 민경숙 지음 24,000원
279 기독교윤리학의 이론과 방법론 김희수 지음 24,000원
280 과학에서 생각하는 주제 100가지 I. 스탕저 外 / 김웅권 21,000원
1001 베토벤: 전원교향곡 D. W. 존스 / 김지순 15,000원

1002 모차르트: 하이든 현악 4중주곡 J. 어빙 / 김지순 14,000원
1003 베토벤: 에로이카 교향곡 T. 시프 / 김지순 18,000원
1004 모차르트: 주피터 교향곡 E. 시스먼 / 김지순 18,000원
1005 바흐: 브란덴부르크 협주곡 M. 보이드 / 김지순 18,000원
2001 우리 아이들에게 어떤 지표를 주어야 할까? J. L. 오베르 / 이창실 16,000원
2002 상처받은 아이들 N. 파브르 / 김주경 16,000원
2003 엄마 아빠, 꿈꿀 시간을 주세요! E. 부젱 / 박주원 16,000원
2004 부모가 알아야 할 유치원의 모든 것들 N. 뒤 소수아 / 전재민 18,000원
2005 부모들이여, '안 돼'라고 말하라! P. 들라로슈 / 김주경 19,000원
2006 엄마 아빠, 전 못하겠어요! E. 리공 / 이창실 18,000원
3001 《새》 C. 파글리아 / 이형식 13,000원
3002 《시민 케인》 L. 멀비 / 이형식 근간
3101 《제7의 봉인》 비평연구 E. 그랑조르주 / 이은민 근간
3102 《쥘과 짐》 비평연구 C. 르 베르 / 이은민 근간

【기 타】

▨ 모드의 체계 R. 바르트 / 이화여대기호학연구소 18,000원
▨ 라신에 관하여 R. 바르트 / 남수인 10,000원
▨ 說 苑 (上·下) 林東錫 譯註 각권 30,000원
▨ 晏子春秋 林東錫 譯註 30,000원
▨ 西京雜記 林東錫 譯註 20,000원
▨ 搜神記 (上·下) 林東錫 譯註 각권 30,000원
■ 경제적 공포[메디치賞 수상작] V. 포레스테 / 김주경 7,000원
■ 古陶文字徵 高 明·葛英會 20,000원
■ 그리하여 어느날 사랑이여 이외수 편 4,000원
■ 딸에게 들려 주는 작은 지혜 N. 레흐레이트너 / 양영란 6,500원
■ 노력을 대신하는 것은 없다 R. 쉬이 / 유혜련 5,000원
■ 노블레스 오블리주 현택수 사회비평집 7,500원
■ 미래를 원한다 J. D. 로스네 / 문 선·김덕희 8,500원
■ 사랑의 존재 한용운 3,000원
■ 산이 높으면 마땅히 우러러볼 일이다 유 향 / 임동석 5,000원
■ 서기 1000년과 서기 2000년 그 두려움의 흔적들 J. 뒤비 / 양영란 8,000원
■ 서비스는 유행을 타지 않는다 B. 바게트 / 정소영 5,000원
■ 선종이야기 홍 희 편저 8,000원
■ 섬으로 흐르는 역사 김영회 10,000원
■ 세계사상 창간호~3호: 각권 10,000원 / 4호: 14,000원
■ 십이속상도안집 편집부 8,000원
■ 얀 이야기 ① 얀과 카와카마스 마치다 준 / 김은진·한인숙 8,000원
■ 어린이 수묵화의 첫걸음(전6권) 趙 陽 / 편집부 각권 5,000원
■ 오늘 다 못다한 말은 이외수 편 7,000원
■ 오블라디 오블라다, 인생은 브래지어 위를 흐른다 무라카미 하루키 / 김난주 7,000원
■ 이젠 다시 유혹하지 않으련다 P. 쌍소 / 서민원 9,000원

【세르 작품집】

■ 동물학	C. 세르	14,000원
■ 블랙 유머와 흰 가운의 의료인들	C. 세르	14,000원
■ 비스 콩프리	C. 세르	14,000원
■ 세르(평전)	Y. 프레미옹 / 서민원	16,000원
■ 자가 수리공	C. 세르	14,000원

【동문선 쥬네스】

■ 고독하지 않은 홀로되기	P. 들레름 · M. 들레름 / 박정오	8,000원
■ 이젠 나도 느껴요!	이사벨 주니오 그림	14,000원
■ 이젠 나도 알아요!	도로테 드 몽프리드 그림	16,000원